国家出版基金项目

NATIONAL PUBLICATION FOUNDATION

有色金属理论与技术前沿丛书

铝电解金属陶瓷惰性阳极材料

CERMET INERT ANODE FOR ALUMINIUM ELECTROLYSIS

周科朝　李志友　张　雷　著

Zhou Kechao　　Li Zhiyou　　Zhang Lei

中南大学出版社
www.csupress.com.cn

CNMC 中国有色集团

内容简介 / Introduction

铝电解惰性电极技术可实现 Hall – Héroult 工艺原铝生产过程二氧化碳温室气体的零排放，降低直流电耗，而惰性阳极材料技术是其核心与难点。本书简要介绍铝电解 Hall – Héroul 工艺及相关电极材料近年的发展概况，铝电解惰性阳极的电化学过程，重点介绍以铁酸镍基金属陶瓷为代表的惰性阳极制备工艺、材质构成与优化、电极性能、电解腐蚀行为以及与惰性阳极相适应的铝电解槽结构和低温电解工艺等方面的研究进展，尤其是中南大学研究团队的最新研究成果。

本书主要适合从事铝电解技术和电极材料研究与开发人员阅读，也可供高校材料科学与工程专业、冶金专业的师生参考。

作者简介

About the Authors

周科朝，1963 年生，博士，教授，博士研究生导师，中南大学副校长，国家有突出贡献的中青年专家，教育部跨世纪优秀人才，担任国家"863"计划新材料领域专家组成员，中国材料研究学会理事，中国材料研究学会青年委员会副主任，中国有色金属学会材料加工委员会副理事长。

主要从事高温结构材料、多相非均质粉末冶金材料、粉末冶金近净成形技术等方向的研究。

李志友，1968 年生，博士，中南大学研究员。主要从事粉末冶金材料、特种功能陶瓷等方向的研究。

张　雷，1975 年生，博士，中南大学副研究员。主要从事铝电解惰性阳极材料、粉末冶金功能材料等方向的研究。

学术委员会

总序

当今有色金属已成为决定一个国家经济、科学技术、国防建设等发展的重要物质基础，是提升国家综合实力和保障国家安全的关键性战略资源。作为有色金属生产第一大国，我国在有色金属研究领域，特别是在复杂低品位有色金属资源的开发与利用上取得了长足进展。

我国有色金属工业近 30 年来发展迅速，产量连年来居世界首位，有色金属科技在国民经济建设和现代化国防建设中发挥着越来越重要的作用。与此同时，有色金属资源短缺与国民经济发展需求之间的矛盾也日益突出，对国外资源的依赖程度逐年增加，严重影响我国国民经济的健康发展。

随着经济的发展，已探明的优质矿产资源接近枯竭，不仅使我国面临有色金属材料总量供应严重短缺的危机，而且因为"难探、难采、难选、难冶"的复杂低品位矿石资源或二次资源逐步成为主体原料后，对传统的地质、采矿、选矿、冶金、材料、加工、环境等科学技术提出了巨大挑战。资源的低质化将会使我国有色金属工业及相关产业面临生存竞争的危机。我国有色金属工业的发展迫切需要适应我国资源特点的新理论、新技术。系统完整、水平领先和相互融合的有色金属科技图书的出版，对于提高我国有色金属工业的自主创新能力，促进高效、低耗、无污染、综合利用有色金属资源的新理论与新技术的应用，确保我国有色金属产业的可持续发展，具有重大的推动作用。

作为国家出版基金资助的国家重大出版项目，《有色金属理论与技术前沿丛书》计划出版 100 种图书，涵盖材料、冶金、矿业、地学和机电等学科。丛书的作者荟萃了有色金属研究领域的院士、国家重大科研计划项目的首席科学家、长江学者特聘教授、国家杰出青年科学基金获得者、全国优秀博士论文奖获得者、国家重大人才计划入选者、有色金属大型研究院所及骨干企业的顶尖专家。

国家出版基金由国家设立,用于鼓励和支持优秀公益性出版项目,代表我国学术出版的最高水平。《有色金属理论与技术前沿丛书》瞄准有色金属研究发展前沿,把握国内外有色金属学科的最新动态,全面、及时、准确地反映有色金属科学与工程技术方面的新理论、新技术和新应用,发掘与采集极富价值的研究成果,具有很高的学术价值。

中南大学出版社长期倾力服务有色金属的图书出版,在《有色金属理论与技术前沿丛书》的策划与出版过程中做了大量极富成效的工作,大力推动了我国有色金属行业优秀科技著作的出版,对高等院校、研究院所及大中型企业的有色金属学科人才培养具有直接而重大的促进作用。

王淀佐

2010 年 12 月

铝电解惰性电极技术将彻底解决传统工艺排放大量二氧化碳的问题，是铝电解工业的发展方向，也是铝工业的世界性技术难题，实现这种技术突破的关键取决于惰性阳极材料技术。金属陶瓷和合金(铜基或镍基)是当前惰性阳极研究的热点材料体系。这两类材料在电极性能和制造加工方面各有特点，合金惰性阳极具有较好的导电、导热和抗热冲击性能，但相同电解条件下的耐蚀性能不及金属陶瓷惰性阳极；金属陶瓷惰性阳极一定程度上融合了氧化物陶瓷的耐蚀性和金属的优良导电导热与抗热冲击性，通常采用粉末冶金的压制和烧结工艺，但是大型化、异型制造难度大。

在采用粉末冶金技术制备金属陶瓷惰性阳极时，融入了近年来发展起来的新技术、新方法和新思路，如铁酸镍基金属陶瓷惰性阳极材料是一个亚稳态的热力学体系，烧结过程既要避免金属相的过度氧化，又要抑制氧化物的失氧而还原成金属，不能采用常规的氢气氛烧结和真空烧结，需要严格控制烧结气氛中的氧分压；另外，金属陶瓷惰性阳极大多数采取液相烧结工艺，但是烧结致密化机制又不同于碳化钨/钴、碳化钛/镍等金属陶瓷体系。烧结的高温阶段，氧化物基金属陶瓷惰性阳极材料中的金属相虽然处于熔融状态，却又没有碳化物基金属陶瓷的快速液相扩散传质功能，反而需控制金属相熔体的聚集、溢出以及二次孔洞的产生。

金属陶瓷惰性阳极材料必须经受熔盐热腐蚀等极端服役环境的考验，既要求高导电性，又要求具备抗氧化性和耐蚀性，是一类比较特殊的粉末冶金材料，对材料组成设计和微结构的要求和控制非常严格。普通粉末冶金材料与制品的设计与制备，如铜基、铁基、硬质合金等，极少考虑材料与服役环境的物质交换与化学反应，因为这些过程对材料与制品的结构和性能的影响微乎其微，或者影响程度不太大，可以不考虑。而这些对金属陶瓷惰性阳极而言至关重要，关系到电极性能变化、电极寿命和原铝品质。因此金属陶瓷惰性阳极材料组成和微结构的设计与控制，需要充分考虑电极与电解质熔体和新生态氧的交互作用，材料能够具有接纳对保持甚至提升电极性能、保证原铝品质有利的物质交换与反应，又能够抵制不利的交互作用。

本书的出版，一方面让读者了解这类特殊的粉末冶金材料，另一方面也让从事粉末冶金材料和技术研究的科技工作者更清晰了解到，粉末冶金新材料新技术能够在战略性新材料和关键零部件的开发，解决国家重大需求等方面继续发挥不可替代的作用。

黄伯云

2012 年 6 月

前言

铝是用量仅次于钢铁的第二大金属，在国民经济与社会发展中具有重要战略地位。铝电解工业不仅是我国重要基础材料产业，在世界上也占据举足轻重的地位。自 2002 年以来，我国电解铝产量连续位居世界第一，2007 年我国电解铝产量 1258.8 万吨，2008 年 1310.5 万吨，2009 年 1296.4 万吨，约占全球总量的 40%。2011 年我国原铝产量飙升至 1778.6 万吨，较 2010 年增长 10.2%，占世界总产量 4340 万吨的 41%。

铝电解工业的快速发展已带来了巨大的节能减排压力。原铝的生产迄今仍沿用 Hall – Héroult 工艺，电解过程消耗大量电能的同时，不断消耗炭素阳极，排放二氧化碳、碳氟化合物等温室气体。2006 年，世界铝电解工业综合能耗达 3460.43 亿千瓦时，约占世界发电总量的 2%，我国能耗 1356 亿千瓦时占全国总发电量的 5%。2007 年以来我国电解铝年能耗 1800～1900 亿千瓦时，占全国总发电量的 6%～7%，年温室效应气体(CO_2 和 CF_n)的排放量约为 1 亿吨等效 CO_2，占全国总量的 2%。

现行铝电解技术的节能减排的潜力已接近极限，开发基于惰性电极材料的节能型铝电解技术是提升和改造铝电解工业的根本途径，可以实现电解过程温室气体零排放和大幅度节能目标。美国能源部 2003 年度《铝工业技术指南》中将其列为今后 20 年最优先的研发课题。清洁节能铝冶金新工艺、新技术与新装备的开发也是《国家中长期科学和技术发展规划纲要》中优先主题"(1)工业节能、(13)综合治污与废弃物循环利用、(28)流程工业的绿色化自动化及装备"的重要内容。世界主要铝业公司也都将基于惰性电极的铝电解新工艺视为 21 世纪铝电解工业进步的技术关键，中国铝业公司更将其列为十大核心研发技术之首。节能减排铝电解新技术由惰性电极(阳极和阴极)、新型电解质、新型槽结构和电解新工艺等要素系统集成，其中替代消耗性炭素阳极的惰性阳极材料技术是最大的难点。

"惰性阳极"这一思想虽然早在 100 余年前 Hall – Héroult 工艺发明之时便已诞生,显著进展却发生在近 30 年。自 20 世纪 80 年代初以来,政府、铝业公司、科研院所、高校等机构相继投入大量的资金和人力,以期在该领域占领先机。国外主要研究机构有美国铝业公司、瑞典 Moltech 公司、俄罗斯铝业公司、加拿大铝业公司、美国阿贡国家实验室、挪威科技大学、新西兰奥克兰大学等,国内主要研究单位有中南大学、中国铝业股份有限公司、东北大学、贵州大学等。惰性阳极的研究目前已进入工程化试验阶段,美国铝业公司和雷诺兹金属公司等在美国能源部的资助下,进行了 25 天的 6 kA 级金属陶瓷惰性阳极电解试验;Moltech 公司进行了 4 kA 级合金惰性阳极电解试验,并提出进一步扩大试验的技术原型。以中国铝业股份有限公司和中南大学为牵头单位的联合研究团队在 863 计划的资助下,2006 年年初开展了 28 天的 4 kA 级金属陶瓷惰性阳极的电解试验,2011 年进一步集成惰性阳极、惰性可湿润性阴极、新型低温电解质等研究成果,建造 20 kA 级新型的惰性电极低温铝电解槽,开展了持续时间 109 天、最低电解温度约 860 ℃的铝电解试验。

铝电解是发生在冰晶石 – 氧化铝熔体中的电化学反应过程,对电极材料提出了严格的要求。作为惰性阳极材料,要求能够耐受电解质熔体的腐蚀,在熔体的溶解度小;耐受新生态氧的渗蚀;有良好导电性;抗热震性强,不易脆裂;易加工成形,易与金属导杆连接;原料易得,而且价廉,等等。重点关注的材料体系有 3 类,氧化物陶瓷、金属(合金)和金属陶瓷。金属陶瓷兼顾氧化物陶瓷的强耐腐蚀性、良好热稳定性、抗氧化性和金属的良好导电性及抗热冲击性等优点,被认为是最具工业应用前景的惰性阳极材料。典型的金属陶瓷材料是尖晶石型氧化物陶瓷与合金的复合材料,以铁酸镍尖晶石为主陶瓷相、铜或/和镍作为金属相的金属陶瓷材料是其中典型代表,该类金属陶瓷具有优良的电极性能。

这是国内第一部铝电解惰性阳极材料技术专著,概述了铝电解技术及电极材料的近年发展,对比了炭素阳极和惰性阳极的电化学过程,详细介绍了以铁酸镍基金属陶瓷为代表的惰性阳极材质构成与优化、电极性能、电解腐蚀机制、惰性阳极铝电解槽与低温电解工艺等方面的研究进展,尤其是中南大学研究团队的最新研究成果。

铝电解惰性阳极材料的研究得到了国家"973"计划、国家"863"计划和中国铝业股份有限公司的经费支持。中南大学取得的惰性阳极材料技术研究成果得益于黄伯云院士和刘业翔院士的悉心指导，也包含了与中南大学冶金学院李劼教授研究团队合作研究的成果。金属陶瓷惰性阳极工程化铝电解试验研究的开展，是在中国铝业股份有限公司郑州轻金属研究院李旺兴院长精心组织，相关技术人员和操作人员齐心协力下完成的。作者由衷感谢国家新材料技术和铝电解领域有关的各级领导和专家对惰性电极铝电解技术研究的关心、支持和鼓励。本书撰写过程中，课题组的甘雪萍、何汉兵、陶玉强、马莉等同事认真收集和整理相关资料，作者也表示真心感谢。

本书属于《有色金属理论与技术前沿丛书》系列，出版承蒙国家科学技术学术著作出版基金的资助。

作者希望本书的出版能为惰性阳极工业化应用和铝电解节能减排技术的发展贡献绵薄之力。书中阙失疏漏之处，敬祈读者不吝指正为幸。

周科朝

2012 年 6 月

目录 / Contents

第 1 章　铝电解电极材料与技术的发展

1.1　铝电解工艺的历史与现状

　　铝在地壳中的含量约为 8%（质量分数），仅次于氧和硅，居第 3 位。铝是用量仅次于钢铁的第二大金属，在国民经济与社会发展中具有重要的战略地位。金属铝及其合金密度低（纯铝的密度 2.7 g/cm³）、延展性高、易塑性加工成形，用途几乎涉及国民经济的各个领域，大至航空航天、电力、机械、交通、通讯等领域，小到锅碗瓢盆等生活用品。铝的化合物用途也非常广泛，含铝的化合物在医药、有机合成、石油精炼等方面发挥着重要的作用。

　　地壳中铝的化合物较常见的是铝硅酸盐以及它们的风化产物黏土，其余是水合氧化物，例如铝土矿等。金属铝（原铝）的工业化生产在世界范围内目前均采用熔盐电解技术，以氧化铝为原料、冰晶石熔盐作电解质、炭素材料作阴极和阳极，电解温度为 950℃。铝电解工业是十分重要的基础材料产业，在我国的地位和作用尤为突出。自 2002 年以来，我国电解铝产量一直位居世界第一。2006 年全球电解铝产量为 2386.5 万吨，其中我国电解铝产量为 934.9 万吨、产值 1870 亿元。2007 年我国电解铝产量 1258.8 万吨，2008 年 1310.5 万吨（2008 年全球电解铝产量高达 4254 万吨），2009 年 1296.4 万吨，约占全球总量的 40%。2010 年我国原铝产量飙升至 1778.6 万吨，较 2010 年又增长 10.2%，占世界总产量的 41%。

　　金属铝的制备研究已有近 200 年的历史，最初用化学法制取。1825 年，丹麦的 Dersted 用钾汞还原无水氯化铝，得到具有金属光泽的产物。1827 年，德国的 Wohler 用钾还原无水氯化铝，得到少量细微的金属颗粒；1845 年，他把氯化铝气体通过熔融的金属钾表面，得到金属铝珠，每颗铝珠的质量为 10 ~ 15 mg。1854 年，法国的 Deville 用钠代替钾还原 NaCl – AlCl₃ 配合盐制取金属铝。由于当时金属铝不易获取、制备成本高，故称金属铝为"泥土中的银子"。1855 年，Deville 在巴黎世界博览会上展出了 12 块小铝锭，总质量约为 1 kg。1854 年，在巴黎附近建成了世界上第一座炼铝厂。1865 年，俄国的 Векетов 提议用镁还原冰晶石来生产铝。这一方案后来被德国 Gmelingen 铝镁工厂采用[1, 2]。

　　在采用化学法炼铝期间，德国的 Bunsen 和法国的 Deville 继英国的 Davy 之后研究电解法。1854 年，Bunsen 发表了试验总结报告，声称通过电解 NaCl – AlCl₃ 配合盐，得到金属铝。Deville 除了电解 NaCl – AlCl₃ 配合盐之外，还电解该配合盐和冰晶石的混合物,都得到了金属铝。那时用蓄电池作为电源不能获得较大的电流,而且价格很贵,因此电解法还不能用于工业生产。1867年电机被发明,在1880年加以改进之后,电解法才用于工业生产。1883年美国的 Bradley 提出利用氧化铝可溶于熔融冰晶石的特性来电解冰晶石-氧化铝熔盐的方案。1886年,美国的 Hall 和法国的 Héroult 不约而同地申请了冰晶石-氧化铝熔盐电解法炼铝的专利并得到批准,这就是历来所称的 Hall-Héroult(霍尔-埃鲁)法。1888年,美国匹兹堡电解厂开始用冰晶石-氧化铝熔盐电解法炼铝,瑞士冶炼公司也在同年开始采用该法炼铝,以后其他各国相继采用电解法炼铝。例如,法国、英国、德国、奥地利、挪威、意大利、西班牙、苏联分别始于1889年、1890年、1898年、1899年、1906年、1907年、1927年和1931年。

现代铝工业生产仍然采用冰晶石-氧化铝熔盐电解法,将直流电通入电解槽,在阴极和阳极上发生电化学反应,阴极上电解产物为液体铝,阳极上电解产物为气体 CO_2(约70%)和 CO(约30%)。在工业电解槽内,电解质通常由95%(质量分数)冰晶石与5%(质量分数)氧化铝组成,电解温度为950~970℃。电解质熔体的密度约为 2.1 g/cm^3,铝液密度约为 2.3 g/cm^3,两者因密度不同而上下分层。铝液用真空抬包抽出后,经过净化和过滤,浇铸成商品铝锭,其纯度可达 99.5%~99.8%。阳极气体中还含有少量有害的氟化物、沥青烟气和二氧化硫[3]等。

铝电解工业的快速发展已带来了巨大的节能减排压力。由于原铝的生产迄今仍沿用 Hall-Héroult 工艺,电解过程消耗电能的同时,不断地消耗炭素阳极,排放 CO_2、CO、CF_n 等温室气体。2006年,世界铝电解工业综合能耗达 3460.43 亿千瓦时,约占世界发电总量的2%;我国电解铝能耗达 1356 亿千瓦时,占全国总发电量的5%。2007年以来,我国电解铝年能耗达 1800~1900 亿千瓦时,占全国总发电量的6%~7%;年温室效应气体(CO_2 和 CF_n 等)的排放量约为1亿吨等效 CO_2,占全国温室气体总排放量的2%。

节能减排、降低原铝的生产成本一直是现行熔盐铝电解技术研发的方向,涉及电极材料、电解工艺和生产控制等各个方面。例如,改善阳极炭块的品质以降低阳极碳耗,采用可润湿性阴极材料、导流型电解槽技术、降低极距等措施来降低槽电压,调节电解质组成来降低电解温度以及提高电解过程工艺参数稳定性的控制,降低阳极效应系数来减少 CF_n 的排放,等等。然而,现行铝电解技术节能减排的潜力已接近极限,开发基于惰性电极材料的节能型铝电解技术是提升和改造铝电解工业的根本途径,可以实现电解过程温室气体零排放和大幅度节能的目标。美国能源部2003年度《铝工业技术指南》中将其列为今后20年最优先的研发课题。清洁节能铝冶金新工艺、新技术与新装备的开发也是《国家中长期科学和技术发展规划纲要》中优先主题"(1)工业节能、(13)综合治污与废弃物循环利用、(28)流程工业的绿色化、自动化及装备"的重要内容。世界主要铝业公司也都将基于惰性电极的铝电解新工艺视为 21 世纪铝电解工业进步的技术关键, 中国铝业公司更将其列为十大核心研发技术之首。节能减排铝电解新技术由惰性电极(惰性阳极和惰性可润湿性阴极)、新型电解质、新型槽结构和电解新工艺等要素系统集成, 其中替代消耗性炭素阳极的惰性阳极材料技术是最大的难点。

1.2　炭素阳极材料

现行 Hall – Héroult 铝电解槽示意图如图 1 – 1 所示。炭素阳极安装在电解槽上部, 直流电(可高达 500 kA)通过炭素阳极导入铝电解槽, 在炭素阳极和阴极之间发生分解氧化铝的电化学反应, 阳极最终产物是 CO_2 和 CO, 阴极产物为金属铝。现行 Hall – Héroult 铝电解工艺的主要技术参数见表 1 – 1。铝电解生产中, 由于炭素阳极参与反应而逐

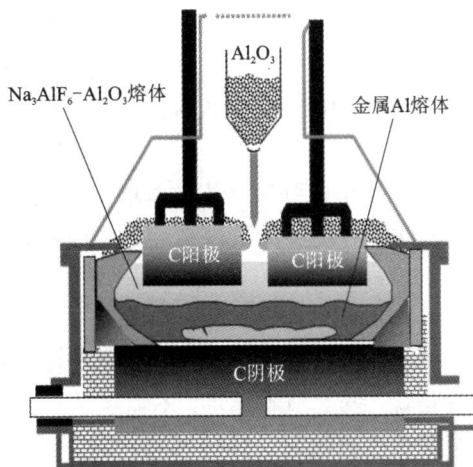

图 1 – 1　现行 Hall – Héroult 铝电解槽示意图

渐消耗, 每生产 1 t 铝消耗炭素阳极420 ~ 600 kg。阳极材料可分为阳极糊(自焙阳极)和预焙阳极炭块两大类。阳极糊未经焙烧, 直接用在自焙铝电解槽上作阳极; 阳极炭块已经成形和焙烧, 用于预焙铝电解槽作阳极。生产过程中, 需定期向电解槽中添加阳极糊(自焙阳极)或更换新阳极块(预焙阳极), 以保持正常连续工作。

表 1 –1　现行 Hall – Héroult 铝电解工艺的主要技术参数

名　称	参　数
反应式	$2Al_2O_3 + 3C \longrightarrow 4Al + 3CO_2 \uparrow$
阴极和阳极	炭素材料
电极极距/cm	4.5
平均槽电压/V	4.2
电解温度/℃	940 ~ 970
吨铝能耗/(kW·h)	约 13600
电能效率/%	<50
吨铝碳耗/kg	约 500
吨铝等效 CO_2 排放/t	10.7

铝电解生产对炭素阳极材料的要求如下：

①纯度高。铝电解生产中，炭素阳极被电解反应逐渐消耗，灰分杂质进入金属铝液中，污染铝的质量。因此，要求炭素阳极材料中的杂质含量越低越好，一般灰分含量不应大于0.5%。

②导电性能良好。在铝电解槽上，炭素阳极参与传导电流，炭阳极上的电压降达0.35~0.5 V，每生产1 t铝消耗在阳极上的电能耗为1500~2000 kW·h，占产铝电耗的10%~15%。因此，降低阳极材料的电阻率对降低铝生产成本十分重要。阳极炭块电阻率要求不应大于60 μΩ·m，阳极糊烧结体电阻率不大于80 μΩ·m。

③足够的机械强度。铝电解槽上阳极块重达数百千克，还要承受电、热等的冲击，因此要有足够的机械强度。阳极糊烧结体和阳极炭块的耐压强度不应低于27 MPa。

自焙阳极和预焙阳极炭块各有自己的优点与不足。自焙阳极不需焙烧，直接用在自焙铝电解槽上作阳极，因此自焙阳极可以连续工作而不必更换，利用电解槽热量焙烧阳极，节省能量，不需建造成形、焙烧设备，节省投资。但沥青烟直接在电解槽上部散发，环境污染严重，给铝电解烟气净化和自动化操作带来困难，此外自焙阳极横截面积的局限限制了电解槽容量的提高，阳极操作比预焙阳极复杂，阳极电阻率较高，消耗在阳极上的电耗较大。以阳极炭块为本体构成的预焙阳极操作比较简单，阳极压降比自焙阳极低，易于实现电解过程的机械化、自动化，且消除了电解过程的沥青烟害，有利于电解槽向大容量方向发展；但是，制造预焙阳极需经过成形、焙烧等工序，工艺流程长，成本高，投资也远大于自焙阳极[1]。

1.2.1　连续自焙阳极

连续自焙阳极是自焙铝电解槽的阳极结构部件，是电流导入及阳极反应发生的部位。这种阳极应用于自焙铝电解槽，在电解槽上可以连续使用而不必更换（但需定期补充）。自焙阳极依靠电解过程中产生的热量完成对阳极糊的焙烧，形成致密体的固体阳极，连续自焙阳极一般为整体式单阳极。

连续自焙阳极由炭素阳极本体、阳极附属装置两部分组成。阳极糊的熔体、半烧结体、烧结体构成连续自焙阳极的炭素本体；阳极附属装置是连续自焙阳极的操作机构，起着盛装炭素本体、升降阳极、传导电流的作用，由阳极棒、阳极框架以及阳极升降机构等部分组成。根据阳极棒插入的位置和方向不同，分为上插连续自焙阳极和侧插连续自焙阳极两种结构形式。侧插自焙阳极电解槽系列最大电流达到130~140 kA，而上插自焙阳极电解槽系列最大电流可达150 kA[1]。

连续自焙阳极应用于自焙铝电解槽，与后来发展的预焙阳极相比，具有以下优点：阳极糊生产流程短，成本低，节省投资；生产规模可大可小；在电解槽上可以连续作业而没有残极出现。但也存在以下缺点：对环境影响较大，劳动条件恶劣；阳极电压降增大，电耗增高；不利于电解生产的机械化、自动化。1965 年后，自焙阳极电解槽虽然在一些国家和地区继续使用并得到发展，但国外新建的大型铝厂大都采用预焙槽形式。

1.2.2　预焙阳极

预焙阳极是预焙阳极电解槽的重要组成部分，由多组阳极炭块组和阳极提升机构组成，它参与电化学反应并把电流导入电解槽内。每个阳极炭块组由 1 ~ 3 块阳极炭块、阳极导杆和钢爪预先组装而成，其中以单块阳极组使用最普遍。炭块的数量和尺寸视电解槽的容量和电流密度而定（一般为 10 ~ 40 组）。这些炭块组在槽内对称地排列在阳极水平母线的左右两侧，炭块组的铝导杆借助可转动的卡具固定在水平母线上，铝导杆起着输送电流和吊挂炭块组的双重作用。阳极提升机构是升降阳极的装置。随着炭阳极的消耗，阳极机构带动阳极炭块组下降，当降至最低位置时，借助阳极提升机构，通过转接母线作业把水平母线提高，以保证在电解过程中阳极升降机构连续带动阳极炭块组下降，使阴极、阳极间的间距相对稳定。现代大型预焙阳极多采用自动控制。

预焙阳极的主体为阳极炭块，预焙阳极在铝电解生产中起着导电及参与阳极反应的作用，因为不断地消耗，必须定期更换。预焙阳极位于电解槽的中央，其上部靠阳极导杆夹在电解槽上部水平阳极母线上，下面的阳极炭块浸在电解质中。

预焙阳极的阳极压降由阳极导杆压降、爆炸焊块的铝钢接触压降、钢爪压降、浇注部位的炭 - 铁压降和阳极炭块压降组成。相对于自焙阳极，预焙阳极的阳极压降有所降低，一般为 200 ~ 400 mV 水平。

1.2.3　阳极反应

从理论上讲，铝电解生产中，阴极产生铝，阳极产生氧气。实际上阳极反应是一个很复杂的电化学反应，阳极产生的气体是 CO_2 和 CO，其反应可以表示如下：

$$2Al_2O_3 + 3C = 4Al + 3CO_2 \qquad (1-1)$$

$$Al_2O_3 + 3C = 2Al + 3CO \qquad (1-2)$$

按式（1-1），阳极气体中含 100% 的 CO_2，生产 1 t 铝需消耗阳极炭 333 kg；按式（1-2），阳极气体中含有 100% CO，生产 1 t 铝需消耗阳极炭 667 kg。从理论上计算，阳极消耗量应介于 333 ~ 667 kg/t - Al 之间。而当阳极气体含 CO 占 30% 时，理论计算的炭耗量为 393 kg/t - Al。生产 1 t 原铝所消耗的阳极炭块的总量（包括残极）称阳极毛耗，阳极毛耗一般为 500 ~ 600 kg/t - Al。除去残极后每生产 1 t 原铝所消耗的阳极炭块量称为阳极净耗，净耗为炼铝的实际消耗，一般为 420~500 kg/t – Al。炭净耗远大于理论消耗量，是由于阳极炭块的氧化、掉渣等过量消耗引起的，阳极消耗速度为 1.5~1.6 cm/d，计算公式如下

$$h_c = \frac{8.054 d_{阳} \cdot \eta \cdot W_0}{d_c} \times 10^3 \qquad (1-3)$$

式中：h_c 为阳极消耗速度，cm/d；$d_{阳}$ 为阳极电流密度，A/cm^2；η 为电流效率，%；W_0 为阳极净消耗量，kg/t – Al；d_c 为阳极体积密度，g/cm$^{3[3]}$。

在铝电解阳极用炭素材料和制备工艺的研究上，近年来也取得一定进展，涉及以下几个方面：沥青的改质处理；石油焦的热处理；石油焦和无烟煤的物化和结构性能及微量元素含量的控制等，这些成果的开发与应用对铝电解用炭素阳极的发展起了重要作用。

1.3 惰性阳极材料

由于现行铝电解工艺存在能耗高、环境污染严重等缺点，人们一直希望采用惰性阳极替代炭素阳极实现节能降耗的目标。"惰性阳极"这一思想虽然早在 100 多年前 Hall – Héroult 工艺发明之时便已诞生，但其快速进展却发生在近 30 年。政府、铝业公司、科研院所、高校等机构相继投入大量的资金和人力，以期在该领域占领先机。国外主要研究机构有美国铝业公司(Alcoa)、瑞典 Moltech 公司、俄罗斯铝业公司、加拿大铝业公司、美国阿

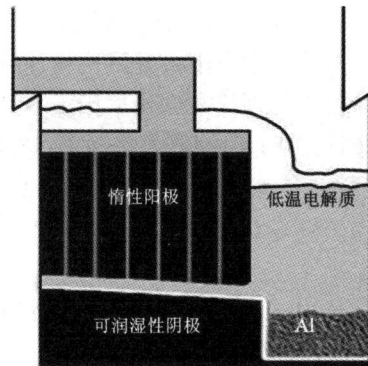

图 1 – 2 惰性电极铝电解槽示意图

贡国家实验室、挪威科技大学、新西兰奥克兰大学等，国内主要研究单位有中南大学、中国铝业股份有限公司、东北大学、贵州大学等。惰性阳极的研究目前已进入工程化试验阶段，美国铝业公司和雷诺兹金属公司等在美国能源部的资助下，进行了 25 天的 6 kA 级金属陶瓷惰性阳极电解试验；Moltech 公司进行了 4 kA 级合金惰性阳极电解试验，并提出进一步扩大试验的技术原型。以中国铝业股份有限公司和中南大学为牵头单位的联合研究团队在"863"计划的资助下，也开展了 28 天的 4 kA 级金属陶瓷惰性阳极的电解试验，并集成惰性阳极、惰性可润湿性阴极、新型低温电解质等研究成果，建造 20 kA 级的惰性电极低温铝电解槽，相关试验详见 7.4.2 节。惰性电极铝电解槽示意图如图 1 – 2 所示，惰性电极铝电解工艺的主要技术参数见表 1 – 2。

表 1 - 2　惰性电极铝电解技术的主要技术参数

名　称	参　数
反应式	$2Al_2O_3 \longrightarrow 4Al + 3O_2 \uparrow$
阴极和阳极	可润湿性阴极，惰性阳极
电极极距	可压缩至 2.0 cm 左右
电解温度	降至约 850℃ 甚至更低
平均槽电压	可降至 3.3 V（对应 2.0 cm 的极距）
阳极反应析出物	O_2，无 CF_n 和 CO_2 排放

由于现行铝电解的操作温度约为 950℃，所采用的 Na_3AlF_6 - Al_2O_3 电解质体系具有极强的腐蚀性。作为惰性阳极材料，在不希望对现行的槽结构、电解质体系和电解工艺进行较大的改造的情况下，为符合生产环境的特殊性，必需满足以下基本要求[4-10]：

①良好的化学惰性和电化学稳定性。即在 Na_3AlF_6 - Al_2O_3 熔盐体系和含有金属铝的熔体中不溶或溶解度非常小，能耐受高温电解质的强腐蚀作用，电流密度 0.8 A/cm² 时的腐蚀速率小于 10 mm/a。

②能耐受电解温度下阳极新生态氧及液、固、气三相界面的氧化与氟化盐的渗蚀。

③优良的导电性能。阳极欧姆压降与现行炭素阳极可比，可以避免电解条件下阳极表面电流密度分布的不均匀，同时要求较低的电极与金属导杆间接触电阻，防止连接处温度局部过高。

④对含氧离子反应及其放电过电位低，对含氟离子放电的过电位高，具有加速阳极反应的电催化作用。

⑤良好的抗热震性能和机械加工性能，不易脆裂，在电解温度下能保持结构的完整性。

⑥原材料易得，易于加工成形，成本较低，环境友好。

寻找一种适合铝电解工业应用的惰性阳极材料是研究者们长期的梦想。几乎从利用 Hall - Héroult 熔盐电解法炼铝开始，人们就在寻找惰性阳极以取代消耗式炭素阳极。基于降低生产成本和减少建厂投资的目的，Hall 曾利用表面有氧化膜的金属 Cu 作阳极材料。20 世纪 30 年代，Belyaev[11, 12] 通过实验研究发现，铁酸盐复合氧化物如 $SnO_2 \cdot Fe_2O_3$、$NiO \cdot Fe_2O_3$ 和 $ZnO \cdot Fe_2O_3$ 具有比 SnO_2、NiO、Fe_2O_3 和 Co_3O_4 等氧化物更强的耐腐蚀能力和更优的导电性能，以它们为原料制备的惰性阳极在性能上更具优势。20 世纪 80 年代以来，人们对惰性阳极的研究进入了一个全新阶段，不仅在实验室进行研究，而且还进行了扩大化试验[13-15]。在所研究的惰性阳极材料中，大致可分为 3 种：金属或合金阳极、金属氧化物阳极和金属陶瓷阳极。其中，金属陶瓷兼顾氧化物陶瓷的强耐腐蚀性、良好热稳定性、抗氧化性和金属良好的导电性及抗热冲击性等优点，被认为是最具工业应用前景的惰性阳极材料。典型的金属陶瓷材料是尖晶石型氧化物陶瓷与合金的复合材料，以尖晶石结构的铁酸镍为主陶瓷相、铜或/和镍为金属相的金属陶瓷材料是其代表，具有优良的电极性能。

1.3.1　合金体系

金属和合金由于具有强度高、不易脆裂、导电性好、抗热震性强、易于加工和可实现与金属导杆间连接等优点而成为惰性阳极材料研究对象之一[16-18]，Sadoway 认为金属或合金将是最有前景的惰性阳极材料[5]。然而，由于铝电解惰性阳极使用环境相当恶劣，单一成分的金属(除贵金属，如铂等外)是难以满足实际应用特殊要求的。因此，研究工作主要集中于合金阳极。

如果金属或合金阳极在使用过程中，表面能够形成合适厚度的氧化层且具有一定的高温导电性，尤其具有自修复功能，那么它将是一种最具潜力的惰性阳极材料[5]。因此，对金属或合金惰性阳极材料的设计应基于以下要求[19, 20]：电解过程中，阳极基体表面能原位自动成膜，以修复受损复合氧化膜，其厚度既能提高阳极抗氟化盐熔体的腐蚀性能又不影响导电性等。

材料设计是合金惰性阳极研究的重点，目的是为了基体表面在电解过程中能够原位自动生成氧化膜，避免阳极直接电化学溶解。氧化膜种类的选择原则主要有两个：一是氧化膜的腐蚀溶解和阴极电化学析出不在原铝中带入杂质，如氧化铝膜；二是氧化膜在电解质熔体中的溶解度和溶解速率低，腐蚀产物在阴极的电化学析出速度慢，不过高提升原铝中杂质(如复合氧化膜)的含量。

(1)铜基合金

很早国外便对合金阳极材料进行了大量的研究，并发表了不少论文，申请了不少专利，但优化后的合金成分一般保密。早在 1889 年，在 Hall 的一份专利中提到过使用铜棒作为阳极在冰晶石中电解铝的实验[21]。1999 年 Hyland 提出了一种动态合金惰性阳极，由含铝 5% ~15% 铜铝合金制成杯形阳极，阳极杯中盛装含铝的熔体；电解时，在阳极表面形成一层连续的氧化铝膜，对阳极起到保护作用，在阳极表面氧化膜溶解的同时，可通过金属铝从阳极内部扩散到阳极表面而与氧反应实现氧化铝膜的不断再生[22]。在 Cu - Al 合金中加入少量镍制成 Cu - Al - Ni 合金阳极，具有更好的抗氧化性能，氧化动力学曲线遵循抛物线规则，耐静态电解质熔盐腐蚀性能有所提高；同时发现，阳极的腐蚀速率与电解质中的氧化铝含量相关，氧化铝含量增大，阳极腐蚀速率变小；而且在高电流密度下腐蚀速率反而更小[23]。

由于合金阳极电解试验前需进行预氧化处理，而且电解过程中一直受到阳极反应产物新生态氧的氧化作用，常常将材料在气氛中的氧化性能作为阳极在电解过程中氧化行为的参考。对 Cu-Ni 基合金的高温氧化行为研究发现，添加少量 Al 也可以提高 Cu-Ni 合金的抗氧化能力，表面能够生成含铝的复合氧化物[24-26]。对 Cu-Cr-Ni 系合金抗氧化性能研究发现，在 Cu-Ni 合金中添加 Cr 可以改善氧化膜的黏附性[27]；Cu-Fe-Cr 合金在类冰晶石体系的熔融 $(Li-K)_2CO_3$ 中也具有较好的耐腐蚀性能，电解过程中在氧化层内部形成了具有较好保护性能的连续富 Cr 氧化层[28]。对组成为 15Ni-15Fe-70Cu 和 37Ni-13Fe-50Cu 两种合金阳极在 750℃ 的 NaF-AlF₃ 熔盐中的氧化行为研究表明氧化速率与同温度下合金在空气中的氧化速率相当[13, 29]。然而，铜基合金阳极的电解试验研究都是在低温条件下进行的，有的甚至低至 700℃，现有电解工艺难以满足如此低的电解温度要求。

（2）镍基合金

Ni 基合金阳极材料的研究重点是如何从组成和结构上提高阳极表面氧化膜的耐腐蚀性能。最简单的 Ni 基合金是 Ni-Fe 合金，预氧化处理后合金表面氧化膜的外层部分存在富 Ni 区，并且出现富 Fe 氧化物[30-32]。如采用 Ni-30Fe，在空气中经 1100℃ 预氧化 30 min 后在电流密度 0.6A/cm²、电解温度 850℃ 的条件下进行了 72 h 电解（冰晶石熔盐电解质中 AlF₃ 过量 20%（质量分数），含 3%（质量分数）Al₂O₃），电解获得 Al 中的铁含量低于 0.5%（质量分数），降低电解温度可进一步减小铁杂质含量；对阳极表层和原铝成分的分析显示，Fe 的腐蚀速率比 Ni 快，Ni 主要保留在金属阳极基体中，原 Al 中 Ni 的含量远低于铁含量[33-36]。

Ni-Fe-Cu 合金阳极材料在空气、氧气中氧化动力学曲线遵循抛物线规则，表面能形成致密的氧化膜；在静态电解质中，溶解速率随温度的升高和电解质摩尔分数的降低而增大[37]。2000 年，西北铝技术公司（Northwest Aluminium Technologies）在保持电解质中氧化铝悬浮的情况下，用 Ni-Fe-Cu 合金惰性阳极和 TiB₂ 可润湿性阴极开展了 200 A 低温电解试验研究，电流效率达 60%～78%，并在 20 kA 试验槽上进行了 300～1000 h 的电解试验，发生阳极反应的活性区域腐蚀速率仅为 3.5 mm/a[38]。

另一类较为关注的 Ni 基合金是 Ni-Al-Fe-Cu 体系，如 Ni-6Al-10Cu-11Fe-3Zn（质量分数）合金。对于以元素粉末为原料，采用粉末冶金工艺制备的多孔烧结体，主要基体相为 Ni 相、Ni₃Al 金属间化合物，氧化处理后外层氧化物以 NiO、NiZn₂O₄ 和 ZnO 混合物为主。Al 和 Zn 的加入可以改善氧化物的致密度与结构，有利于减缓电解过程中阳极的腐蚀。然而，该类合金仍存在氧化速率快、氧化层容易破损、腐蚀严重等问题[39]。

除铜基和镍基合金以外，Djokie 曾对钨、镍和不锈钢做过研究，由于这些金属阳极未能满足铝电解生产环境中抗氧化和耐熔盐腐蚀的要求而被放弃[40]。曾潮流等研究了 Fe-Cr 合金在类冰晶石熔融(Li-K)$_2$CO$_3$ 体系中的腐蚀行为，氧化层内部形成了具有较好保护性能的连续富 Cr 层，他们认为该材料有较好的耐腐蚀性能[28]。从耐腐蚀性能的角度来看，Ti-Au 合金可以达到铝电解所需的要求，但其价格昂贵[41]。

1.3.2　金属氧化物体系

一些金属氧化物由于在 Na$_3$AlF$_6$-Al$_2$O$_3$ 熔体中的溶解度较小，高温下具有良好的化学稳定性和电化学稳定性而成为寻找铝电解惰性阳极过程中关注的对象[42]。但材料的导电性(特别是低温条件下)、抗热震性、力学性能和焊接性能差以及难以实现大型化等问题限制了其作为惰性阳极的工业化应用前景。

(1)SnO$_2$ 基氧化物

SnO$_2$ 在纯 Na$_3$AlF$_6$ 中的溶解度为 0.08%[43]，曾被许多研究者作为铝电解惰性阳极的首选材料。Grjotheim 等采用 3 种不同成分的 SnO$_2$ 基阳极与 TiB$_2$ 阴极相结合，进行了 100 A 电解腐蚀实验研究，电流效率在 88% ~92.7% 之间，腐蚀速率为 10^{-4} cm/h，由此推算出 40 天后的腐蚀厚度为 1 mm[44]。

为了探索阳极在电解过程中发生的主要反应，中南大学刘业翔院士的研究团队[45, 46]对 SnO$_2$-2Sb$_2$O$_3$-2CuO 阳极在 NaF-AlF$_3$-Al$_2$O$_3$ 熔体中的电化学行为进行了研究，发现掺杂微量元素 Ru、Fe 和 Cr 的阳极具有明显的电催化作用，同时观察到阳极电流密度高达 12 A/cm^{2}时也未出现阳极效应。

电解质熔体的组成如 Al$_2$O$_3$ 浓度、NaF 与 AlF$_3$ 的分子比等对 SnO$_2$ 基惰性阳极在电解条件下的耐腐蚀性和电流效率有很大影响[47-49]。电解过程中，电解质中存在 Sn^{2+} 或 Sn$^+$ 离子，它们在阴极放电被还原成金属而进入金属铝液[50, 51]。分子比为 3.0 时，材料的腐蚀速率最小，同时低分子比条件下可获得比高分子比时更高的电流效率。

尽管纯 SnO$_2$ 导电性呈现半导体材料特征，电导率随温度升高而增大，但即使是在高温下，其导电性能仍然远低于炭素阳极，960℃时电阻率为 0.208 Ω·cm[52,53]。而且材料的导电和耐蚀性能与烧结结构密切相关，为提高材料导电性和烧结性能，提高阳极耐腐蚀性能，研究者们对 SnO$_2$ 基阳极成分及制备工艺进行了改进，如往 SnO$_2$ 基体中添加 CeO$_2$、Co$_3$O$_4$、CuO、Cr$_2$O$_3$、In$_2$O$_3$、MoO$_3$、Bi$_2$O$_3$、ZnO 和 Sb$_2$O$_3$ 等氧化物，通过促进烧结，改善 SnO$_2$ 基惰性阳极高温导电性；或者对电极结构进行改造，采用复合材料结构：内层材料具有良好导电性，外层材料具有强耐腐蚀性能，且两层能牢固结合[54-57]。然而，这种复合结构的电极材料由于结构复杂而不便加工，因此不易大型化制备。

（2）尖晶石（AB_2O_4）型复合氧化物

尖晶石类氧化物材料良好的热稳定性、冰晶石熔体中的耐蚀性和电催化活性吸引了研究者们的注意。尖晶石型结构的氧化物是离子化合物，立方晶系，面心立方点阵，可看作氧离子形成立方最紧密堆积，再由 X 离子占据 64 个面心体空隙的 1/8，即 8 个 A 位，Y 离子占据 32 个八面体空隙的 1/2，即 16 个 B 位[58]，如图 1-3 所示。由此得出尖晶石晶胞单元的通式为 $X_8Y_{16}O_{32}$，简写成 XY_2O_4。大多数尖晶石结构化合物，A、B 位离子化合价比为 2:3。在现有百余种尖晶石结构化合物中，除 2:3 外，电价比最常见的是 4:2，其结构多为反尖晶石结构，如 $TiMg_2O_4$、$TiZn_2O_4$ 和 $TiMn_2O_4$。反尖晶石结构可看作 8 个 A 位离子与 16 个 B 位离子中的 8 个进行相互换位，即 8 个 Y^{2+} 离子进入四面体间隙 A 位，而剩下 8 个 Y^{2+} 与 X^{4+} 离子复合占据正常情况下 B 位的八面体间隙。

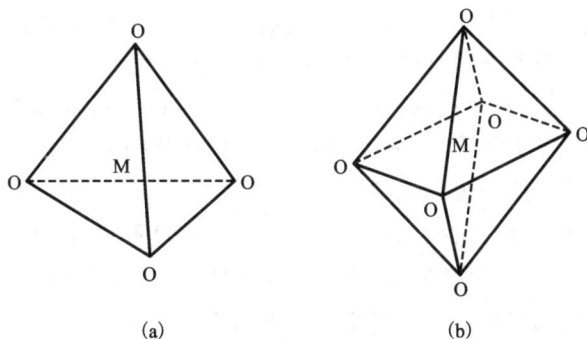

图 1-3　尖晶石配位结构[58]
(a)四面体配位结构；(b)八面体配位结构

尖晶石结构系由等轴单元晶胞连接成架状，这种结构反映在形态上，通常是完好的八面体晶型。尖晶石构造中，A—B、B—O 是较强的离子键，各键的静电强度相等，结构牢固，故而有良好的化学稳定性，在高温下对各种熔体的侵蚀具有强的抵抗能力。由于它属立方晶系，各方向上导热性和热膨胀性能相同，膨胀系数小，因此具有良好的热稳定性。

1993 年，通过对具有尖晶石结构的 Ni 及 Co 铁酸盐腐蚀行为研究，证实了尖晶石型氧化物陶瓷在 Na_3AlF_6 - Al_2O_3 熔体中腐蚀速率低且腐蚀过程较为稳定[59,60]。研究较多的该类材料还包括 $NiFe_2O_4$、$CoFe_2O_4$、$NiAl_2O_4$、$ZnFe_2O_4$ 和 $FeAl_2O_4$ 等。$NiFe_2O_4$ 陶瓷是一种高温半导体材料，导电性能随温度的变化而变化，在铝电解温度为 950℃下的电导率为 0.571 S/cm[61]。美国铝业公司以 NiO 和 Fe_2O_3 为原料制备出 950℃下电导率约为 0.4 S/cm 的 $NiFe_2O_4$ 陶瓷惰性阳极[62]。

但与现行铝电解工业炭素阳极导电性能相比(电解条件下电导率约为 200 S/cm),其导电能力明显较差。因此,直接将纯陶瓷作为惰性阳极使用,电解过程中因阳极自身过高的电压降而不利于节能。

(3) CeO_2 涂层

由于 CeO_2 具有良好导电性和抗冰晶石熔体腐蚀的能力,将 CeO_2 涂覆在不同惰性阳极基体表面进行铝电解实验一度广泛引起研究者们的兴趣。Dewing 等研究了 CeO_2 在 $Na_3AlF_6 - Al_2O_3$ 熔体中的溶解反应,并探索了熔盐中氧分压、Al_2O_3 浓度及 AlF_3 含量对其溶解度的影响,认为熔体中只存在 Ce^{3+},并且极可能形成复合物 Na_2CeF_5 并以 CeF_3 形式存在,而不存在 $CeOF^{[63,64]}$。

在 SnO_2 阳极基体上涂覆一层 CeO_2,材料的室温电导率大大增强,抗腐蚀能力也得到提高,阳极与电解质之间具有良好的润湿性能[57]。在 $Cu - Fe_2O_3 - NiO$ 金属陶瓷表面涂覆 CeO_2 制备的惰性阳极材料具有较好的导电性和抗腐蚀能力,但经过长时间电解实验后,阳极容易出现裂纹,铝液中存在较高含量的金属 Ce,而且阳极腐蚀性能的优劣与表面 CeO_2 的涂层量密切相关[65,66]。

尽管 CeO_2 涂层有利于提高材料耐腐蚀性能,理论上基体涂层厚度可以通过控制铈离子与共沉积离子间的浓度平衡来决定,但目前仍未找到较合适的涂层形成方法,并且 CeO_2 涂层惰性阳极还存在对阴极铝液污染严重、电流不稳定等问题。

除以上几种金属氧化物外,研究者们还对 ZnO 基[67]、Cr_2O_3 基氧化物(如 $Cr_2O_3 - 35.7NiO - 2CuO^{[68]}$)在 Na_3AlF_6 熔盐中的溶解度和耐腐蚀性能进行了研究,但这两类氧化物材料均未体现出较有吸引力的性能。

1.3.3 金属陶瓷体系

金属陶瓷(cermet 或 ceramet)是由陶瓷(ceramic)中的词头 cer 与金属(metal)中的词头 met 结合起来构成。美国 ASTM 专业委员会将其定义为,一种由金属或合金与一种或多种陶瓷相组成的非均质的复合材料,其中陶瓷相体积分数占 15% ~85%。在烧结温度下或使用过程中,金属和陶瓷相之间的溶解度相当小。陶瓷相为氧化物的金属陶瓷惰性阳极材料兼有陶瓷(耐腐蚀和抗氧化)和金属(良好的导电性和抗热震性)的优点,当陶瓷相作为主结构时,该类材料在具有良好导电性能的同时耐腐蚀性能优异。氧化物陶瓷相能形成金属相的抗腐蚀网,阳极极化过程中金属相表面能生成氧化膜,使金属相免于电解质的电化学溶解腐蚀。因此,自 20 世纪 80 年代以来一直被认为是一种有工程应用潜力的惰性阳极材料。

典型的金属陶瓷惰性阳极材料是由尖晶石型复合氧化物陶瓷和金属组成的复合材料,陶瓷相为 $Ni_xFe_{3-x}O_4$、$Ni_yFe_{1-y}O$、$NiFe_2O_4 - NiO$、$ZnFe_2O_4 - ZnO$、$Ni_xFe_2Zn_zO_{(3y+x+z\pm\delta)}$ 等复合氧化物,金属相是 Cu、Ni、Cu - Ni、Ni - Fe、Cu - Cr 或 Cu - Ag 等。

　　国外金属陶瓷惰性阳极研究机构主要包括美国 Alcoa 公司、Reynolds 金属公司和挪威的 Thonstad 研究团队等。对 $NiFe_2O_4$ 基金属陶瓷阳极材料的研究尤其得到关注。自 Ray 于 1983 年申请了 $NiFe_2O_4$ 基金属陶瓷阳极的专利[62] 以来，Alcoa[69] 在 1980—1985 年期间同美国能源部(DOE)合作的基础上，系统研究了以 $NiFe_2O_4$ 基金属陶瓷为主的惰性阳极材料，公布其研究结果并发表了系列研究论文。研究发现，初始配比为 17% Cu – 42.91% NiO – 40.09% Fe_2O_3 的惰性阳极，在小型试验中显示出良好的抗蚀性和导电性，960℃电导率达 90 S/cm，电解 30 h 之后，电极形状基本无变化[69]。1991 年，Reynolds 在 6 kA 电解槽上进行扩大试验，惰性阳极经受住了 25 天的持续电解。扩大试验也暴露了 $NiFe_2O_4$ 基金属陶瓷的一些问题，存在的主要问题包括大尺寸阳极的抗热震性差、电极开裂、导电杆损坏严重等，而且出现阳极电流分布不均匀、槽底因形成氧化铝沉淀而导致阴极电压高等现象。后来，Reynolds[65, 66] 研究了一种名为 ELTECH 的阳极，电解前在金属陶瓷阳极表面涂上 CeO_2。这种电极的导电性大大增强，腐蚀速率进一步降低。

　　为了提高上述金属陶瓷抗热震性和导电性能，同时兼顾材料的耐腐蚀性能，Alcoa[62] 尝试从材料组成和制备工艺等方面提高惰性阳极的电极性能，一方面适量提高金属相的含量，另一方面尝试在惰性阳极的组成中添加 Ag 金属 Cu 和 Ag 或 Cu – Ag 合金(如 Cu – 10Ag)含量甚至高达 30%(质量分数)。对于这类金属相的组成和含量改变后的金属陶瓷材料的电解实验表明，降低温度有利于提高电极的耐腐蚀性能，分子比为 0.8 ~ 1.0 时，电解温度为 920℃最佳，电解质含有 6%(质量分数)的 CaF_2 和 0.25%(质量分数)的 MgF_2。

　　低温电解有利于降低金属陶瓷惰性阳极的腐蚀速率。1997 年，Blinov 等人[70] 对阳极成分为 $NiFe_2O_4$ – 18% NiO – 17% Cu 的金属陶瓷进行了低温铝电解实验研究，选用的电解温度为 800℃，经过 130 h 的电解试验后，发现该条件下阳极腐蚀速率低于 10^{-3} g/($cm^2 \cdot$ h)，而相同阳极在 950℃下的腐蚀速率高于 8×10^{-3} g/($cm^2 \cdot$ h)。2000 年，Ray[71] 分析 $NiFe_2O_4$ – 18% NiO – 17% Cu 阳极 800℃电解后得到的原铝中杂质含量，Fe、Cu 和 Ni 含量分别为 0.2%(质量分数)、0.1%(质量分数)和 0.034%(质量分数)。2001 年[72]，Blinov 用成分为 $NiFe_2O_4$ – 18% NiO – 17% Cu 阳极在氧化铝饱和，800℃的条件下低温电解，推测的惰性阳极的年腐蚀速率为 1.4 cm。此外，Lorentsen 和 Thonstad 还研究了该种惰性阳极材料带入的杂质在阴极、阳极间的迁移机理[73]。

　　国内研究单位主要有中南大学、中国铝业股份有限公司、东北大学和贵州大学等。中南大学早在 20 世纪 90 年代，就开始了金属陶瓷惰性阳极的研究，刘业翔院士团队研究了数种 $NiFe_2O_4$ – NiO 金属陶瓷惰性阳极材料，测试了其电导率和腐蚀性能等，在材料的制备方面发现金属相的加入方式也影响材料的结构与性能，用陶瓷粉末化学镀铜/镍比直接混入金属粉末更能提高材料的导电性能。从

2000 年起，中南大学对该类金属陶瓷惰性阳极进行了系统研究[74-80]。在测定溶解度的基础上选择 $NiFe_2O_4$ 为陶瓷基体，金属相选择 Cu、Ni 或 Cu - Ni 合金，成功制备出大小分别为 $\phi20$ mm×40 mm、$\phi50$ mm×60 mm 的圆柱形样品以及 $\phi110$ mm×130 mm 的深杯状样品，对多种金属陶瓷惰性阳极的成分选择、制备技术、导电性能和腐蚀性能的研究卓有成效。尤其值得一提的是在 2005 年 3 月，中南大学和中国铝业股份有限公司联合进行了 $\phi100$ mm×120 mm 深杯状惰性阳极的 4 kA 铝电解试验。中南大学的研究进展将在随后的章节中详细介绍。

东北大学也用热压烧结工艺制备了金属相为 Ni - Cu 合金的 $NiFe_2O_4$ - NiO 基金属陶瓷，该阳极材料在电流密度为 1.0 A/cm^2 的电解条件下电解 6 h 后，阳极表面棱角分明，无明显腐蚀痕迹[81]。于先进等人[82, 83]研究了 $ZnFe_2O_4$ 基金属陶瓷的电导率和耐腐蚀性能，发现金属相 Cu 以及氧化物如 Ni_2O_3、CuO、ZnO、CeO_2 等的加入有助于提高材料的导电性能，但同时普遍降低了材料的耐腐蚀性能。

金属陶瓷惰性阳极材料中金属相的存在对材料的电极性能起着正反两方面的影响。一方面，金属相含量的提升有利于提高材料的导电性和抗热震性能；另一方面，电解过程中金属相易发生选择性溶解，常常出现电解质熔体对阳极的渗透、阳极肿胀开裂脱落等加快阳极腐蚀的现象。现行工业铝电解温度约为 950℃，炭素阳极上部温度在 450~600℃。采用金属陶瓷作为铝电解惰性阳极时，阳极底部与顶部同样存在较大温度差。当温度差引起的热应力局部或整体超过材料的强度时，阳极就会出现断裂或开裂，使电极失效。因此，材料抗氧化性和抗热冲击性是铝电解金属陶瓷惰性阳极的重要挑战之一。对含 Cu 的 $NiFe_2O_4$ 基金属陶瓷抗氧化性能的研究发现所制备的阳极具有良好的抗氧化性能，单位面积氧化增重与氧化时间的关系近似抛物线，并证明阳极氧化是由金属相 Cu 的氧化所产生的[84]。

惰性阳极不仅要有良好的高温稳定性，还要有良好的导电性，且在高温下随温度的变化不宜过大，否则将导致阳极电流密度分布不均匀，有时甚至出现阳极与金属导杆连接处因电流过度集中而开裂。金属元素的掺入或陶瓷相组成的改变，有望改善材料导电性能。对于 $NiFe_2O_4$ 基金属陶瓷，金属 Fe 的加入，材料中将有 Ni - Fe 相生成，可提高材料的导电性[85]，Ni - Fe 合金 1000℃的电导率高达到 700 S/cm[86, 87]。如果材料中以 Cu - Ni - Fe 相取代 Ni - Fe 相，阳极将表现出更高的导电性能，如含 17% Cu 的金属陶瓷在 1000℃时的电导率约为 90 S/cm[86]。Cu - Ni 合金的加入对提高 $NiFe_2O_4$ 陶瓷的导电性能也相当有利，20% Cu - Ni/$NiFe_2O_4$ 金属陶瓷在 960℃时的电导率为 69.41 S/cm[88]。

对于惰性阳极材料的腐蚀，依据腐蚀机理可以分为化学腐蚀和电化学腐蚀，其中化学腐蚀又可以分为化学溶解、铝热还原、晶间腐蚀、电解体浸渗等。电化学腐蚀又可以分为金属相的阳极溶解和陶瓷相的电化学溶解[89]。金属陶瓷惰性阳极的腐蚀机理将在随后章节中重点阐述。

虽然国内外研究机构和学者对金属陶瓷惰性阳极材料进行了大量基础理论和电解试验的研究，但在阳极材质、适宜电解工艺、腐蚀机制和缓蚀措施等方面仍有待深入研究。例如，如何解决金属相在冰晶石熔盐电解过程中选择性溶解的问题，进一步提高材料的导电性和抗热震性能以及材料制备工艺的稳定性等。

1.4　惰性可润湿阴极材料

仅仅开发惰性阳极技术不能实现铝电解节能，惰性阳极只有与惰性可润湿性阴极（简称惰性阴极）配合使用，形成完整的惰性电极系统，才有可能通过降低阳极和阴极的距离（极距，ACD）等方式来降低槽电压，提高生产的稳定性，真正实现降低能耗、消除污染、降低原铝生产成本的目标。

现行 Hall – Héroult 铝电解槽生产过程的能量效率不到 50%，大部分能量以欧姆电阻热的形式散失了。其中阴极、阳极之间电解质熔体的欧姆压降最大，因此，降低阴极、阳极极间距是节约能量的有效途径。Hall – Héroult 铝电解槽虽以炭素材料作阴极，实际上进行电化学反应的真正阴极是覆盖在炭素阴极表面的熔融铝层。为了使在原铝生产过程中阴极电化学反应稳定进行，炭素阴极表面需保留 20 cm 左右的熔融铝层。在电场和磁场的作用下，电解质熔体和铝液层不停地扰动（出现不稳定的流场），为了避免阴极铝液与阳极发生直接接触、维持阴极和阳极电化学反应的稳定进行，必须保持足够高的极距（现行的炭素阳极电解槽的极距为 4 ~ 5 cm）。由于可润湿阴极与熔融铝能很好的润湿作用，因此不需要在阴极上保留 20 cm 左右的熔融铝层，仅仅铺上一层 3 ~ 5 mm 厚的铝液膜即可形成平整稳定的阴极。因此阴极熔融铝的波动显著减轻甚至消除，可以显著降低两极间的距离从而降低电解质的欧姆压降，将槽电压降低到炭素阳极电解槽的现行水平甚至更低，实现直流电耗的降低。

一些化合物尤其是硼化物，如 TiB_2，熔点高、电导率高、硬度大、耐铝液和冰晶石熔体的浸蚀且能被熔融铝液良好的润湿，用致密烧结体、涂层与碳的复合材料作为阴极在现行炭素阳极电解槽进行已经显现出节能降耗、提高电流效率和延长槽寿命的良好效果。澳大利亚 Comalco 公司经过 10 年的时间，研制了 25 台 90 kA 导流式铝电解槽进行工业化试验，槽底为两侧向内倾斜的 TiB_2 涂层阴极，阴极上的铝液层厚度仅为 3 ~ 5 mm，极距可降低至 2.5 cm。为了补偿电解质熔体欧姆电阻热的减少，保持热平衡，电流由 90 kA 提高到了 120 kA，因而每台电解槽的产量也提高 40%，能耗降到 13200 kW·h/t – Al。Moltech 公司的 TiB_2 涂层阴极已经工业化应用于炭素阳极电解槽，与荷兰 Hoogovens 公司合作在电解槽上的试验发现，可减少 Na 对阴极炭块的渗透，并能控制阴极炭块的电化学腐蚀。在国内，TiB_2 涂层阴极、TiB_2/C 复合阴极也已工业化应用，电流效率上升 2.0% 以上，能耗降低 340 kW·h/t - Al 左右[90-93]。

理想的惰性可润湿性阴极应能很好的与熔融金属铝润湿；难熔于高温氟化物熔盐与熔融金属铝，并能耐其腐蚀和渗透；良好的导电性；优良的机械强度、抗磨损性、抗热震性；容易加工成形，便于大型化生产，原材料来源广泛，生产制造、安装施工应用成本低等[94-97]。

20 世纪 50 年代，英国铝业公司（BACO, The British Aluminium Company LTD.）研究发现，TiB_2 能与熔融金属铝良好的润湿，并且设想 TiB_2 及其相关的化合物能成为铝电解槽用惰性可润湿性阴极材料[98]。之后，人们发现过渡金属，尤其 Ti 和 Zr 的硼化物和碳化物具有惰性可润湿性阴极材料所要求的性能[99]。事实上，元素周期表中第 IVB - VIB 族过渡金属元素的硼化物、碳化物、硅化物和氮化物，一般都具有高熔点、高硬度、良好的导电性和导热性与熔融金属具有良好的润湿性、能抵挡熔融金属铝和氧化铝冰晶石熔盐的腐蚀与渗透等特点。但是，这类化合物也存在脆性大、抗热震性差等不足。

TiB_2 和 ZrB_2 被认为是惰性可润湿性阴极的首选材料。表 1-3 列出了 TiB_2 和 ZrB_2 的一般物理化学性质[4, 100, 101]。ZrB_2 与 TiB_2 的性能相当，但价格较贵，因此人们主要集中在 TiB_2 及其复合材料的研究和应用上。

表 1-3 TiB_2 和 ZiB_2 的一般物理化学性能[4, 100, 101]

化合物	熔点 /℃	密度 /(g·cm^{-3})	电阻率 (25~1000℃) /(μΩ·m)	热导率 /(J·cm^{-1}·s^{-1}·℃$^{-1}$)	热膨胀系数 /(℃$^{-1}$×10^{-6})	塑性模量 (25℃)/GPa
TiB_2	2850~2980	4.52	0.09~0.15	0.24~0.59	4.6	253~550
ZrB_2	3000~3040	6.09~6.17	0.07~0.166	0.24	5.9	343~491

TiB_2 惰性可润湿性阴极材料与熔融金属铝能够很好地润湿，不用担心降低 ACD 会导致铝的二次反应加剧，致使电流效率降低；也不用担心磁场对电解生产的巨大干扰。应用 TiB_2 惰性可润湿性阴极材料完全可以降低 ACD，从而实现大幅度地节约能量。研究和开发的 TiB_2 惰性可润湿性阴极材料或 TiB_2 复合惰性可润湿性阴极材料主要有 TiB_2 烧结材料、TiB_2/C 复合材料、TiB_2 阴极涂层、TiB_2/AlN - Al 复合材料、TiB_2/TiC 复合材料等[102]。它们在性能上存在着一定的差异。

1.4.1 TiB_2 烧结陶瓷

TiB_2 的烧结性能一般都较差，不如氧化物陶瓷，其粉末材料很难通过加热收缩获得更高的密度和机械强度。TiB_2 陶瓷阴极材料通常通过热压烧结或添加烧结助剂冷压成形—高温烧结获得。热压烧结 TiB_2 陶瓷阴极材料的密度高，接近理论密度,相对密度达95% ~100%;但是制备费用高,难以制备成复杂形状的材料。冷压烧结的费用相对较低,也能在一定程度上制备出形状较为复杂的致密材料,如采用比表面积为 3 ~ 15 m^2/g 的微细粉体,可以烧结得到98% ~99.5%的相对密度[102]。为了提高烧结密度,冷压烧结通常需要添加烧结助剂,烧结过程中在局部区域形成液相,促进固相粒子间的扩散传质与烧结反应,并在冷却后起到黏结剂的作用。TiB_2 阴极材料的烧结助剂有 TiC、WC、B_4C 和 CrB_2 等[102]。

1957 年美国 Reynolds Metals Company(RMC)将 Norton Company 为其生产的热压烧结 TiB_2 棒材与阴极钢棒连接,由电解槽底部穿过内衬伸入电解槽中,并与铝液接触,希望降低炉底压降。在 68 kA 电解槽上试验 6 个月后,发现热压烧结 TiB_2 棒材破裂较为严重,并且伴随着晶间腐蚀[98]。采用碳热法生产的 TiB_2 粉末含有少量的 C、O 及 Fe 等杂质,烧结后这些杂质集中在晶界处,降低烧结体的耐蚀性能。随着铝电解的进行,电解质熔体、电解质中的钠元素及铝液不断渗透进入烧结体的晶间并腐蚀晶界,慢慢地导致 TiB_2 阴极的破裂。

20 世纪 70 年代,Pittsburgh Plate Glass Corporation(PPG)[103] 开发出一种非碳热法生产的高纯 TiB_2 粉末。该粉末的晶体结构完整,烧结体晶界杂质低,被认为是上等的铝电解用惰性材料,但是制备费用太高,而且也没有解决 TiB_2 阴极材料脆性大、抗热震性差的问题。

Kaiser Mead Smelter 公司的 Payne[104]认为 TiB_2 等高熔点和硬度的陶瓷材料承受的温度梯度达到200℃时就会脆裂。为了克服脆性,提高抗热震性及其他机械性能,TiB_2 复合材料成为重点研究对象,如 TiB_2/BN – B[105]、TiB_2/AlN – Al 和 TiB_2/AlN[106] 等。但是,如果采用导电性能差的化合物与 TiB_2 形成复合材料,复合材料的导电性将大幅度降低,使用过程中逐渐破裂的问题却没有完全解决。

1.4.2 TiB_2/炭素复合阴极材料

添加炭素材料与 TiB_2 制备成复合阴极材料,可降低对 TiB_2 原料纯度的要求,从而能大幅度降低 TiB_2 惰性可润湿性阴极材料的成本,提高抗热震性和机械强度,成形性好,易大型化,而且还不会影响材料的导电性[107, 108]。

自 20 世纪 80 年代以来,很多学者和研究机构对 TiB_2/炭素复合阴极材料进行了研究。1980 年,Great Lakes Research Corporation(GLRC)开发出铝电解用 TiB_2/石墨(TiB_2/C)复合阴极材料[109]。这种材料具有良好的抗热震性,在铝液中的溶解度低,抗腐蚀性好,与铝液完全润湿,对进行铝液置入处理的室温样品截面检测分析发现,从其表面到材料的内部大约 1 mm 的区域渗透了一层金属铝,形成了所谓的"皮肤"层,对基体起到保护作用[110]。1985—1986 年,在美国 Electric Power Research Institute 的资助下,GLRC 与 RMC 合作考核和评估 TiB_2/C

阴极材料，所用的 TiB_2/C 材料含 TiB_2 为 30% ~ 40%（质量分数）。经过对不同形状的 TiB_2/C 材料进行筛选，选定了"蘑菇"型的 TiB_2/C 阴极构件，并于 1991 年分别在 Kaiser Mead Smelter 的两台 70 kA 预焙铝电解槽上进行工业试验[111]，试验中可使 ACD 降低 2 ~ 2.5 cm，与对比槽（按照传统工艺操作）相比试验槽降低能量消耗 7% ~ 9%。但也暴露了一些问题，存在的最大问题是 TiB_2/C 阴极构件断裂、破损，这导致能耗降低未能达到预定的目标。阴极构件制造过程带入的缺陷是 TiB_2/C 阴极构件断裂的原因之一，出铝和更换炭素阳极过程中对 TiB_2/C 阴极构件产生的机械压力也是阴极构件破损的重要原因。

TiB_2/炭素复合阴极材料的电极性能与 TiB_2 含量密切相关。对 TiB_2 含量 0 ~ 50% 的 TiB_2/无烟煤复合阴极材料的抗钠和电解质的渗透性研究发现，随着 TiB_2 含量的增大，材料的抗钠和电解质的渗透性增强[112]。对 TiB_2/C 复合阴极材料与铝液的润湿性研究发现，材料中 TiB_2 含量为 10% ~ 30% 时会加速铝液开始润湿的速率，TiB_2 含量为 40% ~ 70%，材料与铝液有良好的润湿性，TiB_2 含量大于 70%，材料与铝液完全润湿[113, 114]。

1.4.3　TiB_2 涂层阴极材料

TiB_2 或 TiB_2 的复合材料以涂层的形式与炭素基体形成的涂层阴极也是一类具有代表性的惰性可润湿性阴极材料。具有代表性的 TiB_2/炭胶阴极涂层，就是以树脂等为黏结剂，添加其他助剂后与 TiB_2 粉末混合制成糊料，将糊料涂覆于炭素阴极表面，经过固化、炭化形成 TiB_2 涂层阴极[115]。涂层既起到可润湿性阴极的作用，同时又解决了与炭素基体的结合问题。TiB_2/炭胶阴极涂层是在现行铝电解槽上应用试验最多的一种 TiB_2 阴极材料。

TiB_2 涂层阴极与导流槽相结合可实现铝电解的显著节能。斜坡式导流惰性可润湿性阴极铝电解槽结构示意图如图 1 - 4[116] 所示。导流槽可以实现在阴极上、阳极阴影下保持一层薄薄的铝液，减小了磁场的影响，获得稳定的铝液界面，使降低 ACD、节能、高电流效率的生产成为可能。Comalco Aluminum 公司将碳胶 TiB_2 阴极涂层技术应用在导流槽上进行工业试验，

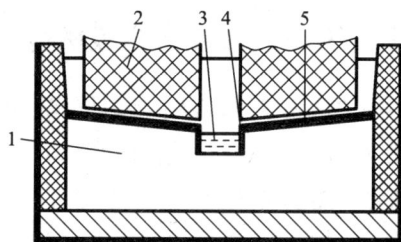

图 1 - 4　RHM 涂层导流槽示意图[116]
1—阴极炭块；2—阳极炭块；3—铝液；4—电解质；5—TiB_2 涂层

获得了较好的节能效果，在 700 天的试验时间内平均能耗为 13.3 kW·h/kg - Al，电流密度为 0.99 A/cm^2，ACD 为 20 mm[117]。

TiB_2/炭胶阴极涂层的研究较为活跃。Boxallya[118] 研究了在电解条件下 TiB_2

阴极涂层与铝液的润湿性，发现涂层中 TiB_2 的含量为 20%（质量分数）时，90% 的涂层表面能被铝液润湿；TiB_2 的含量为 35% ~ 60% 时，涂层具有良好的铝液润湿性，通电电解可加速铝液润湿。Liao 等人[119]研究了 TiB_2 涂层阴极的抗钠膨胀性，发现 TiB_2 涂层与铝液具有良好润湿性的同时，可使钠膨胀率降低 20% ~ 70%。李冰和邱竹贤[120]研究了铝液润湿性、热膨胀性、导电性及涂层在铝液中的溶解性，发现涂层与铝液的润湿性好、导电性好，不易被铝液溶解，TiB_2 阴极涂层的热膨胀系数为 $4.8 \times 10^{-6}/℃$。

TiB_2/炭胶阴极涂层也存在一些问题。涂层炭化过程中，碳质添加剂和黏结剂碳化生成的炭，电解过程中会与熔融金属铝发生反应生成 Al_4C_3，从而失去对 TiB_2 颗粒的固定作用，使得涂层中的 TiB_2 颗粒流入到铝液，使涂层逐步减薄，最后消失[1]。涂层开裂、起泡、脱落也是 TiB_2/炭胶阴极涂层需要进一步完善解决的问题[42]。

不含碳的 TiB_2 阴极涂层试图用于解决 TiB_2/炭胶阴极涂层的问题。无机物氧化铝溶胶作为黏结相，可将 TiB_2 粉末黏结在炭素基体上形成非碳 TiB_2 涂层阴极。TiB_2/氧化铝溶胶阴极涂层是一种多孔涂层，多层叠加后可获得 1 mm 厚的涂层；氧化铝不与 TiB_2 发生烧结，仅起到黏结固定 TiB_2 的作用，并具有较高的黏结强度，磨损率约为 0.3 mm/a[115]。TiB_2/氧化铝溶胶阴极涂层具有良好的导电性和与铝液的润湿性，与未涂抹涂层的炭素阴极相比较，钠在炭素基体中的渗透速率也明显被减缓[121]。通过非碳 TiB_2 涂层阴极的实验室研究和 158 kA 铝电解槽上的工业试验，发现涂层在使用过程中变得非常硬，具有优良的抗钠渗透性和铝液润湿性；涂层槽电流分布均匀，阴极压降低，没有出现因钠渗透引起的破损[122]。另外，这种涂层既能用于现行铝电解槽，也能用于新型导流铝电解槽。

氧化铝溶胶与基体炭素材料的结构和性能都存在差别，在铝电解槽内严酷的环境中，其黏结性能的持久性有待进一步证实。另外，TiB_2/氧化铝溶胶阴极的热膨胀系数为 0.56%（室温 ~ 950℃），人于半石墨化炭素材料（约 0.16%）；该涂层在高温易氧化，施工时必须加以保护。

还有一些其他的制备方法在炭素阴极材料获得 TiB_2 涂层（薄层），例如，电沉积[123-126]，等离子喷涂[127,128]，激光喷涂[129]，气相沉积[130,131]和自蔓延反应合成[107,132]等。但是，这些制备涂层的方法或是设备复杂、应用成本高，或是不能大面积施工，至今仅限于实验室研究，未见应用于工业铝电解槽的报道。

1.4.4　TiB_2/炭胶涂层阴极在现行铝电解槽上的应用

TiB_2/炭胶阴极涂层既能用于新型铝电解槽电极系统作为阴极，也能用于现行槽，提高金属铝液与炭阴极内衬的润湿性，阻挡或延缓钠和电解质的渗透，改善电解槽工作状态，降低炉底压降，提高电流效率，达到延长电解槽工作寿命、节能降耗的目的[133-135]。

1984 年,美国 Martin Marietta Laboratories(Aluminum)在 6 台 105 kA 上插自焙铝电解槽上进行了 TiB_2/炭胶阴极涂层工业应用试验[118],两种涂层(浆料)的配方见表 1-4。制备工艺为:将表中物料混合制备成浆料,用泥工铲(刀)涂抹于经过处理的阴极内衬表面,涂层厚度约为 10 mm,加热固化、炭化,形成涂层阴极。固化升温制度为:室温 ~100℃,25℃/h;100℃ 保温 3 h;100 ~140℃,25℃/h;140℃ 保温 16 h。用 24 h 以上的时间升温至 600 ~1000℃ 之间炭化涂层[136]。

表 1-4　典型的阴极涂层组成[118]

成分 w	配 方 1	配 方 2
TiB_2(过 325 目筛)/%	36.0	37.5
固体炭/%	34.2	30.6
混合液体/%	19.7	29.6
焦炭颗粒/%	10.1	—
1/4 英寸炭纤维/%	—	2.3

根据近一年的试验,发现试验槽明显优于对比槽,主要表现为:①运行时,阴极表面较为干净,沉淀难以生存,偶尔有沉淀也能很快恢复洁净;②阴极电流均匀;③阴极压降较低;④电流效率较高;⑤能量消耗较低,比对比槽少消耗约 0.51 kW·h/kg - Al 的能量;⑥TiB_2 涂层不影响原铝质量;⑦槽况更稳定,涂层的服务寿命为 3 ~5 年,亦即涂层的磨损率为 2 ~3 mm/a。

1985 年,Comalco 公司获得 Martin Marietta 的技术后,继续研发 TiB_2 阴极涂层在铝电解槽上的应用[115]。

20 世纪 80 年代末期以来,国内也对 TiB_2/炭胶阴极涂层进行了研发,并陆续在不同的铝厂进行了工业试验,主要工作分别由两家单位牵头完成:一是东北大学邱竹贤院士领导的研究团队;二是由刘业翔院士领导的,以中南大学为主体的研究团队。

刘业翔院士的团队在中国连城铝厂 9 台 75 kA 侧插自焙铝电解槽上进行了炭胶/TiB_2 阴极涂层工业试验[137]。其涂层组分为:TiB_2 粉末(质量分数,下同) 45% ~60%;炭素添加剂 18% ~25%;树脂 20% ~35%。在空气中加热固化涂层,温度不超过 300℃,时间为 40 ~50 h,然后利用铝电解焙烧启动过程产生的热量炭化涂层。试验结果表明,试验槽与对比槽相比较,更稳定,炉底更干净,电流效率较高,炉底压降较低,每吨 Al 减少能量消耗 200 kW·h;启动初期每台试验槽少加 NaF 约 300 kg。

廖贤安等人在中国合肥铝厂进行了炭胶/TiB₂ 阴极涂层试验，试验槽为 28 台 60 kA 侧插自焙铝电解槽，12 台同样的电解槽作为对比槽。试验结果同样表明，TiB₂ 阴极涂层试验在电流效率、炉低压降、阴极电流分布等方面具有明显优势。另外，他们也指出，固化、炭化过程对于涂层的性能有着极大的影响。电解槽使用 6 年后仍然能正常工作[138]。

TiB₂ 阴极涂层的深度研发有着广阔的应用背景，尤其是我国与发达国家在预焙铝电解槽寿命方面存在的一定差异，更需要高性能、低成本、使用方便的 TiB₂ 阴极涂层技术，使我国预焙铝电解槽寿命大幅度提高，从而推动我国电解铝工业进一步向前发展。

1.5　低温电解质和铝电解新工艺

低温铝电解的目标是要降低电解槽的电解温度。由于金属铝的熔点是 660℃，故要得到液体铝，电解温度只要达到 850～900℃ 就足够了。目前工业槽的电解温度为 950℃ 左右，不仅浪费很多电能，而且增加了杂质在铝中的溶解度。低温铝电解最大的优点是降低了铝在电解质中的溶解度，因此可以提高电流效率。在工业电解槽中，一定温度范围内，温度每降低 10℃，电流效率可提高 1%。低温铝电解还可以提高原铝的纯度，提高电能效率，降低能耗，延长电解槽的寿命，并能缓解电解质对惰性阳极的腐蚀，有利于惰性阳极的使用[139, 140]。

低温铝电解仍然是铝电解工业节能降耗的重大研究课题，尽量降低电解温度是铝电解工业追求的目标之一。从目前的研究成果来看，研究应主要集中于以下几个方面：

①继续降低 NaF/AlF₃ 的分子比，使电解温度降低。

②使用添加剂，改善电解质组成。降低电解温度的同时提高电导率和促进氧化铝溶解，找到适合低温电解的电解质组成。

③采用新型结构电解槽，增强电解质循环，维持高氧化铝浓度，使槽内氧化铝分布均匀，消除阴极结壳。

④使用惰性电极与低温电解质配合，以节省电能，提高生产效率，改善环境状况，降低生产成本。

降低工业槽铝电解温度的方案主要有 3 种：第一种是使用低分子比电解质，即轻电解质，铝液下沉的电解方法；第二种是采用含有钡盐的重电解质，铝液上浮的低温电解法；第三种是采用氧化铝悬浮的电解质，铝液下沉，即美国 Beck 的悬浮氧化铝电解法。这 3 种方案都用氧化铝做铝电解的原料，有时还配合惰性阴极和绝缘侧壁。一些方法的电解温度可以降低到 800℃ 以下，生产 1 t 铝的电耗可以降低到 12000 kW·h 以下。虽然前期的一些研究结果表明了低温电解的可行性，但是在工业上应用还需要做很多的工作。

要实现低温铝电解就必须使用低熔点的电解质。对于现行铝电解槽使用的 $Na_3AlF_6 - AlF_3 - Al_2O_3$ 传统电解质体系，降低电解质液相线温度的途径有以下两种。

一是在传统电解质基础上，采用碱金属和/或碱土金属卤化物作添加剂，如 MgF_2、$NaCl$、CaF_2、LiF、KF 和 $BaCl_2$，此外，Al_2O_3 的加入也可以降低电解质液相线温度。在10%的添加量范围内，以钠冰晶石的熔点1010℃为基准，添加剂降低电解质液相线温度的平均值(Δt)(℃/1%添加剂)如表1-5所示。

表 1 - 5　添加剂对电解质初晶温度的影响[141]

添加剂	LiF	MgF_2	$BaCl_2$	KF	Al_2O_3	NaCl	CaF_2	NaF
Δt/℃	7.8	6.0	5.6	4.8	4.6	3.8	2.4	1.8

添加 MgF_2 不仅可以降低初晶温度，还可以降低冰晶石 - 氧化铝熔体对炭素材料的润湿性，也就是说，使二者间的润湿角增大，这对铝电解起到有益作用。一方面促进炭渣与电解质的分离，另一方面减小电解质在炭素内衬中的渗透，从而可以延长内衬的使用寿命。由于炭渣从电解质中的分离，电解质的导电性能有所改善，所以 MgF_2 间接起到提高电解质导电性能的作用。MgF_2 也是一种矿化剂，它能够促进边部结壳的生长。含 MgF_2 的电解质结壳疏松多孔，有利于生产操作，而且镁盐来源广泛，价格低廉，是一种优良的添加剂。添加 MgF_2 的缺点是原铝中含有少量镁。三门峡天元铝业集团有限公司所采用的电解质中 MgF_2 的质量分数为5.5%，氟化钙为5%，氧化铝为2.5%，$n(NaF):n(AlF_3)$ 为2.3，计算的初晶温度为920℃。经过调整后的电解质组成再应用于生产，电解温度从950℃逐渐降到925～935℃，取得国内领先的经济技术指标。

LiF 是最有效的添加剂，但其价格昂贵，这妨碍了它的应用。KF 也是能够提高氧化铝溶解度的添加剂，KF 的采用虽然解决了低温电解中氧化铝溶解度低的问题，但是钾盐对以炭素材料为内衬的电解槽而言是致命的，它直接降低电解槽的寿命。

添加 NaCl 可以降低电解质的初晶温度，提高电导率和减小电解质的密度。邱竹贤院士预计，添加3%以内的 NaCl，并且与3%的 MgF_2 相结合，可以使电解温度降低15～20℃。

二是增大传统电解质中 AlF_3 含量，降低分子比，提高电解质的酸度。根据 $Na_3AlF_6 - AlF_3$ 相图和 $Na_3AlF_6 - AlF_3 - Al_2O_3$ 相图可知，稍微增加 AlF_3 的量就能大幅度改变电解质的液相线温度。

　　低温电解质的开发与应用不仅有利于炭素阳极铝电解的节能降耗，也可促进惰性阳极的应用。惰性阳极适宜在低温、高氧化铝浓度的电解条件下使用。为了开发与惰性阳极配套的低温电解质，研究较多的低温电解质主要包括高 AlF_3 含量的钠冰晶石、钾冰晶石、锂冰晶石及其混合体系。各个体系既有各自的优势，也存在不足。钠冰晶石体系的低温电解主要存在以下问题：①电解温度的降低，电解质和铝液的密度之差变小，不利于阴极铝与电解质的分离，降低电流效率。②低温电解质导电能力下降，这将提高直流电耗，增大能耗。③低温电解过程中，在铝液和电解质的界面上，由于铝离子消耗而钠离子富集，阴极附近的电解质初晶温度局部升高，导致固体电解质的析出，由于它是绝缘体，所以严重时将会导致电流断路；低温电解时炭素阳极产生更多的炭渣，阳极炭块也易出现肿胀现象。④最严重的问题是氧化铝在其中的溶解度很低，这对于工业应用来说是很难认可的。钾冰晶石体系的电导率比钠冰晶石体系的稍低，但氧化铝的溶解度和溶解速率占有绝对优势，氧化铝在钾冰晶石体系中 850℃ 条件下的溶解度与其在钠冰晶石体系中 1000℃ 时相当，但钾冰晶石对炭素电极的渗透能力比钠冰晶石强得多，导致炭素阳极更容易发生肿胀，电极和电解槽的寿命降低。在含锂冰晶石中，LiF 对降低初晶温度的影响因子比较大，锂冰晶石熔体的电导率在 3 种冰晶石熔体中最高，铝液在其中的溶解损失最小；但在 900℃ 以下的氧化铝溶解度小于 4.45%（质量分数），氧化铝溶解度和溶解速率不及前两者，电解时电压波动不稳定，阴极可能也会有固体电解质析出[141]。因此，混合冰晶石体系可以吸取单一冰晶石的各自优点，更具有应用前景。

　　在低温条件下电解时，氧化铝溶解度均降低，即使氧化铝浓度趋于饱和，电解也通常只能在较小的电流密度下进行；此外随着阳极表面附近的氧化铝浓度降低，阳极电位升高，惰性阳极表面氧化物与电解质反应同样会加剧[48, 91]。为了维持较高的氧化铝浓度，如果电解质中允许有过量未溶的氧化铝存在，以便及时补充电极附近消耗的氧化铝，使电流密度能保持合理的水平，但是这样很容易造成氧化铝的阴极沉淀[142]。

　　为了解决低氧化铝浓度这个问题，研究人员提出了多种解决办法。比如 Beck 提出使用料浆电解槽电解，电解槽采用竖式单极性电极，只是将槽底也作为阳极，电解过程中，往上冒的阳极气体能保证未溶氧化铝在电解质中悬浮，阴极铝液包裹在电解质中，随着电解质流动沉积到位于槽底边部的聚铝槽中。但是这种电解槽很难保证铝液在沉淀过程中不被重新氧化[143]；Jacobs 提出采用高含水量的氧化铝来阻止阳极炭渣的形成，另外水存在也有助于氧化铝分散和溶解，但是生产这种氧化铝势必要添加一套工艺，增加投资成本[144]。

　　低温铝电解中除了氧化铝溶解度低以外，还存在以下问题[145]：①电解温度较低时，阴极容易发生结壳现象，主要是电解槽内电解质的循环条件变差所致。

需要改变电解槽结构，改善电解质的循环流动，来消除低温电解时的阴极结壳。②电解质中的碳化铝会随着温度和分子比的降低而增加，降低电流效率和炭素阴极的寿命。③随着分子比和电解温度的降低，电解质的电导率也会降低，电解质熔体的压降上升，直流电耗增加。④随着温度降低，电解质的密度会增加，从而导致电解质与铝液之间的密度差减小，使电解质与铝液之间不能很好的分离，电解质的扰动会增加铝的损失而降低电流效率。⑤电解温度降低后，惰性阳极上氧气的成长速度可能比传统高温电解时二氧化碳的成长速度慢，是否顺利排除也可能成为一个有待深入研究的问题。

参 考 文 献

[1] 邱竹贤. 铝电解[M]. 北京：冶金工业出版社, 1982.

[2] 冯乃祥. 铝电解[M]. 北京：化学工业出版社, 2006.

[3] 刘业翔. 现代铝电解[M]. 北京：冶金工业出版社, 2008.

[4] Pawlek R P. Inert anodes：an update [C]// Schneider W. Light Metals 2002. Warreudale, Pa：TMS, 2002：449 – 456.

[5] Sadoway D R. Inert anodes for the Hall – Héroult cell：the ultimate materials challenge[J]. JOM, 2001, 53(5)：34 – 35.

[6] Margolis N, Eisenhauer J. Inert anode roadmap：a framework for technology development[R]. Columbia：the Aluminum Association and the U. S. Department of Energy, 1998.

[7] Pawlek R P. Inert anode for primary aluminum industry：an update [C]// Hale W. Light Metals 1996. Warreudale, Pa：TMS, 1996：243 – 248.

[8] Weyand J D. Manufacturing processes used for the production of inert anodes [C]// Miller R E. Light Metals 1986. Warreudale, Pa：TMS, 1986：321 – 339.

[9] Pawlek R P. Inert anodes：an update [C]// Tabereaux A T. Light Metals 2004. Warreudale, Pa：TMS, 2004：283 – 287.

[10] De Nora V. How to find an inert anode for aluminum cells[C]// Haarberg G M, Solheim A. Eleventh International Aluminium Symposium. Norway, 2001：155 – 160.

[11] Belyaev A I, Studentsov A E. Electrolysis of alumina with non – combustible (metallic) anodes[J]. Legkic Metal, 1937, 6(3)：17 – 22.

[12] Belyaev A I. Electrolysis of alumina using ferrite anodes[J]. Legkic Metal, 1938, 7(3)：7 – 20.

[13] Mcleod A D, Haggerty J S, Sadoway D R. Inert anode materials for hall cells [C]// Miller R E. Light Metals 1986. Warreudale, Pa：TMS, 1986：269 – 274.

[14] Peterson R D, Richards N E, Tabereaus A T. Results of 100 hours electrolysis test of a cermet anode：operational results and industry perspective [C]// Christian M B. Light Metals 1990. Warreudale, Pa：TMS, 1990：385 – 393.

[15] Alcom T R, Tabereaux A T, Richards N E, et al. Operational results of pilot cell test with cermet "Inert" anodes [C]// Das S K. Light Metals 1993. Warreudale, Pa: TMS, 1993: 433 – 443.

[16] Sadoway D R. Apparatus and method for the electrolytic production of metals [P]. US, 4999097, 1989.

[17] Beck T R, Brooks R J. Non – consumable anode and lining for aluminum electrolytic reduction cell[P]. US, 5284562, 1992.

[18] Ray S P, Liu X H. Inert anode containing base metal and noble metal useful for the electrolytic production of aluminum[P]. US, 6162334, 1999.

[19] Nguyen T, De Nora N V. Oxygen evolving inert metallic anode [C]// Galloway T J. Light Metals 2006. Warreudale, Pa: TMS, 2006: 385 – 390.

[20] Olsen E, Thonstad J. Nickel ferrite as inert anodes in aluminum electrolysis: part I material fabrication and preliminary testing[J]. Journal of Applied Electrochemistry, 1999, 29(2): 293 – 299.

[21] Hall C M. Process of reduction aluminum from its fluoride salts by electrolysis [P]. US, 400766, 1889.

[22] Glucina M, Hyland M. Laboratory – scale performance of a binary Cu – Al alloy as an anode for aluminum electrowinning[J]. Corrosion Science, 2006, 48: 2457 – 2469.

[23] Shi Z L, Xu J L, Qiu Z X. Copper – nickel superalloys as inert alloy anodes for aluminum electrolysis[J]. JOM, 2003, 55(11): 63 – 65.

[24] 于先进. 铝冶金进展[M]. 沈阳: 东北大学出版社, 2001.

[25] 曹中秋, 牛焱, 吴维弢, 等. 晶粒尺寸对 Cu – 60Ni 合金的高温氧化行为影响[J]. 腐蚀科学与防护学报, 2000, 13(2): 363 – 365.

[26] 赵泽良. Cu – 15Ni – 15Ag 合金在 600~700℃空气中的氧化[J]. 腐蚀与防护学报, 2000, 13(4): 187 – 191.

[27] 曹中秋, 牛焱, 吴维弢. Cu – Cr – Ni 合金 800 ℃, 0.1MPa 纯氧气中的氧化[J]. 金属学报, 2000, 13(6): 647 – 650.

[28] 曾潮流, 王文, 吴维弢. Fe – Cr 合金在 650℃熔盐(Li – K)$_2$CO$_3$ 中的腐蚀行为[J]. 金属学报, 2000, 36(6): 651 – 654.

[29] Fang T H, Wu C D, Chang W J. Molecular dynamics analysis of non – imprinted Cu – Ni alloys [J]. Applied Surface Science, 2007, 253: 6963 – 6968.

[30] Sekhar J A, Liu J J, Duruz J J. Stable anodes for aluminium production cells[P]. US, 5510008, 1994.

[31] Duruz J J, Nora V. Grade non – consumable anode materials [C]// Tabereaux A T. Light Metals 1998. Warreudale, Pa: TMS, 1998: 324 – 328.

[32] Duruz J J, Nora V, Crottaz O. Cells for the electrowinning of aluminium having dimensionally stable metal – based anodes[P]. US, 0020590, 2001.

[33] Duruz J J, Nora V, Crottaz O. Nickel – iron alloy based anodes for aluminium electrowinning

cell[P]. US, 0022274, 2001.

[34] Xu J, Tao J, Chen Z Y. Preparation of Ni – Cu – Mo – Cr film deposited on AZ31 magnesium alloy by double glow sputtering with Cu interlayer[J]. Surface and Coatings Technology, 2007, 34 (6): 1 – 6.

[35] Nora V, Duruz J J. Slow consumable non – carbon metal – based anodes for aluminium production cells[P]. US, 6248227, 2001.

[36] Duruz J J, Nora V. Metal – based anodes for aluminium electrowinning cells [P]. US, 0142534, 2002.

[37] 石忠宁, 徐君莉, 邱竹贤, 等. Ni – Fe – Cu 惰性阳极的抗氧化性和耐蚀性能[J]. 中国有色金属学报, 2004, 14 (4): 592 – 595.

[38] Haugsud R. On the influence of non – protective CuO on high – temperature oxidation of Cu – rich Cu – Ni based alloys[J]. Oxidation of Metals, 1999, 53(5 – 6): 427 – 445.

[39] Sekhar J A. Solidification microstructure evolution in the presence of inert particles [J]. Materials science & engineering, 1991, 147(1): 9 – 21.

[40] Djokie S S, Pawlek R P. Recent developments of inert anodes for the primary aluminium industry[J]. Oxidation of Metals, 1995, 28 (2): 202 – 206.

[41] 吴贤熙. 铝电解惰性阳极研究现状[J]. 轻金属, 2000, 35(1): 41 – 44.

[42] Grjotheim K, Krohn C, Malinovský M, et al. Aluminium electrolysis. 2nd ed [M]. Düsseldorf: Aluminium – Verlag, 1982.

[43] Xiao H M. On the corrosion and the behavior of inert anodes in aluminium electrolysis[D]. Trondheim: Norwegian Institute of Technology, 1993.

[44] Grjotheim K, Kvande H, Qiu Z X, et al. Aluminium electrolysis in a 100A laboratory cell with inert electrodes[J]. Metallurgy, 1988, 42(6): 587 – 589.

[45] 肖海明, 刘业翔. 铝电解时 SnO₂ 基电极上阳极过程的研究[J]. 有色金属, 1986, 38(4): 57 – 62.

[46] Liu Y X, Thonstad J. Oxygen overvoltage on SnO₂ – based anodes in NaF – AlF₃ – Al₂O₃ melts electrocatalytic effects of doping Agents[J]. Electrochimica Acta, 1983, 28(1): 113 – 116.

[47] Wang H Z, Thonstad J. The behavior of inert anodes as a functin of some operating parameters [C]// Paul G C. Light Metals 1989. Warreudale, Pa: TMS, 1989: 283 – 290.

[48] Xiao H M, Hovland R, Rolseth S. On the corrosion and behavior of inert anodes in aluminum electrolysis [C]// Euel R C. Light Metals 1992. Warreudale, Pa: TMS, 1992: 389 – 399.

[49] Xiao H, Hovland R, Rolseth S, et al. Studies on the corrosion and the behavior of inert anodes in aluminum electrolysis[J]. Metallurgical and Materials Transactions B, 1996, 27B (2): 185 – 193.

[50] Issaeva L, Yang J H, Haarberg G M, et al. Electrochemical behaviour of tin species dissolved in cryolite – alumina melts[J]. Electrochimica Acta, 1997, 42(6): 1011 – 1018.

[51] Yang J H, Thonstad J. On the behaviour of tin – containing species in cryolite – alumina melts [J]. Journal of Applied Electrochemistry, 1997, 27(4): 422 – 427.

[52] 王化章, 刘业翔, 肖海明. 铝电解用 SnO_2 基惰性阳极的研究[J]. 中南矿冶学院学报, 1988, 19(6): 636 - 641.

[53] 薛济来, 邱竹贤. 铝电解用 SnO_2 基惰性阳极导电性的研究[J]. 东北工学院学报, 1990, 11(4): 362 - 365.

[54] Ramsey D E, Grindstaff L I. Electrode composition[P]. US, 4233148, 1980.

[55] Clark J M, Secrist D R. Monolithic composite electrode for molten salt electrolysis[P]. US, 4491510, 1985.

[56] Las W C, Dolet N, Dordor P, et al. Influence of additives on the electrical properties of dense SnO_2 - based ceramics [J]. Journal of Applied Electrochemistry, 1993, 74 (10): 6191 - 6196.

[57] Yang J H, Liu Y X, Wang H Z. The behavior and improvement of SnO_2 - based inert anodes in aluminium electrolysis [C]// Das S K. Light metals 1993. Warreudale, Pa: TMS, 1993: 493 - 495.

[58] 张剑红, 席锦会, 刘宜汉, 等. 尖晶石基铝电解惰性阳极的研究进展[J]. 有色矿冶, 2004, 20(1): 20 - 22.

[59] Augustin C O, Srinivasan L K, Srinivasan K S. Inert anodes for environmentally clean production of aluminium - part Ⅰ [J]. Bulletin of electrochemistry, 1993, 9 (8 - 10): 502 - 503.

[60] Augustin C O, Sen U. A green anode for aluminium production [C]// O, Sen U. A green anode for aluminium production [C]// DH Sastry, S. Subramaniam, KSS Murthy and KP Abraham. International Conference on Aluminium. New Delhi, 1998: 173 - 176.

[61] 于亚鑫, 于先进, 杨宝刚, 等. 铁锌和铁镍尖晶石材料的高温导电性[J]. 中国有色金属学报(增刊), 1998, 8(2): 336 - 337.

[62] Ray S P. Inert electrode united compositions[P]. US, 4374050, 1983.

[63] Dewing E W, Haarberg G M, Rolseth S, et al. The chemistry of solutions of CeO_2 in cryolite melts[J]. Metallurgical and Materials Transactions B, 1995, 26B(1): 81 - 86.

[64] Dewing E W, Thonstad J. Solutions of CeO_2 in cryolite melts[J]. Metallurgical and Materials Transactions B, 1997, 28B(6): 1257 - 1257.

[65] Gregg J S, Frederick M S, King H L, et al. Testing of cerium oxide coated cermet anodes in aluminium laboratory cell [C]// Das S K. Light Metals 1993. Warreudale, Pa: TMS, 1993: 455 - 463.

[66] Gregg J S, Frederick M S, Vaccaro A J, et al. Pilot cell demonstration of cerium oxide coated anodes [C]// Das S K. Light Metals 1993. Warreudale, Pa: TMS, 1993: 465 - 473.

[67] Dewing E W, Rolseth S, Støen L, et al. The Solubility of ZnO and $ZnAl_2O_4$ in Cryolite Melts [J]. Metallurgical and Materials Transactions B, 1997, 28B (6): 1099 - 1101.

[68] 吴贤熙, 毛小浩. 铝电解镍基惰性阳极的研究[J]. 贵州工业大学学报: 自然科学版, 1999, 28(5): 36 - 41, 48.

[69] Weyand J D, DeYoung D H, Ray S P, et al. Inert anodes for aluminum smelting (final report)[R].

Washington D C: Aluminum Company of America, 1986.

[70] Blinov V, Polyakov P, Krasnoyarsk, et al. Behaviour of inert anodes for aluminium electrolysis in a low temperature electrolyte, part I [J]. Aluminium, 1997, 73 (12): 906 – 910.

[71] Ray S P, Liu X H, Weirauch D A, et al. Electrolytic production of high purity aluminium using ceramic inert anodes[P]. US, 6416649, 2000.

[72] Blinov V, Polyakov P, Thonstad J, et al. Behaviour of cermet inert anodes for aluminium electrolysis in a low temperature electrolyte [C]// Haarberg G M, Solheim A. 11th International Aluminium Symposium. Norway, 2001: 123 – 131.

[73] Lorentsen O A, Thonstad J. Laboratory cell design considerations and behaviour of inert anodes in cryolite – alumina melts [C]// Haarberg G M. 11th International Aluminium Symposium. Norway: 2001: 145 – 154.

[74] 秦庆伟, 赖延清, 张刚, 等. 铝电解惰性阳极用 Ni – Zn 铁氧体的固态合成[J]. 中国有色金属学报, 2003, 13(3): 769 – 773.

[75] 张刚, 赖延清, 田忠良, 等. 铝电解用 $NiFe_2O_4$ 基金属陶瓷的制备[J]. 材料科学与工程学报, 2003, 21(4): 44 – 47.

[76] 田忠良, 赖延清, 张刚, 等. 铝电解用 $NiFe_2O_4$ – Cu 金属陶瓷惰性阳极的制备[J]. 中国有色金属学报, 2003, 13(6): 1540 – 1545.

[77] 张刚. Cu – Ni – $NiFe_2O_4$ 金属陶瓷的制备与性能研究[D]. 长沙: 中南大学, 2004.

[78] 秦庆伟. 铝电解惰性阳极及腐蚀速率预测研究[D]. 长沙: 中南大学, 2004.

[79] Lai Y Q, Li J, Tian Z L, et al. An improved pyroconductivity test of spinel – containing cermet inert anodes in aluminum electrolysis cells [C]// Tabereaux A. Light Metals 2004. Warrendale, Pa: TMS, 2004: 339 – 344.

[80] Lai Y Q, Duan H N, Li J, et al. On the corrosion behaviour of Ni – NiO – $NiFe_2O_4$ cermets as inert anodes in aluminum electrolysis [C]// Kvande H. Light Metals 2005. Warrendale, Pa: TMS, 2005: 529 – 534.

[81] 杨宝刚, 于佩志, 于先进, 等. 电解铝生产用的惰性电极材料[J]. 轻金属, 2000, 5: 32 – 35.

[82] Yu X J, Zhang G L, Qiu Z X, et al. Electrical conductivity and corrosion resistance of $ZnFe_2O_4$ – based materials used as inert anode for aluminum electrolysis [J]. Journal of Shanghai University, 1999, 3(3): 251 – 254.

[83] Yu X J, Qiu Z X, Jin S H. Corrosion of zinc ferrite in NaF – AlF3 – Al_2O_3 molten salts[J]. Journal of Chinese Society for Corrosion and Protection, 2000, 20 (5): 275 – 280.

[84] 杨宝刚. 金属陶瓷基惰性阳极材料与铝基碱土金属母合金的研制[D]. 沈阳: 东北大学, 2000.

[85] Ray S P. Inert anodes for Hall Cells [C]// Miller R E. Light Metals 1986. Warreudale, Pa: TMS, 1986: 287 – 298.

[86] Ray S P, Rapp R A. Composition suitable for use as inert electrode having good electrical conductivity and mechanical properties[P]. US, 4454015, 1984.

[87] Ray S P, Rapp R A. Composition suitable for inert electrode. US, 4455211[P]. 1984.

[88] Lai Y Q, Li J, Tian Z L, et al. An improved test of temperature dependent electrical conductivity of spinel – containing cermet inert anodes in aluminum electrolysis cells [C]// Tabereauxc A T. Ligh Metals 2004. Warreudale, Pa: TMS, 2004: 339 – 344.

[89] 肖纪美, 曹楚南. 材料腐蚀学原理[M]. 北京: 化学工业出版社, 2002.

[90] Beck T R. A non – consumable metal anode for production of aluminum with low – temperature fluoride melts [C]// Evans J. Light Metals 1995. Warrendale, Pa: TMS, 1995: 355 – 360.

[91] Thonstad J, Fellner P, Haarberg G M, et al. Aluminium electrolysis[M]. 3rd ed. Dusseldorf: Aluminium – Verlag, 2001.

[92] Grjotheim K, Kvande H. Introduction to aluminium electrolysis [M]. 2nd ed. Dusseldorf: Aluminium – Verlag, 1993.

[93] Haupin W E. Principles of aluminum electrolysis [C]// Evans J. Light Metals 1995. Warrendale, Pa: TMS, 1995: 195 – 203.

[94] Pawlek R P. 75 Years development of aluminum electrolysis cells[J]. Aluminium, 1999, 75 (9): 734 – 742.

[95] Tabereaux A. Prebake cell technology: a global review[J]. JOM, 2000, 52(2): 22 – 26.

[96] 邱竹贤. 世界铝工业与新技术发展趋势[J]. 有色冶炼, 2000, 29(2): 1 – 6.

[97] Welch B J, Keniry J T. Advancing the Hall – Héroult electrolytic process [C]// Peterson R D. Light Metals 2000. Warrendale, Pa: TMS, 2000: 17 – 25.

[98] Pawlek R P. Review of the aluminum reduction sessions, part I [J]. Aluminium, 1999, 75(7/8): 621 – 625.

[99] Pawlek R P. Review of the aluminum reduction sessions, part II[J]. Aluminium, 1999, 75 (11): 1006 – 1009.

[100] Kvande H. Inert electrodes in aluminum electrolysis cells [C]// Echert C E. Light Metals 1999. Warrendale, Pa: TMS, 1999: 369 – 376.

[101] 刘业翔. 铝电解惰性阳极与可润湿性阴极的研究与开发进展[J]. 轻金属, 2001(5): 26 – 29.

[102] 于先进, 邱竹贤, 金松哲. 铝电解用惰性阳极材料研究的发展概况[J]. 淄博学院学报: 自然科学与工程版, 1999, 1(1): 55 – 60.

[103] 邱竹贤. 中国铝工业应用新型电极材料的研究与展望[J]. 中国工程科学, 2001, 3(5): 50 – 54.

[104] Payne J R. Boning of refractory hard metal[P]. US, 4093524, 1977.

[105] 徐军, 陈学森. 我国铝工业现状及今后发展建议[J]. 轻金属, 2001(10): 3 – 6.

[106] 吴慧娅. 我国铝电解工业的现状与竞争力的分析[J]. 世界有色金属, 2002, (10): 4 – 6.

[107] Brown C W. The wettability of TiB2 – based cathodes in low – temperature slurry – electrolyte reduction cells [J]. JOM, 1998: 38 – 40.

[108] 陈学森, 徐军. 应对 WTO, 做优做强我国电解铝工业[J]. 世界有色金属, 2002

(4): 4 - 7.

[109] 冯乃祥, 田福泉, 徐英林, 等. 我国铝工业现状和国外先进技术水平的差距[J]. 轻金属, 2000(7): 29 - 33.

[110] Mohamadou B, Manyaka R T, Reverdy M. Twenty years of continuous technical progress at Alucam prebaked smelter [C]// Anjier J L. Light Metals 2001. Warrendale, Pa: TMS, 2001: 185 - 191.

[111] Lai Y Q, Li Q Y, Yang J H, et al. Ambient temperature cured TiB2 cathode coating for aluminum electrolysis[J]. Transactions of Nonferrous Metals Society of China, 2003, 13(3): 704 - 707.

[112] de Nora V. Aluminium electrowinning - the future [J]. Aluninium, 2000, 76 (12): 998 - 999.

[113] Billehaug K, Oye H A. Inert cathodes and anodes for aluminium electrolysis[M]. Dusseldorf: Aluminium - Verlag, 1981.

[114] De Nora Vittorio. VERONICA and TINOR 2000 New Technologies for Aluminum Production. http: //www. electrochem. org/publications/interface, 2002/2012.

[115] McMinn C J. A review of RHM cathode development [C]// Cutshall E R. Light Metals 1992. Warrendale, Pa: TMS, 1992: 419 - 425.

[116] 梁俊兰. 对提高铝电解槽寿命的初探[J]. 轻金属, 1999(2): 42 - 45.

[117] Billehaug K, Oye H A. Inert cathodes and anodes for aluminum electrolysis in Hall - Héroult cells (Ⅱ) [J]. Aluminium, 1980, 56(11): 713 - 718.

[118] Paulek R P. Cathodes wettable by molten aluminium for auminum electrolysis cells [J]. Aluminium, 1990, 66(8): 573 - 582.

[119] Liao X A, Øye H A. Effects of carbon - bonded coatings on sodium expansion of the cathode in aluminum electrolysis [C]// . Eckertc E. Light Metals 1999. Warrendale, Pa: TMS, 1999: 629 - 636.

[120] 李冰, 邱竹贤, 李军, 等. 铝电解质对 TiB2 镀层的渗透[J]. 中国腐蚀与防护学报, 2005, 25 (1): 44 - 47.

[121] Panye J R. Bonding of refractory hard metal[P]. U S, 4093524, 1978.

[122] Billehaug K, Oye H A. (Aluminium - Monograph) Inert cathodes and anodes for aluminium electrolysis[M]. Dusseldorf: Aluminium - Verlag, 1981.

[123] Kaplan H I. Refractory surfaces for alumina reduction cell cathodes and methods for providing such surfaces[P]. US, T993002, 1980.

[124] Kaplan H I. Cathodes for alumina reduction cells. US, 4333813[P]. 1982.

[125] Pawlek R P. Alumininum wettable cathodes: an update [C]// Peterson R D. Light Metals 2000. Warrendale, Pa: TMS, 2000: 449 - 454.

[126] Tabereaux A, Brown J, Eldridge I, et al. The operational performance of 70 kA prebake cells retrofitted with TiB2 - G cathode elements [C]// Welch B. Light Metals 1998. Warrendale, Pa: TMS, 1998: 257 - 264.

［127］ Juel L H, Joo L A, Tucker K W. Composite of TiB2 – graphite. US, 4465581［P］. 1984.

［128］ Dionne M, Esperance G L, Mirtchi A. Wetting of TiB2 – carbon material composite［C］// Eckert C E. Light Metals 1999. Warrendale, Pa: TMS, 1999: 389 – 394.

［129］ Alcorn T R, Stewart D V, Tabereaux A T, et al. Apilot reduction cell operation using TiB2 – G cathodes［C］// Welch B J. Light Metals 1990. Warrendale, Pa: TMS, 1990: 413 – 418.

［130］ Xue J L, Oye H A. Sodium and bath penetration into TiB2 – carbon cathodes during laboratory aluminium electrolysis［C］// Cutshall E R. Light Metals 1992. Warrendale, Pa: TMS, 1992: 773 – 778.

［131］ Xue J L, Oye H A. Wetting of graphite and carbon/TiB2 composites by liquid aluminum ［C］// Das S K. Light Metals 1993. Warrendale, Pa: TMS, 1993: 631 – 637.

［132］ Watson K D, Toguri J M. The wetting of carbon/TiB2 composite materials by aluminum in cryolite melts［J］. Metallurgical and Materials Transactions B, 1991, 22B(3): 617 – 621.

［133］ 成庚. 铝用 TiB2 – C 复合阴极炭块的开发与应用［J］. 轻金属, 2001(2): 50 – 52.

［134］ 刘新平. TiB2 – C 复合阴极在 45kA 铝电解槽上的应用［J］. 轻金属, 1997(4): 32 – 34.

［135］ 肇玉卿. TiB2 – C 复合阴极在铝电解槽上的应用效果［J］. 轻金属, 1995(5): 29 – 31.

［136］ Faaness B M, Gran H, Sorlie M, et al. Ramming paste related failures in cathode linings ［C］// Campbell P G. Light Metals 1989. Warrendale, Pa: TMS, 1989: 633 – 639.

［137］ 廖贤安, 胡鹏飞. 铝电解中铝对阴极材料润湿性的初步研究［J］. 轻金属, 1989(12): 35 – 39.

［138］ Sorlie M, Oye H A. A survey on deterioration of carbon linings in aluminium reduction cells ［J］. Metallurgy, 1982, 36(6): 635 – 642.

［139］ Vecchio – sadus A M. Evaluation of low – temperature cryolite – based electrolytes for aluminum smelting［J］. Journal of Applied Electrochemistry, 1995, 25(9): 1098 – 1104.

［140］ 邱竹贤. 铝电解中节能的潜力［J］. 有色金属, 1985, 37(1): 67.

［141］ 邱竹贤, 张明杰, 何鸣鸿, 等. 低温铝电解的研究［J］. 轻金属, 1984(6): 33 – 36.

［142］ Craig Brown. Next generation venical electrode cells［J］. JOM, 2001, 53(5): 39 – 42.

［143］ Beck T B, Brooks R. Electrolytic reduction of aluminum［P］. US, 5006209, 1991.

［144］ Jacobs S C, Jarrett N, Graham R W, et al. Alumina reduction process［P］. US, 3852173, 1974.

［145］ 王家伟, 赖延清, 李劼, 等. 惰性阳极工业化实现的途径之一——低温铝电解［J］. 有色矿冶, 2005, 21(4): 28 – 31.

第 2 章　金属陶瓷惰性阳极的电化学与组元选择

　　金属陶瓷作为铝电解工业最具应用前景的惰性阳极材料之一，其材质选择与优化、阳极工程化制备和大容量电解试验仍需关注几个关键的科学与技术问题：①如何保证材料烧结密度、高温导电性能及抗热震性能；②如何同时从材料和电解工艺两个方面降低惰性阳极应用过程中的化学腐蚀和电化学腐蚀；③实际工程应用中，如何实现惰性阳极与金属导杆间高温下的稳定电连接；④如何防止因陶瓷基体抗热震性差而在使用过程中出现惰性阳极开裂等问题。解决上述问题，除开发适宜金属陶瓷惰性阳极的铝电解工艺外，金属陶瓷惰性阳极材料体系的选择与相应的制备技术一直以来都是材料和冶金界关注的焦点。金属陶瓷惰性材料体系，尤其是陶瓷相的选择主要依据以下几个因素：①材料在冰晶石－氧化铝电解质熔体中的静态饱和溶解度；②极化条件下材料的氧化转变和电化学溶解腐蚀；③材料在电解质熔体中分解电压与氧化铝分解电压的大小关系；④材料腐蚀溶解产物在阴极电化学析出的可能性及其对原铝纯度的影响；⑤材料在电解温度下的导电性，等等。综合考虑以上几个因素，目前研究比较广泛的金属陶瓷主要有 $NiFe_2O_4$、$ZnFe_2O_4$、$CuFe_2O_4$、$NiAl_2O_4$ 和 Al_2O_3 等，金属相有 Cu、Ni、Fe、Ag 等金属及其合金。本章以炭素阳极的电化学作对比，概述以 $NiFe_2O_4$ 基金属陶瓷为代表的惰性阳极电化学和材料选择原则，期望共同探讨金属陶瓷惰性阳极材料的选择及发展方向。

2.1　炭素阳极电化学

　　炭素阳极电化学在铝电解领域知名学者邱竹贤和冯乃祥各自编著的《铝电解》书中以及刘业翔编著的《现代铝电解》一书中都有阐述，并且分别叙述了分解电压的理论计算、阳极过程和阳极效应及机理。本节节选部分炭素阳极电化学的基本理论作为对比，概述了金属陶瓷惰性阳极的分解电压理论计算和以 $NiFe_2O_4$ 基金属陶瓷为代表的惰性阳极化学腐蚀与电化学腐蚀。

2.1.1　氧化铝分解电压的理论计算

　　采用炭素阳极进行铝电解时，阳极参与电化学反应，生成 CO_2 和 CO，Al_2O_3 分解电压可通过下列反应的吉布斯自由能的改变值算出：

$$2(Al)(l) + 1.5(CO_2)(g) = \langle Al_2O_3 \rangle(s) + 1.5\langle C \rangle(s) \qquad (2-1)$$

$$2(Al)(l) + 3(CO) = \langle Al_2O_3 \rangle + 3\langle C \rangle \qquad (2-2)$$

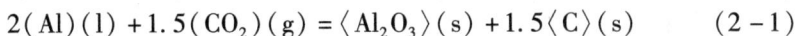

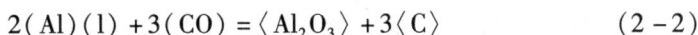

如果阳极气体组成是 $\varphi(CO_2)70\%$ 与 $\varphi(CO)30\%$，则反应式为：

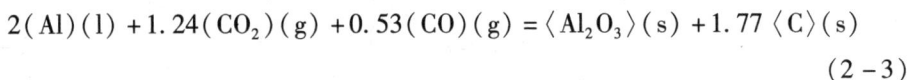

$$2(Al)(l) + 1.24(CO_2)(g) + 0.53(CO)(g) = \langle Al_2O_3 \rangle(s) + 1.77\langle C \rangle(s)$$

$$(2-3)$$

根据相关物质的吉布斯自由能值可以计算出上述 3 个反应式的吉布斯自由能改变值(ΔG)及相应的 Al_2O_3 分解电压值(见表 2 - 1)。

表 2 - 1　炭素阳极电解反应的吉布斯自由能改变值及相应的 Al_2O_3 分解电压值

温度		ΔG	分解电压
T/K	$t/℃$	$/(kJ \cdot mol^{-1})$	$/V$
$2(Al)(l) + 1.5(CO_2)(g) = \langle Al_2O_3 \rangle(s) + 1.5\langle C \rangle(s)$			
1000	727	-765.2	1.32
1100	827	-731.9	1.27
1200	927	-698.8	1.21
1300	1027	-666.2	1.15
$2(Al)(l) + 3(CO)(g) = \langle Al_2O_3 \rangle(s) + 3\langle C \rangle(s)$			
1000	727	-758.2	1.31
1100	827	-698.6	1.21
1200	927	-639.4	1.11
1300	1027	-580.9	1.01
$2(Al)(l) + 1.24(CO_2)(g) + 0.53(CO)(g) = \langle Al_2O_3 \rangle(s) + 1.77\langle C \rangle(s)$			
1000	727	-761.4	1.32
1100	827	-725.1	1.26
1200	927	-688.2	1.19
1300	1027	-649.4	1.13

2.1.2　炭素阳极的电化学过程

阳极过程对于铝电解生产中的顺畅与否关系密切，在生产中常把阳极比作电解槽的"心脏"。炭素阳极铝电解的阳极过程十分复杂，理论界曾经长期争论的问题是：阳极的原生产物是 CO 还是 CO_2；阳极过电位是怎样产生的，数值有多大以及阳极反应速率的控制步骤如何。这些问题现在已逐渐明朗并达成共识。本小节简单介绍炭素阳极的阳极反应产物、阳极过电压、阳极反应机理等。

（1）阳极的原生产物

铝电解的阳极原生产物是什么，要依据阳极材料而定。

①当用惰性阳极时，阳极原生产物为 O_2，铝电解反应为：

$$Al_2O_3 = 2Al + \frac{3}{2}O_2 \qquad (2-4)$$

在 1000℃时，此反应的反电动势为 -2.20 V。

②当用炭素阳极时，原生产物为 CO_2，主要反应为：

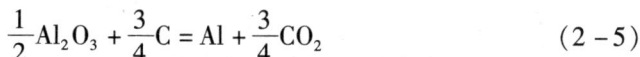

$$\frac{1}{2}Al_2O_3 + \frac{3}{4}C = Al + \frac{3}{4}CO_2 \qquad (2-5)$$

在 960℃时，此反应的反电动势为 -1.186 V。

电解时，炭阳极除与空气中的 O_2 反应外，还和电解产生的 CO_2 发生布多尔反应生成 CO：

$$C(s) + CO_2(g) = 2CO(g) \qquad (2-6)$$

此外，从阴极溶解进入电解质中的金属态 Al 也与阳极气体 CO_2 反应，即发生二次反应，也能产生 CO。因此，普遍认为阳极气体中的 CO 不是阳极原生产物。

氧化铝溶解进入冰晶石熔体后，形成 Al—O—F 的配合离子，代表性的配合阴离子为 $Al_2O_2F_4^{2-}$。正常情况下，铝电解的阳极反应可以写成：

$$2Al_2O_2F_4^{2-} + C - 4e = CO_2 + 2Al_2OF_4 \qquad (2-7)$$

电解消耗掉的 $Al_2O_2F_4^{2-}$ 可通过电解质中发生的反应（2-8）补充：

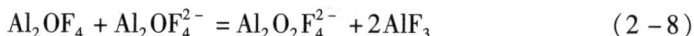

$$Al_2OF_4 + Al_2OF_4^{2-} = Al_2O_2F_4^{2-} + 2AlF_3 \qquad (2-8)$$

根据式（2-7），实现阳极反应需要在电极表面一次转移 4 个电子。普遍认为一次转移 4 个电子是不大可能的，因此阳极反应（2-7）是分步实现的。

（2）阳极反应过程

通过对铝电解阳极反应机理的研究，在阳极反应历程和反应机理方面取得了比较一致的结论。阳极反应的进行需要经历以下几个关键步骤：

①$Al_2O_2F_4^{2-}$ 等铝-氧-氟配合离子穿过双电层并在阳极表面放电，这个过程几乎无过电压。

②$Al_2O_2F_4^{2-}$ 放电后产生的氧被化学吸附在炭阳极表面：

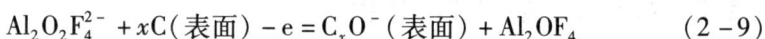

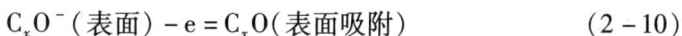

$$Al_2O_2F_4^{2-} + xC(表面) - e = C_xO^-(表面) + Al_2OF_4 \qquad (2-9)$$

$$C_xO^-(表面) - e = C_xO(表面吸附) \qquad (2-10)$$

在反应过程中，沉积在阳极表面最活性位置上的氧与碳原子化学吸附在一起形成 C_xO。C_xO 结构比较稳定，C—C 键不会断裂形成 CO，这一过程也无过电压。

③已被一个氧所占有的碳原子不太容易让另一个氧在同一位置继续放电，因此这些氧只能在其他活性较低的碳原子位置上放电，这需要增加能量，即产生一

定的过电压。

④当阳极的有效表面都被 C_xO 化合物所覆盖之后，氧的放电就必须在已经键合了一个氧原子的碳原子上进行：

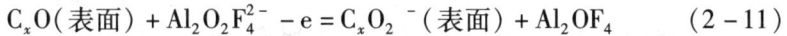

$$C_xO(表面) + Al_2O_2F_4^{2-} - e = C_xO_2^{\ -}(表面) + Al_2OF_4 \qquad (2-11)$$

$$C_xO_2^{\ -}(表面) - e = C_xO_2 \qquad (2-12)$$

这一步需要较高的能量(过电压)，这是造成阳极过电压的主要原因，也是阳极电解反应的控制步骤。

⑤C_xO_2 表面化合物碳 – 碳间的结合很容易分解，形成 CO_2 和新的炭表面。

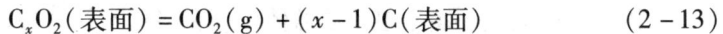

$$C_xO_2(表面) = CO_2(g) + (x-1)C(表面) \qquad (2-13)$$

(3)阳极过电压

一般认为铝电解槽的阳极过电压是由阳极极化过电压和阳极浓差过电压两部分组成。其中，阳极浓差过电压约为 0.01 V，阳极极化过电压为 0.7 ~ 0.8 V。阳极过电压远大于阴极过电压，电解槽的过电压问题主要是阳极过电压的问题。

虽然铝电解反应式(2-5)在 960℃下的标准可逆电势只有 -1.186 V，但为了使这个反应能顺利进行，需要比可逆电势略高的电压值，那么，略高的差值电压就是过电压 η，按照能斯特方程：

$$\eta = -\frac{RT}{\alpha nF}\ln\frac{i_A}{i_0} \qquad (2-14)$$

式中：T 为绝对温度，K；R 为气体常数；F 为法拉第常数；n 为电极反应中转移的电子数；α 为电荷传递系数；i_0 为交换电流密度，其值在 0.0039 ~ 0.0085 A/cm² 之间；i_A 为阳极电流密度。

交换电流密度 i_0 是浓度的函数，它随氧化铝浓度的变化而变化，可用公式(2-15)表示：

$$i_0 = 0.002367 + 0.000767 \times w(Al_2O_3) \qquad (2-15)$$

式(2-15)适用于氧化铝浓度在 2% ~ 8%(质量分数)之间。在工业电解槽上，正常电流密度(0.6 ~ 1.0 A/cm²)时的阳极极化电位为 1.5 ~ 1.8 V，960℃下的可逆电势约为 -1.2 V，那么阳极过电压为 0.3 ~ 0.6 V。然而最新的现场测试表明[1,2]，阳极过电压为 0.72(5% Al_2O_3) ~ 0.86(2% Al_2O_3) V。

阳极过电压的影响因素主要有电流密度和电解质组成等。提高阳极电流密度直接使得阳极过电压的升高。多种实验室研究和现场工业槽的测定表明二者的线性关系。随着电流密度的升高，如果发生阳极反应的路径改变，就会出现拐点，阳极过电压急剧增大。

电解质影响阳极过电压的因素包括 Al_2O_3 浓度和添加剂。研究发现，随着电解质中 Al_2O_3 含量的增高，阳极过电压逐渐降低；电解质添加剂 LiF 能够略微降低反电动势，而 MgF_2、AlF_3 和 CaF_2 都会增大反电动势[3,4]。

2.2 惰性阳极电化学

2.2.1 惰性阳极铝电解的阳极反应过程

在利用惰性阳极替代炭素阳极进行铝电解时,电化学过程的差异只发生在阳极。普遍认为,熔融电解质中的 Al—O—F 配合阴离子在电场的作用下会向阳极迁移,氧离子从 Al—O—F 离子中挣脱出来,并在阳极表面放电释放出氧原子,新生氧吸附于阳极表面。由于电解质熔体中存在多种不同结构、带有不同电荷数量的 Al—O—F 配合阴离子,针对不同的放电 Al—O—F 配合阴离子,提出几种不同的观点,来解释阳极放电过程中氧原子的释放和氧分子的形成过程。本小节以钠冰晶石和氧化铝的熔体为代表进行简单描述阳极反应的过程。

Hives[5]采用线性扫描和交流阻抗法对 17% $Cu/NiFe_2O_4$ 金属陶瓷惰性阳极的阳极反应过程进行了研究,认为在电解条件下电解质熔体和惰性阳极表面可能发生以下系列反应。

电解质熔体中带有 6 个负电荷的 $Al_2OF_{10}^{6-}$ 离子在电场的作用下穿过双电层到达阳极表面,同时分解成 $Al_2OF_6^{2-}$ 离子和 F^- 离子:

$$Al_2OF_{10}^{6-} = Al_2OF_6^{2-} + 4F^- \tag{2-16}$$

$Al_2OF_6^{2-}$ 离子在阳极表面进行放电,产生吸附在阳极表面的氧原子[O]:

$$Al_2OF_6^{2-} = 2AlF_3 + O_{ads} + 2e \tag{2-17}$$

吸附在阳极表面的临近氧原子结合成氧分子:

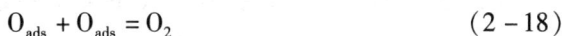

$$O_{ads} + O_{ads} = O_2 \tag{2-18}$$

氧分子的形成可能还有另一种可能。由于吸附的氧原子的存在,有利于熔体中的 $Al_2O_2F_4^{2-}$ 离子在附近放电,$Al_2O_2F_4^{2-}$ 离子放电也释放出一个氧原子,两个氧原子结合成一个氧分子:

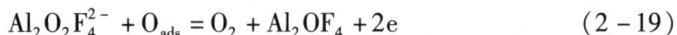

$$Al_2O_2F_4^{2-} + O_{ads} = O_2 + Al_2OF_4 + 2e \tag{2-19}$$

张磊等[6]认为,在 Na_3AlF_6 和 Al_2O_3 形成的熔融体中可能各自发生如下电离反应:

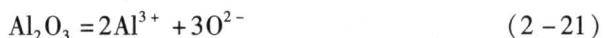

$$Na_3AlF_6 = AlF_6^{3-} + 3Na^+ \tag{2-20}$$

$$Al_2O_3 = 2Al^{3+} + 3O^{2-} \tag{2-21}$$

氧化铝在冰晶石-氧化铝熔盐中除发生溶解与电离反应外,还可能直接与冰晶石发生化学反应并且反应产物发生电离:

$$Na_3AlF_6(l) + Al_2O_3 = 3NaAlOF_2(l) \tag{2-22}$$

$$NaAlOF_2 = Na^+ + AlOF_2^- \tag{2-23}$$

当 Al_2O_3 浓度高时，式(2-23)电离反应的结果使电解质熔体中存在高浓度的 $AlOF_2^-$ 离子。在阳极表面 $AlOF_2^-$ 离子又可与电解质中的 F^- 离子同时进行放电反应，释放出氧原子，氧原子进而结合成氧分子：

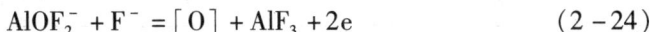

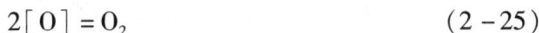

$$AlOF_2^- + F^- = [O] + AlF_3 + 2e \qquad (2-24)$$

$$2[O] = O_2 \qquad (2-25)$$

因此他们认为惰性阳极表面上的反应导致氧离子从配合阴离子 $AlOF_2^-$ 中挣脱出来，并把电子传递给惰性阳极，转变成氧原子 $[O]$，再结合生成氧分子 O_2，最终聚集成气泡[6]。

阳极反应释放出的氧原子能够与金属陶瓷惰性阳极和合金惰性阳极的某些组元进行化学反应。对于金属陶瓷惰性阳极和合金惰性阳极，阳极表面进行电化学反应的位置通常只能是稳定的非单质态化合物(氧化物、沉积的固态氟化物如 NiF_2 或者固态的氧氟化物)。因为金属陶瓷惰性阳极表面裸露的金属相(如 Cu、Ni、Fe 或其合金)电解伊始已进行电化学溶解，如果金属陶瓷的烧结密度过低或者金属相含量过高使得金属相形成连通网络，可能会发生金属相的持续电化学溶解；而合金阳极进行铝电解前，通常先进行预氧化处理，在表面形成一层致密的氧化膜。尽管吸附于阳极表面的新生氧不能与这些化合物进行氧化反应，但部分新生氧常常能够扩散进入阳极内部，氧化惰性阳极的金属相(如 Al、Cu、Ni、Fe 等)，生成氧化物 Me_xO_y。

如果阳极反应以式(2-24)的形式进行，那么阳极放电反应和金属氧化反应可以合并为如下的反应式：

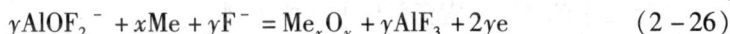

$$yAlOF_2^- + xMe + yF^- = Me_xO_y + yAlF_3 + 2ye \qquad (2-26)$$

当阳极表层的金属相颗粒表面生成一层较厚的氧化膜之后，阳极金属相的进一步氧化受阻，或者当放电位置均为不能被氧化的陶瓷相时，新生氧以氧气形式向外释放，这时式(2-24)和式(2-25)可以合并为如下的阳极放电反应：

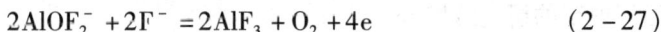

$$2AlOF_2^- + 2F^- = 2AlF_3 + O_2 + 4e \qquad (2-27)$$

此时，惰性阳极体现出真正的"惰性"，惰性电解槽的电化学反应如式(2-4)所示，进行阳极释放氧气、阴极析出金属态铝的 Al_2O_3 分解反应。表 2-2 列出了惰性阳极铝电解 Al_2O_3 分解的理论电压。

拟合的 Al_2O_3 分解电压与温度的关系式为：

$$E_T^\ominus = 2.350 - 5.5 \times 10^{-4}(T-1000)(V) \qquad (2-28)$$

人们在炭素阳极的阳极反应历程、反应机理、关键步骤等方面已经取得了比较一致的认同，但是对惰性阳极铝电解的阳极反应历程和反应机理等基本上仍局限在"阳极释放氧气、阴极析出铝"的初步认识与推测，因此还有许多深入细致的工作需要开展。诸如，阳极放电是以哪种配合阴离子的放电为主，阳极反应过电位构成，阳极反应的控制步骤，等等。

表 2 – 2 惰性阳极铝电解 Al_2O_3 的分解理论电压值[7]

温　度		$E_T^\ominus/V$
T/K	$t/℃$	
1000	727	2.35
1100	827	2.30
1200	927	2.24
1223	950	2.22
1273	1000	2.20
1300	1027	2.18

2.2.2　金属陶瓷惰性阳极的化学腐蚀与电化学腐蚀

目前所研究的惰性阳极在铝电解过程中不是完全惰性的,存在一定的化学和电化学腐蚀。即使采用金属 Pt 作阳极进行铝电解,在电流密度过大、Al_2O_3 浓度过低时,Pt 电极也会被腐蚀。对于 3 类代表性的惰性阳极材料,氧化物阳极存在表面不断化学腐蚀溶解的现象;合金阳极开发的基本思路是建立一个表面氧化膜腐蚀溶解、内层金属氧化补充和修复表面氧化膜的动态平衡;金属陶瓷阳极也存在金属相的优先溶解或者氧化后再溶解以及基体陶瓷相的腐蚀溶解的现象。其中金属陶瓷阳极的化学溶解和电化学溶解过程最为复杂,氧化物阳极和合金阳极的腐蚀机制几乎都在金属陶瓷阳极上有所体现。

本节以 $NiFe_2O_4$ 基金属陶瓷为主要对象,在金属陶瓷阳极组元的溶解及其在电解质熔体中的分布、阳极腐蚀速率的预测与测定以及氧化物和金属相对阳极腐蚀的影响等 3 个方面概述了近年来国内外在金属陶瓷的化学腐蚀和电化学腐蚀方面所取得的研究结果。

(1)阳极组元的腐蚀溶解

惰性阳极的腐蚀机制仍有待进一步深入研究。由于缺乏行之有效的技术手段实时监测与直观表征阳极组元的腐蚀溶解过程、腐蚀产物在电解质熔体中的存在形式与分布以及腐蚀产物在阴极金属铝液中的析出与分布特性等因素,而这些因素又是制约对阳极腐蚀过程认知的关键要素,因此对惰性阳极的认知带有太多的主观推测。但是,迄今为止已经明确了影响阳极腐蚀溶解的一些关键因素。

1)阳极组元的腐蚀溶解与该阳极组元在电解质中的饱和溶解度有密切关系,且阳极各组元溶解在电解质中的金属离子相互影响。

De Young[8]曾对 Fe_2O_3、NiO 和 $NiFe_2O_4$ 在 $NaF – AlF_3 – CaF_2 – Al_2O_3$ 熔体中的溶解行为进行了研究,认为 Ni 和 Fe 的溶解度成反比,且满足方程:

$$k = \frac{1}{r_{Fe_2O_3} x_{Fe_2O_3} \cdot r_{NiO} x_{NiO}} \qquad (2-29)$$

$r_{Fe_2O_3}$ 和 r_{NiO} 分别为 Fe_2O_3 和 NiO 在电解质熔体中的活度系数；$x_{Fe_2O_3}$ 和 x_{NiO} 分别为 Fe_2O_3 和 NiO 在熔体中的摩尔分数。

而且发现，在分子比为 0.7~1.5、氧化铝质量分数为 1.5%~6.5% 的电解质熔体中，Fe_2O_3 和 NiO 的溶解度与温度的函数关系式分别为：

$$\lg w(Fe) = 4.71 - \frac{7080}{T} \qquad (2-30)$$

$$\lg w(Ni) = 6.27 - \frac{9740}{T} \qquad (2-31)$$

对于 $NiFe_2O_4$ 尖晶石，其组成物 Fe_2O_3 和 NiO 的溶解度与温度的函数关系式为：

$$\lg w(Fe) = 1.26 - \frac{3100}{T} \qquad (2-32)$$

$$\lg w(Ni) = 7.25 - \frac{11700}{T} \qquad (2-33)$$

Keller[9] 在电解质中 NaF 与 AlF_3 质量比为 1:1，氧化铝含量为 6.5%（质量分数），温度 1000℃ 的电解条件下测得 Fe_2O_3 极限溶解度为 0.075%（质量分数），NiO 为 0.011%（质量分数）。

2）阳极组元的腐蚀溶解速率与组元的化学和电化学特性、组元离子在电解质熔体的分布和离子特性有关。

第一，金属陶瓷中的金属相优先溶解。

王兆文等[10] 对电解后的铁酸镍基金属陶瓷惰性阳极试样进行显微形貌分析发现，金属相优先溶解产生孔洞，这些孔洞进而被电解质熔体填充。他们认为电解质对阳极金属相的溶解分两步进行：首先是 Al—O—F 配合离子在阳极放电，生成的氧与阳极中的金属发生氧化反应，产生金属氧化物；然后，金属氧化物溶解进入电解质熔体，阳极反应的另一生成物 AlF_3[见式(2-26)] 沉积在该氧化物溶解产生的空隙中。

赖延清等[11] 对比研究金属相含量均为 5% 的 $Cu-NiFe_2O_4$ 和 $Ni-NiFe_2O_4$ 金属陶瓷的电解腐蚀行为后发现，尽管金属 Cu 与 $NiFe_2O_4$ 陶瓷的润湿性不及金属 Ni，$Cu-NiFe_2O_4$ 金属陶瓷烧结密度较低，而且电解过程中出现金属相高温氧化和电解质浸渗、电极肿胀、开裂现象，但金属铜并未发生优先阳极溶解；相比之下，$Ni-NiFe_2O_4$ 金属陶瓷虽有较高的烧结致密度，在电解过程中表现出良好的耐腐蚀性能，但金属 Ni 却发生了的优先溶解。

第二，金属陶瓷中的陶瓷相在电解质熔体中的静态饱和溶解度低，电解过程中腐蚀溶解速率也低；而且复合氧化物中金属元素腐蚀溶解的比例与它们在该氧化物中的化学计量不一致，即某种金属元素溶解速率越快，更易向阴极区迁移并在阴极析出。

赖延清等[12]用等温饱和法分别测定了 $NiFe_2O_4$、$ZnFe_2O_4$、$ZnAl_2O_4$ 在 $Na_3AlF_6 - Al_2O_3$ 熔体中的溶解度，发现 $NiFe_2O_4$ 在电解质熔盐中溶解度最小，具有较强的耐腐蚀性能，被认为是一种较好的金属陶瓷惰性阳极基体材料。$NiFe_2O_4$ 基陶瓷和金属陶瓷优良的耐电解腐蚀性能已经在众多研究中得以证实。

赖延清等[11, 13, 14]通过 $NiFe_2O_4$ 陶瓷在 $Na_3AlF_6 - Al_2O_3$ 中的静态溶解性实验验证了镍和铁元素的溶解摩尔分数并不是化学计量数的 1:2。电解过程中电解质熔体的杂质镍的稳态平均浓度接近它的静态溶解度，而铁元素却低于它的溶解度。但是，铁元素进入阴极铝的量远高于镍，铝中杂质镍含量为 0.1288%，铁为 1.0074%，陶瓷基体中 Fe 元素优先溶解。为了解释 Fe 元素优先溶解的现象，他们认为 $NiFe_2O_4$ 的溶解过程受复合氧化物的离解及离解产物 NiO 与 Fe_2O_3 的化学溶解两个过程的控制。

Wang 等[15]利用低分子比电解质进行试验时，也发现阴极金属 Al 中杂质 Fe、Ni 含量比值不是阳极 $17Ni/(10NiO - 90NiFe_2O_4)$ 金属陶瓷中的比值 0.86。因而他们认为，造成这种现象的原因可能是由于电解过程中，Ni、Fe 元素在电解质中浓度、及从阳极区向阴极区迁移的速率存在差别的缘故。

Chin 等[16, 17]通过电解质及铝液中杂质含量变化的分析，也证实 $NiFe_2O_4$ 基金属陶瓷阳极腐蚀进入电解质熔体后不是等比例的在阴极析出，发现 55% 的镍、63% 的铁和 13% 的铜元素进入阴极铝液。

Olsen 等[18, 19]发现 $17\% Cu - 3\% Ni - (NiO - NiFe_2O_4)$ 金属陶瓷电解 30 min 后，电解质中铁的含量达到了一个稳定值 300×10^{-6}，而镍和铜元素，电解 4 h 后还没有达到稳定状态。对阴极铝的杂质含量分析显示，铁在电解条件下从电解质熔体中向阴极铝的迁移速率约为镍的 2 倍。

为了解释阳极腐蚀离子在阴极析出程度的差异，段华南等[20]用平板电容器模型，只考虑阳极组分的离子在水平方向（阴阳极间电场方向）受到作用，推证了电解质中阳极组分的离子在传质过程中可能形成浓度梯度，该模型得出杂质离子浓度分布与电极之间的距离有关，且符合波耳兹曼分布规律。通电时电解槽的某个轴截面上阴阳极间形成一对平板电容器，电解时杂质离子在电解质中的受力情况如图 2 - 1 所示。它们在水平迁移时主要受到 3 种力的作用，即极间电场力、化学位梯度引起的扩散力和电解质本身的黏滞力。在电解初期，电解质中腐蚀生成的杂质离子如 Ni^{2+}，Fe^{3+} 仅存在于阳极表面附近，由于阳极气泡的扰动，阳极附近某个区域内杂质离子浓度相同。电解质中的阳离子在电场力和化学位梯度引起的扩散力作用下向阴极迁移，但黏滞力会在一定程度上减缓这一过程，迁移到阴极表面的离子得到电子而被还原。随着迁移的进行，阴极附近区域杂质离子浓度逐渐升高，超过一定阈值后，化学位梯度方向变转，离子可能向阳极反迁移。达到平衡时，离子在水平方向仅受电场力和物理扩散的作用。

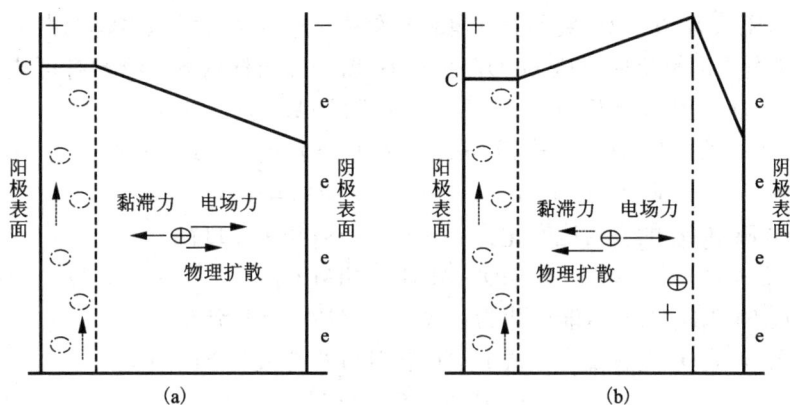

图 2 - 1　电解时杂质离子在电解质中的受力示意图[14]
（a）电解初期；（b）稳定状态

3）阳极腐蚀离子在电解质中的分布与电解质组成也有关。

田忠良等[21]发现电解质中杂质元素 Ni、Fe 浓度随电解质中 AlF_3 和 LiF 总含量的增加而升高。产生这种现象的原因是，在电解条件下，AlF_3 和 LiF 总含量的增加，降低了 Al_2O_3 在熔体中的溶解度和溶解速率，导致 Al_2O_3 在电解质中浓度的降低，使 $NiFe_2O_4$ 基金属陶瓷惰性阳极的腐蚀机理或腐蚀控制步骤发生改变。

4）电解质组元以及溶解在电解质中的金属态铝的反应热力学在一定程度上影响阳极组元的腐蚀与溶解。

在铝电解条件下，$NiFe_2O_4$ 陶瓷的组元 NiO 和 Fe_2O_3 与熔体中 AlF_3 可能发生如下化学反应，生成相应的氟化物 NiF_2 和 FeF_3：

$$3NiO(s) + 2AlF_3 = 3NiF_2(diss) + Al_2O_3 \qquad (2-34)$$

$$Fe_2O_3(s) + 2AlF_3 = 2FeF_3(diss) + Al_2O_3 \qquad (2-35)$$

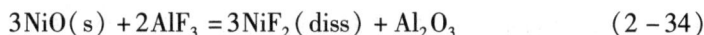

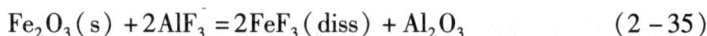

以上两反应生成的 NiF_2 和 FeF_3 可能与熔体中溶解的金属 Al 反应：

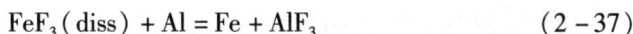

$$3NiF_2(diss) + 2Al = 3Ni + 2AlF_3 \qquad (2-36)$$

$$FeF_3(diss) + Al = Fe + AlF_3 \qquad (2-37)$$

这样，式（2-34）和式（2-35）所建立的平衡遭到破坏，将加快 $NiFe_2O_4$ 陶瓷的化学溶解过程的进行，导致阳极因化学溶解而腐蚀。

Johansen 等[22]和 Keller 等[9]认为 $NiFe_2O_4$ 陶瓷溶解进入电解质中的三价铁离子可能以 FeF_6^{3-} 和 FeF_4^- 的形成存在，且溶解的氧化物在阴极上被还原，发生如下电化学反应：

$$M^{z+}[M_xO_y(diss)] + ze = M(Al) \tag{2-38}$$

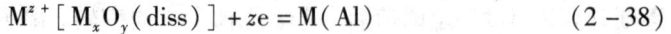

或者发生如下铝热还原反应：

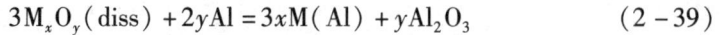

$$3M_xO_y(diss) + 2yAl = 3xM(Al) + yAl_2O_3 \tag{2-39}$$

他们还认为 $NiFe_2O_4$ 尖晶石在电解过程中，除了通过物理溶解到电解质熔盐中外，还发生离解反应生成 Fe_2O_3 和 NiO；而且这两种离解产物均有可能与电解质中的 Al_2O_3 发生如下反应，生成 $FeAl_2O_4$ 和 $NiAl_2O_4$：

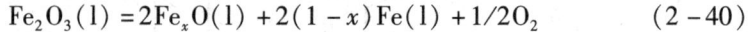

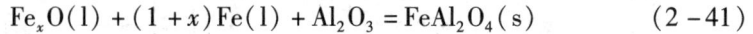

$$Fe_2O_3(l) = 2Fe_xO(l) + 2(1-x)Fe(l) + 1/2O_2 \tag{2-40}$$

$$Fe_xO(l) + (1+x)Fe(l) + Al_2O_3 = FeAl_2O_4(s) \tag{2-41}$$

生成 $FeAl_2O_4$ 的自由能变化为：$\Delta G_1 = -33140 + 6.11T$

$$NiO + Al_2O_3 = NiAl_2O_4 \tag{2-42}$$

生成 $NiAl_2O_4$ 的自由能变化为：$\Delta G_2 = -4180 - 12.55T$

如果 $NiFe_2O_4$ 离解反应生成 Fe_2O_3 和 NiO 再合成为 $NiFe_2O_4$：

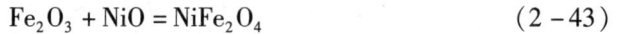

$$Fe_2O_3 + NiO = NiFe_2O_4 \tag{2-43}$$

自由能变化为：$\Delta G_3 = -1900 - 3.77T$

经过计算，在920℃的电解温度下反应的吉布斯自由能变化值分别为 -25.85 kJ/mol、-19.152 kJ/mol、-6.398 kJ/mol。由此可见，当 $NiFe_2O_4$ 发生离解反应时，离解产物在热力学上进而生成 $FeAl_2O_4$ 反应的可能性最大，而且生成的 $FeAl_2O_4$ 也最稳定。

5) 阳极组元不同的腐蚀行为改变了阳极材料表面组元的含量与分布，进而影响其随后的腐蚀行为。

王兆文等[23]以 $NiAl_2O_4$ 陶瓷为基体，加入10% ~20%（质量分数）的 Cu 和 Ni 的混合粉末，制得的阳极试样进行了动态腐蚀行为的研究。对电解后阳极表层的 XRD 研究发现，从阳极中心到表面 NiO 量逐渐增加，在阳极表面有新的 NiO 相生成。

中南大学对 $NiFe_2O_4$ 基金属陶瓷惰性阳极电解过程中微结构演变的研究发现，不仅表层的显微形貌、物相组成、各物相的成分等结构参数发生变化，还存在阳极与电解质熔体间的物质交换与化学反应，而且各物相的腐蚀与转变随着电解阶段和所处区域的不同而呈现出差异。第5章将详细阐述 $NiFe_2O_4$ 基金属陶瓷惰性阳极电解过程中微结构演变规律与机制。

(2) 金属相和氧化物的种类对阳极腐蚀的影响

为了改善金属陶瓷的烧结微结构、提高材料的电极性能，通常选取耐蚀性能优异的复合氧化物陶瓷相为基体，添加金属相进一步提高材料的导电和力学性能，添加少量的其他氧化物或引入第二陶瓷相改善材料的烧结和耐蚀性能。金属相、氧化物添加剂和第二陶瓷相对金属陶瓷的耐蚀性能产生不同程度的影响。

1）金属相对阳极腐蚀行为的影响

金属陶瓷尤其是 $NiFe_2O_4$ 基金属陶瓷，金属相 Cu、Ni、Ag 或其合金的存在有利于提高材料的导电、机械等物理性能，但在 Na_3AlF_6 熔体中金属相的耐腐蚀性能不及基体相氧化物陶瓷，它的存在会影响材料耐腐蚀性能。因此，金属相种类及含量的选择对金属陶瓷能否具有优良的电极性能至关重要，多年来的研究取得了较大突破，但仍未能获得一致性的结果。

目前一致认为，金属相电解过程中的优先腐蚀溶解，降低了惰性阳极的耐蚀性能。例如，王化章等[16] 对 $NiFe_2O_4$ 基金属陶瓷惰性阳极的耐腐蚀性进行了研究，发现在某些实验条件下，当金属相优先腐蚀掉后，电解质可进入阳极内部孔隙甚至微观晶粒间隙中，形成所谓"晶间腐蚀"，导致电极的肿胀、剥落，直至阳极浸入电解质部分完全消失。此外，随着电解过程的进行，靠近表层的电极微粒受到电解液的浸渗，陶瓷颗粒被电解质分割孤立，甚至脱离电极本体进入电解质，导致腐蚀的加速。

第一，金属相的组成及含量显著影响金属陶瓷的腐蚀行为。

Tarcy[24] 对比研究了金属相及含量分别为 30% Ni、20% Ni、20%（Cu – 20Ni）及 30%（Cu – 10Ni）的 $NiFe_2O_4$ 基金属陶瓷阳极在高温氟化盐熔体中的耐腐蚀性能，发现以 Ni 为金属相的惰性阳极腐蚀严重，电解质大量渗入，而以 Cu 或富 Cu 合金为金属相的阳极在电解过程中则将发生钝化，一部分金属 Cu 氧化成 Cu_2O，一部分金属 Cu 氧化后能与电解质中的氧化铝反应并形成 $CuAlO_2$ 尖晶石相。$CuAlO_2$ 尖晶石相的出现进一步减缓了阳极腐蚀速率。同时还发现 $NiFe_2O_4$ 基金属陶瓷阳极相对陶瓷氧化物和 Pt 阳极来说存在残余电流，且以 Ni 为金属相的阳极残余电流相对较大，以 Cu 为金属相的材料耐蚀性优于以 Ni 为金属相的材料。因此他建议 $NiFe_2O_4$ 基金属陶瓷惰性阳极的金属相应选择 Cu 或富 Cu 的 Cu/Ni 合金。

Windisch[25] 研究了 17% Cu 的 Cu – NiO – $NiFe_2O_4$ 电极的电化学腐蚀行为，其研究结果进一步支持了 Tarcy[24] 的观点。采用循环伏安法对金属 Cu 阳极在电解过程中的伏安曲线特征，各个氧化还原峰作了分析，推测腐蚀过程中可能存在 Cu 氧化成 CuO 和 Cu_2O 以及 CuO 和 Cu_2O 进一步与电解质熔体中的 Al_2O_3 反应形成 $CuAlO_2$。

美国铝业公司等研究机构认为添加 17% Cu 即所谓的金属陶瓷 17Cu – 5324（氧化物的初始配比为 51.7% NiO 和 48.3% Fe_2O_3，金属相添加量为 17% Cu）在相同电解实验条件下的耐腐蚀性能最强。2000 年，Ray 等[26, 27] 报道用添加 Cu 的金属陶瓷阳极 Cu – NiO – $NiFe_2O_4$ 进行电解，得到了杂质含量分别为 0.2% Fe、0.1% Cu、0.034% Ni 的原铝。Blinov[28] 利用组成为 17% Cu – 18% NiO – 65% $NiFe_2O_4$ 的惰性阳极在饱和 Al_2O_3 浓度电解质中进行了 800℃ 低温电解，推算的阳极年腐蚀速率仅为 14 mm。

然而，也有研究者的结果与上述结论不一致。Olsen 等[18]研究了 17% Cu － 3% Ni － 80%（NiO － NiFe$_2$O$_4$）金属陶瓷中的组成元素在电解质中及由电解质向阴极金属 Al 中的迁移现象进行了研究，发现 Ni 元素从电解质熔体中向阴极金属 Al 中的迁移速率约为 Cu 和 Fe 的 1/2；而且对实验后阳极的分析，并未发现如 Tarcy 所报道的 Cu 氧化物及化合物的存在，因此认为金属 Cu 在电解腐蚀条件下并不发生所谓的优先氧化。

Lorentsen 和 Thonstad[29]对 17% Cu － NiFe$_2$O$_4$ 阳极进行了电解，发现金属相 Cu 可能存在向阳极表面迁移的现象，且 Cu 在 Cu － Ni 合金中的迁移速率比 Ni 大 2 ~ 3 个数量级，不存在 Tarcy 所描述的 Ni 在富 Ni 金属相中优先腐蚀的现象，并推测可能有 CuF 或 CuF$_2$ 生成。

第二，金属相中金属元素的电化学腐蚀行为存在差异。

Antipov[30]利用循环伏安法和计时电势分析法测定了金属 Ni、Fe 和 Cu 以及二元合金 Ni$_3$Fe、NiFe、Ni$_3$Al、NiCu、Ni$_9$Cu 在冰晶石 － 氧化铝熔体中的氧化还原过程的特征电压区域。研究发现，第二组元的出现和浓度影响金属的溶解/氧化速率。镍的开路电压为 1.15 ~ 1.2 V，铁 0.6 ~ 0.7 V，铜 1.8 V。将含镍的二元合金作为工作电极测试，发现 Ni/Ni^{2+}氧化还原电压出现在 1.4 V 附近，其中 Ni$_3$Al 和 Ni$_9$Cu 合金电流增长更早一些，表明镍可能优先溶解；Ni$_9$Cu 和 NiFe 的阴极电压低于 1.2 V，但 NiCu 却高于 1.2 V，表明合金元素的种类和含量不同，合金的溶解/氧化行为也不同。此外，循环伏安曲线阴极区信息表明，Ni$_3$Fe 和 NiFe 中的合金元素铁优先溶解，而 NiCu 和 Ni$_9$Cu 的阴极峰与金属铜相比很小、甚至没有差异，显示合金中镍主要进行氧化而不是溶解。实验还发现，材料的计时电势分析测试（恒电流）的电压值出现在 2.2 ~ 3.2 V，且出现电压波动的现象，表明材料在溶解或氧化的同时，有些材料如镍和富镍合金还可能与电解质反应，生成含氟的钝化膜。

第三，金属相的腐蚀行为与其腐蚀产物在电解质中的扩散动力学行为相关。

Olsen 等[19]提出阳极腐蚀速率同时受电解质中传质速率和阴极沉积速率控制的观点。阳极腐蚀元素的传输包括两个过程，先从阳极进入到电解质，随后从电解质进入阴极沉积金属。阳极腐蚀元素从阳极到电解质的传质速率的数量级为 10^{-4} m/s，组元从电解质到沉积金属中的传质速率的数量级为 10^{-6} m/s。研究发现，镍元素的传质速率远低于铁和铜。阳极组元从阳极传质到电解质速率的差异，可以导致阳极表层的组成和结构在电解过程中发生改变，表面出现一个大约 50 μm 厚、不含金属相的反应层。该反应层的形成归因于金属相残留组元的氧化以及氧化产物与陶瓷基体进一步反应的贡献，而且将改变金属相及其组元随后的氧化和腐蚀行为。

中南大学研究了 NiFe$_2$O$_4$ 基金属陶瓷惰性阳极在电解过程中表层微结构的演

变,发现阳极表面致密陶瓷层的形成不仅与阳极各组元腐蚀进入电解质熔体的速率差异有关,而且各物相及该物相的组成元素的腐蚀与转变随着电解阶段、物相所处区域、表面致密陶瓷层形成与否等因素的不同而呈现出差异。

2)第二相氧化物对阳极腐蚀的影响

金属陶瓷阳极材料中引入第二相或添加其他氧化物的目的有两个:一是促进材料的烧结;二是为了提高金属陶瓷惰性阳极的力学、电学和腐蚀性能。无论是在烧结过程中固溶进入陶瓷基体,还是继续作为第二相氧化物,它们的引入会对阳极腐蚀产生影响。

NiO 相是 $NiFe_2O_4$ 基金属陶瓷惰性阳极材料最普遍的第二陶瓷相。NiO 相的引入主要有两条途径:一是在原料中混入过量的 NiO;二是调控金属陶瓷的脱脂和烧结气氛,如保留一定含量的有机成形剂热分解的残碳,或采用低氧分压的烧结气氛。NiO 的加入不仅使其金属陶瓷在电解质中的饱和溶解度有一定程度的降低,而且可以降低材料在电解过程中的腐蚀溶解速率。

Alcoa[31]对 $NiFe_2O_4$ 基金属陶瓷进行的研究发现,含有 18%(质量分数)NiO 的 $17Cu/(Cu-Ni)-18NiO-NiFe_2O_4$ 金属陶瓷表现出良好导电性和耐腐蚀性。其 2001 年的一份研究报告报道,在高 Al_2O_3 浓度的电解质中进行铝电解时,NiO 能与电解质中的 Al_2O_3 反应形成 $NiAl_2O_4$,并沉积在阳极表面,起到保护阳极的作用,使阳极的腐蚀溶解速率降低,进而降低铝中总的杂质含量[32]。

田忠良等[21]在 $5Ni-NiFe_2O_4$ 基金属陶瓷惰性阳极陶瓷相中添加了不同含量的 NiO,发现 NiO 含量的变化对电解质中杂质元素 Ni 平衡浓度影响较小;而电解质中杂质元素 Ni 和 Fe 的总浓度随 NiO 含量发生变化,适量添加 NiO 能够极大地降低电解质中杂质元素的总浓度,最佳值出现在 10%附近,进而提高 $NiFe_2O_4$ 基金属陶瓷惰性阳极在电解条件下的耐腐蚀性能,降低腐蚀速率。但 NiO 含量的进一步提高,对电解质中杂质元素平衡稳定浓度的影响较小,对阳极材料耐腐蚀性能的影响也减弱。

提高金属陶瓷的高烧结密度有利于降低阳极的腐蚀速率,为了提高陶瓷基体的烧结性能、改善金属与陶瓷之间的润湿性,也会添加一些其他氧化物添加剂,使其抗熔盐腐蚀性能得到一定程度的提高。

席锦会等[33]研究了添加 V_2O_5 的 $NiFe_2O_4$ 尖晶石样品在冰晶石熔盐中的静态腐蚀情况,发现其耐腐蚀性明显改善。腐蚀 10 h 后,添加 1.5% V_2O_5 的样品基本完好,腐蚀速率仅为无添加剂样品的 1/80 。他们[34]还研究了添加 MnO_2 的 $NiFe_2O_4$ 尖晶石样品的静态耐腐蚀能力,发现添加 1% MnO_2 后试样的静态腐蚀速率为纯尖晶石试样的 1/7。试样经 X 射线衍射分析发现,添加 MnO_2 未改变材料的物相组成,MnO_2 能与 $NiFe_2O_4$ 形成固溶体,Mn^{4+} 离子取代了部分 Fe^{3+} 离子,仍是镍铁尖晶石结构。焦万丽等[35]发现添加 2%的 $\omega-MnO_2$ 粉末的惰性阳极试样的静态热腐蚀速率最低，但发现掺杂的 MnO_2 在晶界处有富集的现象。他们认为电解质熔盐对陶瓷的腐蚀首先在晶界处进行，而晶界富集的 MnO_2 的烧结产物能与电解质中的 Al_2O_3 反应生成 Mn_2AlO_4 相，覆盖在基体陶瓷相晶粒的表面，填充被腐蚀的晶界。由于 Mn_2AlO_4 相结构致密，使得 $NiFe_2O_4$ 尖晶石晶粒向冰晶石熔体扩散溶解的速度减慢，从而降低了材料的腐蚀速率。

中南大学基于改善材料烧结和电极性能两方面的考虑，尝试在 $NiFe_2O_4$ 基金属陶瓷惰性阳极中添加了 CaO、BaO、CoO、Nb_2O_5、稀土氧化物等，相关研究结果将在第 4、第 5 章中详细介绍。

（3）惰性阳极腐蚀速率的测定与预测

通常采用静态腐蚀或电解试验的方法，评估惰性阳极在电解过程中的耐腐蚀性能。静态腐蚀试验可以测定材料在电解质熔体的饱和溶解度和非极化条件下的溶解速率；电解试验的方法可以测定材料在极化条件下的腐蚀产物进入电解质熔体的速度、阳极腐蚀元素在电解质熔体的分布及其在阴极的析出速率，并对惰性阳极长时间铝电解时的腐蚀速率进行预测。由于熔盐铝电解过程非常复杂，实验室条件下长时间大容量铝电解试验操作和控制较困难，虽然研究人员对惰性阳极腐蚀速率的预测与测定做出了大量的研究工作，但对阳极腐蚀速率的实验测定与预测仍没有统一的技术方法。而且，由于试验样品烧结结构、试样尺寸、电解质组成、电流密度、电解温度、电解时间等因素的差异以及构成某一物质组元的腐蚀溶解速率的差异，导致对同一配比的金属陶瓷惰性材料电解腐蚀速率的测定与预测也存在较大偏差。

赖延清等[36]用 5% Ni – $NiFe_2O_4$ 基金属陶瓷作惰性阳极，采用灰关联分析方法解析了惰性阳极电解腐蚀速率与电解工艺参数的关系，建立了预测惰性阳极腐蚀速率的人工神经网络模型。通过灰关联度的计算，在众多与惰性阳极腐蚀行为相关的电解工艺参数中找出了影响惰性阳极腐蚀速率的主要因素，分别为电解质熔体的 Al_2O_3 质量浓度、电解温度、电解质的分子比、阳极与阴极的面积比和电流密度等，并指出了各因素对电极腐蚀的影响程度。

Keller 等[9]通过阳极组元扩散传质来计算腐蚀速率。他们考察了阳极组成物的部分还原和不完全合金化进入阴极金属中的作用，认为还原的阳极组元很快重新被阳极反应产生的新生氧所氧化。依据阳极组成物重新出现和重新溶解的机理，使得它们在电解质中保持较高的浓度，因此降低了阳极组元的溶解速率。阳极组元溶解速率可表示为：

$$\omega = k_a A_a \left(1 - \frac{k_a A_a}{k_a A_a + f k_c A_c}\right) \times c_{sat} \tag{2-44}$$

k_a、k_c 分别为阳极扩散系数和阴极扩散系数，推算出的数值约为 1.3×10^{-2} 和 2.9×10^{-3}；A_a、A_c 分别为阳极面积和阴极面积；f 为阳极组元在阴极的还原分数；

C_{sat} 为阳极组元在电解质中的饱和浓度。

目前简单直观的测定腐蚀速率的方法主要有 3 种：①测定试样腐蚀前后的质量变化；②测定试样腐蚀前后的体积变化；③分析电解质及铝液中杂质含量变化来确定腐蚀速率。例如，石忠宁等[37]通过测定 Ni – Fe – Cu 合金阳极试样腐蚀前后的质量变化确定了阳极静态腐蚀的平均速率：

$$\omega = \Delta w / (\rho \cdot s \cdot t) \tag{2-45}$$

式中：ω 为阳极腐蚀速率，cm/h；Δw 为阳极质量的变化量，g；ρ 为阳极的表观密度，g/cm^3；s 为阳极反应表面积，cm^2；t 为电解反应时间，h。

实验发现，Ni – Fe – Cu 合金的静态腐蚀氧化动力学曲线符合抛物线规则，电解质中的静态溶解腐蚀速率随温度的增高和 NaF 与 AlF_3 摩尔分数的降低而增大。阳极的电解极化腐蚀速率随电解质中氧化铝浓度的增高、温度的降低而减小。

与电解实验前测量阳极的质量或体积的方法相比，分析电解质及铝液中杂质含量变化来确定腐蚀速率可能更可靠。对于基于这种质量和体积的变化来估算阳极的腐蚀速率，实验后阳极样品通常要用 30%（质量分数）$AlCl_3 \cdot 6H_2O$ 溶液和水清洗掉黏附的电解质，再测量其质量和体积。该两种方法存在两个缺陷：其一，渗入到阳极内部的电解质或者与阳极基体发生其他反应生成的某些物质并不能通过简单的清洗去除或定量测量；其二，由于各种原因引起的阳极膨胀和变形在电解过程中经常出现，会带来体积测量的困难和误差。

2.3　金属陶瓷惰性阳极材料组元的选择

2.3.1　金属相的选择

金属陶瓷中金属相的加入有利于改善金属陶瓷的机械和导电等物理性能，但相对于陶瓷相，金属相在电解过程中容易被优先腐蚀溶解，故金属相种类和含量的选择对金属陶瓷惰性阳极耐蚀性能至关重要。根据原料必须廉价易得、且容易与陶瓷相形成复合材料的原则，不考虑金、铂等贵金属，选择对象主要是 Cu、Ni、Fe、Ag 及其合金。考虑的因素侧重在金属的氧化与电解质熔体的反应热力学和金属电解过程中的腐蚀行为等，其中 Cu、Ni 及其合金是金属陶瓷尤其是 $NiFe_2O_4$ 基金属陶瓷最常用的金属相。

表 2 – 3 列出了 1200K 时金属 Cu 和 Ni 氧化及其与氧化铝生成复合氧化物的反应标准自由能。金属 Ni 氧化形成 NiO 和 $NiAl_2O_4$ 标准吉布斯自由能分别为 – 133.19 kJ/mol 和 – 150.05 kJ/mol，NiO 与 Al_2O_3 反应形成 $NiAl_2O_4$ 的自由能变为 – 16.86 kJ/mol，说明金属 Ni 在阳极新生氧的作用下易形成 NiO，但电解质中 Al_2O_3 浓度较高时 NiO 可转变成 $NiAl_2O_4$。Lorentsen[38]等研究证实了高氧化铝活

度条件下 $NiAl_2O_4$ 的反应生成过程，发现电解温度下形成 $NiAl_2O_4$ 的吉布斯自由能为 -28.6 kJ/mol。许多研究都发现，电解试验后阳极表面出现了铝酸盐，主要是 $NiAl_2O_4$ 和 $FeAl_2O_4$。

金属 Cu 形成 CuO 和 Cu_2O 的标准吉布斯自由能分别为 -44.69 kJ/mol 和 -78.39 kJ/mol，发生氧化反应的趋势较金属 Ni 氧化形成 NiO 小。笔者的研究发现，$10Cu-(NiFe_2O_4-10NiO)$ 金属陶瓷电解前后金属相的形貌及 Cu 中的氧含量变化显著。电解后样品底部区域残余的 Cu 相体积显著变小，含量减少；能谱分析显示，电解后底部区域的金属相内含有 30%（原子数分数）的氧，而电解前金属相内几乎没有氧存在，这说明金属 Cu 已被氧化成为 CuO 或 Cu_2O。

表 2−3　Cu、Ni 在 1200K 时的几个氧化反应标准自由能[39]

反应	标准吉布斯自由能/$(kJ \cdot mol^{-1})$
$Cu + \frac{1}{2}O_2 = CuO$	-44.69
$2Cu + \frac{1}{2}O_2 = Cu_2O$	-78.39
$Ni + \frac{1}{2}O_2 = NiO$	-133.19
$Ni + Al_2O_3 + \frac{1}{2}O_2 = NiAl_2O_4$	-150.05
$NiO + Al_2O_3 = NiAl_2O_4$	-16.86

然而，只考虑金属相的氧化热力学远远不够，应更多地关注其在电解过程中的腐蚀溶解和转变行为以及对金属陶瓷烧结微结构的影响。关于金属相在电解过程中的腐蚀溶解和转变已在上一节进行评述，由于研究结果间的分歧较大，迄今没有定论。

笔者认为，采用合适配比的 Cu−Ni 合金，改善金属陶瓷的烧结结构来提升陶瓷基体的耐蚀性能、抑制金属相的优先腐蚀溶解，也是一个可行的选择。利用金属 Ni 与许多氧化物陶瓷（如 $NiFe_2O_4$、NiO 等）良好的界面润湿性与金属 Cu 能形成无限固溶体，通过控制烧结过程中金属相的熔化、流动迁移行为，可以在陶瓷基体上形成合适的金属相形貌与分布。在金属 Cu 表面化学包覆金属 Ni 后，再与复合陶瓷 $NiFe_2O_4-NiO$ 进行复合，所制备的金属陶瓷惰性阳极呈现出高的烧结致密度、良好的导电性和耐腐蚀性能，相关结果在随后的章节中详细介绍。

此外，在金属陶瓷惰性阳极易出现金属相优先溶解的外层区域采用耐蚀性好的金属如 Ag，而内层采用价格相对便宜的金属如 Cu、Ni，制成具有复合合金相结构的惰性阳极，也是一个可以考虑的选择。

2.3.2　基体氧化物的选择

金属陶瓷惰性阳极材料中基体氧化物种类对金属陶瓷的致密度、导电、力学和腐蚀性能起着决定性的作用，因此氧化物的选择至关重要。迄今为止，金属陶瓷惰性阳极基体氧化物相主要有以 $NiFe_2O_4$ 为代表的铁酸盐、以 $NiAl_2O_4$ 为代表的铝酸盐以及铜的氧化物等。由于复合金属氧化物的计算缺乏相关数据，在此只计算单一金属氧化物，从而确定其氧化物基本组成原则。本小节重点分析 Fe、Ni、Cu 的氧化物的溶解度和腐蚀热力学性质。

（1）氧化物的溶解度

根据氧化物在电解质中溶解度的大小，选择具有较低溶解度的物质作为惰性阳极氧化物的候选材料，这是迄今为止选择电极材料的基本准则之一。一些氧化物在纯冰晶石和冰晶石－氧化铝熔盐中的溶解度如表 2-4 所示。

表 2-4　氧化物在 Na_3AlF_6 和 $Na_3AlF_6-5\%(w)Al_2O_3$ 熔盐中的溶解度[40, 41]

化合物	在 Na_3AlF_6 中的溶解度	在 $Na_3AlF_6-5\%Al_2O_3$ 中的溶解度
BaO	35.75(1273K)	22.34
FeO	6.0(1273K)	—
·NiO	0.32(1273K)	0.18
Fe_2O_3	0.18(1273K)	0.003
CuO	1.13(1273K)	0.68
Mn_3O_4	2.19(1273K)	1.22
Cr_2O_3	0.13(1273K)	0.05
La_2O_3	18.8(1300K)	19
TiO_2	5.91(1300K)	3.75

注：$NiFe_2O_4$ 在 1000℃的 $Na_3AlF_6-10\%Al_2O_3$ 中的溶解度为 Ni：0.02%（质量分数），Fe：0.05%（质量分数）

Fe_2O_3 和 NiO 在纯冰晶石及冰晶石－氧化铝熔体中的溶解度都较小，而复合氧化物，尤其是尖晶石型氧化物，在 $Na_3AlF_6-Al_2O_3$ 熔体中的溶解度要比单体氧化物低得多，例如 $NiFe_2O_4$ 在 1000℃ 的 $Na_3AlF_6-10\%Al_2O_3$ 中的溶解度为 Ni：0.02%（质量分数），Fe：0.05%（质量分数）。这也是近年来 $NiFe_2O_4$ 被选择作为惰性阳极基体材料的重要原因。

（2）氧化物腐蚀热力学

金属陶瓷氧化物基体的金属离子与氧的亲和力较铝离子小，氧化物很容易与溶解在电解质熔体中的金属态铝发生还原反应，还原后溶解进入电解质并在阴极上电化学析出，而且阳极表面氧化物在电解过程中可能转变为复合物。因此，仅仅考虑惰性阳极氧化物在电解质中的溶解度是不够的，必须考虑其腐蚀热力学行为。

1）氧化物与金属铝之间的反应

金属铝在熔盐电解质中有一定的溶解度，因此必须考虑惰性阳极氧化物和铝之间置换反应的难易程度，反应式为：

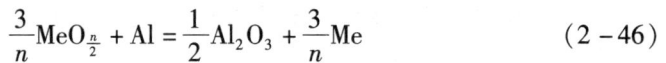

$$\frac{3}{n}MeO_{\frac{n}{2}} + Al = \frac{1}{2}Al_2O_3 + \frac{3}{n}Me \qquad (2-46)$$

其中 $MeO_{\frac{n}{2}}$ 为阳极材料所选用的某一氧化物，反应自由能为：

$$\Delta G^\ominus = \frac{1}{2}\Delta G^\ominus_{fAl_2O_3} + \frac{3}{n}\Delta G^\ominus_{fMe} - \Delta G^\ominus_{fAl} - \frac{3}{n}\Delta G^\ominus_{fMeO_{\frac{n}{2}}} \qquad (2-47)$$

通过式（2-47）计算得出一些氧化物在1200K下与铝进行置换反应的自由能变化值见表2-5。

表2-5 1200K 氧化物与金属铝反应的标准吉布斯自由能（kJ/mol）

氧化物	$\Delta G^\ominus / (kJ \cdot mol^{-1})$	氧化物	$\Delta G^\ominus / (kJ \cdot mol^{-1})$	氧化物	$\Delta G^\ominus / (kJ \cdot mol^{-1})$
CaO	121.5	ZrO_2	4.38	Fe_2O_3	-395.39
BaO	19.7	TiO_2	-101.11	Cr_2O_3	-240.69
BeO	70.6	MnO_2	-204.22	MoO_3	-417.23
MgO	55.7	CoO	-443.97	NiO	-441.59
ZnO	-311.3	Cu_2O	-526.81	Mn_3O_4	-300.0
Cr_2O_3	-261.8	La_2O_3	58.13	TiO_2	-123.9

除氧化物 CaO、BaO、BeO、MgO、ZrO_2 和稀土氧化物 La_2O_3 外，常见的一些氧化物均可与金属铝进行置换反应。

2）氧化物中金属离子的阴极析出

杂质金属进入原铝中的方式有两种可能：一种为氧化物的直接分解，另一种是其金属离子在阴极上还原进入阴极。金属氧化物析出的可能性可用它的理论分解电压值与 Al_2O_3 进行比较。理论分解电压可从该氧化物的标准生成自由能变化计算出来，即：

$$\Delta G^{\ominus} = -nE_{理论}F \qquad (2-48)$$

或

$$E_{理论} = -\frac{\Delta G^{\ominus}}{nF} \qquad (2-49)$$

式中：$E_{理论}$为理论分解电压。理论分解电压越大，表明该氧化物越稳定，越不容易分解，从而越不容易在阴极上析出。表 2 - 6 为一些 Fe、Ni 和 Cu 的氧化物在不同温度的理论分解电压。

表 2 - 6　Fe、Ni 和 Cu 的氧化物的理论分解电压[42]

氧化物	理论分解电压/V			
	800℃	850℃	900℃	1000℃
Al_2O_3	2.21	2.186	2.162	2.188
NiO	0.74	0.718	0.696	0.677
FeO	1.01	0.992	0.975	0.920
Fe_2O_3	0.942	0.921	0.9	0.855
Fe_3O_4	1	0.982	0.962	0.871
Cu_2O	0.512	0.483	0.426	0.400
CuO	0.403	0.351	0.313	0.215

从表 2 - 6 可以看出，在冰晶石 - 氧化铝熔盐中，Fe、Ni 和 Cu 氧化物的理论分解电压都没有 Al_2O_3 的理论分解电压大，所以一旦溶解进入电解质，它们均易在阴极放电析出金属 Fe、Ni 和 Cu。如果电解质中氧化铝浓度降低，将导致 Al_2O_3、AlF_6^{3-} 和 AlF_4^- 的活度的下降，铝离子的析出电极电势增加，将导致其他金属离子更易在阴极上析出，从而进一步加快阳极成分在电解质中的溶解，加快阳极的腐蚀速率。

3）铝与氟化物热还原反应

阳极氧化物以化学溶解的方式进入电解质，还可以与冰晶石熔盐反应生成氟化物，如下式所示：

$$6MeO_{\frac{n}{2}} + 2nAlF_3 = 6MeF_n + nAl_2O_3 \qquad (2-50)$$

这些氟化物能否与阴极上熔融的铝和电解质中溶解的金属态铝进行热还原反应，进而使得阳极氧化物中的金属元素进入阴极，可由金属热还原反应的热力学数据进行分析。金属热还原反应可表示为：

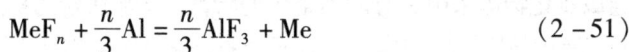

$$MeF_n + \frac{n}{3}Al = \frac{n}{3}AlF_3 + Me \qquad (2-51)$$

在 1200K 时上述 Fe、Ni 可能的氟化物与铝发生铝热还原反应的标准吉布斯自由能都为负值(见表 2 - 7),其反应在热力学上都能自动发生,反应趋势大小顺序为 $FeF_3 > NiF_2 > FeF_2$,因此降低金属态铝在电解质中的溶解度有利于降低阳极的腐蚀和原铝杂质含量。

表 2 - 7   1200K 时氟化物铝热反应的标准自由能

反应	标准吉布斯自由能/$(kJ \cdot mol^{-1})$
$FeF_2 + \frac{2}{3}Al = \frac{2}{3}AlF_3 + Fe$	- 257.21
$FeF_3 + Al = AlF_3 + Fe$	- 477.61
$NiF_2 + \frac{2}{3}Al = \frac{2}{3}AlF_3 + Ni$	- 325.38

阳极腐蚀元素在电解质中形成的氟化物也可能在阴极电化学析出。表 2 - 8 列出 Fe、Ni 和 Cu 氟化物的理论分解电压。它们在 1000℃ 的理论分解电压大小顺序为[44]:Fe^{2+}(2.780 V) > Ni^{2+}(2.573 V) > Fe^{3+}(2.513 V) > Cu^{2+}(1.922 V),所以在电解质中离子浓度(活度)相同条件下,Cu^{2+} 最容易还原,Fe^{3+} 和 Ni^{2+} 次之,Fe^{2+} 最后在阴极还原。

表 2 - 8   1000℃下 Fe、Ni 和 Cu 氟化物的理论分解电压[43]

氟化物	理论分解电压/V
NiF_2	2.573
FeF_2	2.780
FeF_3	2.513
CuF_2	1.922

然而,阳极腐蚀组元的阴极析出速率还与其在电解质中的离子结构和迁移速率有关,相关研究结果已在上节介绍。

2.3.3   稀土氧化物添加剂的选择

由于结构缺陷和气孔的存在,陶瓷基体的晶界部位容易腐蚀溶解。晶界的腐蚀溶解可带来电解质渗透、阳极肿胀、陶瓷颗粒脱落等加速惰性阳极腐蚀的后果。因此强化陶瓷相的晶界结构,可有效提高材料的耐蚀性能。稀土氧化物在大多数过渡金属氧化物体系中具有晶界富集的特性,添加适量的稀土元素可以起到消除晶界气孔、强化晶界结构的作用。研究表明,一些稀土添加剂不仅能够促进金属陶瓷的烧结致密化进程，而且还能与基体相生成新相，富集在晶界处，改善陶瓷微观结构，净化晶界，降低材料的晶界腐蚀，从而提高金属陶瓷的耐腐蚀性能。

稀土添加剂的选择需要考虑稀土氧化物本身及其与陶瓷基体反应产物的耐蚀性能、稀土元素在金属陶瓷中的存在状态和分布特征。

①稀土氧化物能抵御氧化铝高温熔盐腐蚀，如稀土氧化物与 NaF、AlF_3、CaF_2、Al 等反应的热力学趋势小；

②稀土氧化物与陶瓷基体的可能反应，稀土元素固溶进入基体陶瓷相，或与基体反应生成新物质。根据稀土氧化物与基体氧化物的相平衡关系，可以直接判断稀土氧化物的固溶性质和与基体可能形成复合氧化物的特性，也可对比稀土元素离子与基体氧化物金属离子的半径比值，粗略估计稀土元素是倾向于固溶于陶瓷相基体，还是在晶界处聚集或形成新物质。

表 2-9 列出三价稀土氧化物与 Al 和 AlF_3 反应的吉布斯自由能的变化值，生成物与反应物的吉布斯自由能值可通过查阅相关手册获得。各种稀土氧化物在 1000K 和 1200K 两个温度下与金属 Al 的反应吉布斯自由能都为较大正值，说明稀土离子阴极电化学析出较铝困难，且不易与阴极铝液和电解质中溶解的金属态铝进行置换反应。除 Yb_2O_3 以外，其他稀土氧化物在 1000K 和 1200K 两个温度下与电解质中 AlF_3 反应的吉布斯自由能都为负值，这些单质稀土氧化物可能通过反应溶解进入电解质。

表 2-9　三价稀土氧化物与 Al 和 AlF_3 反应的吉布斯自由能变 $\Delta G(kJ/mol)$

稀土氧化物	$Re_2O_3 + 2Al = 2Re + Al_2O_3$		$Re_2O_3 + 2AlF_3 = 2ReF_3 + Al_2O_3$	
	1000K	1200K	1000K	1200K
La_2O_3	147.43	158.9	-300.93	-262.24
Y_2O_3	254.17	264.58	-226.59	-235.38
Sm_2O_3	197.06	211.24	-160.62	-162.52
Ce_2O_3	173.85	183.35	-374.29	-366.51
Sc_2O_3	249.82	258.21	-87.04	-93.55
Pr_2O_3	177.28	154.73	-209.74	-244.11
Gd_2O_3	176.79	188.56	-224.09	-222.68
Nd_2O_3	148.94	159.78	-176.08	-175.5
Eu_2O_3	199.14	170.11	-85.74	-89.21
Tb_2O_3	214.92	227	-201.72	-201.36
Lu_2O_3	229.18	240.04	-129.84	-128.3
Dy_2O_3	207.79	219.79	-178.45	-178.47

稀土氧化物	$Re_2O_3 + 2Al = 2Re + Al_2O_3$		$Re_2O_3 + 2AlF_3 = 2ReF_3 + Al_2O_3$	
	1000K	1200K	1000K	1200K
Ho_2O_3	231.29	242.93	-145.15	-139.39
Er_2O_3	244.11	255.03	-134.17	-133.85
Tm_2O_3	226.24	237.1	-83.68	-83.58
Yb_2O_3	172.16	184.43	4.74	2.73
CeO_2	-74.99	-66.22	-289.13	-325.07

表 2-10 列出三价稀土氧化物与 NaF 和 CaF_2 反应的吉布斯自由能的变化值，各种稀土氧化物在 1000K 和 1200K 两个温度下与电解质中的 NaF 和 CaF_2 反应的吉布斯自由能都为较大正值，进行反应可能性都较小。因此，如果这些三价稀土氧化物反应溶解进入钠冰晶石电解质，在热力学上只能是与电解质中 AlF_3 反应的结果。

表 2-10　三价稀土氧化物与 NaF 和 CaF_2 反应的吉布斯自由能变 ΔG(kJ/mol)

稀土氧化物	$Re_2O_3 + 6NaF = 2ReF_3 + 3Na_2O$		$Re_2O_3 + 3CaF_2 = 2ReF_3 + 3CaO$	
	1000K	1200K	1000K	1200K
La_2O_3	533.82	566.37	121.77	163.89
Y_2O_3	608.16	593.23	196.11	190.75
Sm_2O_3	674.13	666.09	262.08	263.61
Ce_2O_3	460.46	462.1	48.41	59.62
Sc_2O_3	747.71	735.06	335.66	332.58
Pr_2O_3	625.01	584.5	212.96	182.02
Gd_2O_3	610.66	605.93	198.61	203.45
Nd_2O_3	658.67	653.11	246.62	250.63
Eu_2O_3	749.01	739.4	336.96	336.92
Tb_2O_3	633.03	627.25	220.98	224.77
Lu_2O_3	704.91	700.31	292.86	297.83
Dy_2O_3	656.3	650.14	244.25	247.66
Ho_2O_3	689.6	689.22	277.55	286.74
Er_2O_3	700.58	694.76	288.53	292.28
Tm_2O_3	751.07	745.03	339.02	342.55
Yb_2O_3	839.49	831.34	427.44	428.86
CeO_2	1380.37	1332.15	556.27	527.19

表 2 – 11 和表 2 – 12 分别列出了 Fe、Ni 和 Cu 元素离子在 $NiFe_2O_4$ – NiO 基金属陶瓷中可能的价态和离子半径以及一些稀土元素的常见价态和离子半径。稀土元素 Sc、Yb、Y、Lu 等离子半径与 $NiFe_2O_4$ – NiO 基金属陶瓷中的金属元素 Ni、Fe 和 Cu 的离子半径差相对较小，它们的氧化物与 $NiFe_2O_4$ 和（Ni，Fe）O 相之间同时存在固溶和生成新物相的可能性。特别值得注意的是，从热力学理论方面考虑，稀土氧化物 Yb_2O_3 与钠冰晶石电解质熔盐中 AlF_3、NaF 和 CaF_2 反应的吉布斯自由能为正值且数值较大，而且与金属态 Al 反应的吉布斯自由能也是正值，说明 Yb_2O_3 在铝电解条件下可能会稳定存在于阳极内，选择 Yb_2O_3 作为添加剂进行 $NiFe_2O_4$ – NiO 基金属陶瓷的晶界改性，或许能提高惰性阳极的耐腐蚀性能。稀土氧化物对 $NiFe_2O_4$ – NiO 基金属陶瓷微结构和电极性能的影响，将在第 4、第 5 章重点评述。

表 2 – 11　Fe、Ni 和 Cu 元素的离子半径和常见的离子价态[44]

元素	离子半径/Å	可能价态
Ni	0. 78(+2)	+2
Fe	0. 83(+2)；0. 67(+3)	+2、+3
Cu	0. 96(+1)；0. 72(+2)	+1、+2

表 2 – 12　稀土元素半径和常见价态[44]

元素	离子半径/Å	原子半径/Å	常见价态
La	1. 061(+3)	1. 877	+3
Sc	0. 68(+3)	1. 641	+3
Y	0. 88(+3)	1. 801	+3
Ce	1. 034(+3)；0. 92(+4)	1. 824	+3、+4
Pr	1. 013(+3)；0. 90(+4)	1. 828	+3
Nd	0. 995(+3)	1. 821	+3
Pm	0. 979(+3)	1. 810	+3
Sm	1. 11(+2)；0. 964(+3)	1. 802	+2、+3
Eu	1. 09(+2)；0. 950(+3)	2. 042	+2、+3
Gd	0. 938(+3)	1. 802	+3
Tb	0. 923(+3)；0. 80(+4)	1. 782	+3
Dy	0. 908(+3)	1. 773	+3
Ho	0. 894(+3)	1. 766	+3
Er	0. 881(+3)	1. 757	+3
Tm	0. 94(+2)；0. 869(+3)	1. 746	+3
Yb	0. 93(+2)；0. 858(+3)	1. 940	+2、+3
Lu	0. 848(+3)	1. 734	+3

　　金属陶瓷惰性阳极的导电、抗热冲击和耐电解腐蚀性能，一方面取决于材料本身的物相组成和结构，另一方面也受电解工艺条件的制约，其中，耐电解腐蚀性能一直是惰性阳极开发的难点。为降低阳极的腐蚀速率，在保障材料自身综合性能的同时，还需要为惰性阳极创造一个相对友好的工作环境。大量的研究表明低温、高氧化铝的电解条件可以大幅降低阳极的腐蚀速率。另外，开发能改变阳极腐蚀元素在电解质熔体的分布、扩散迁移、阴极电化学析出行为的电解质体系及电解质添加剂，也是一条实现有效降低阳极腐蚀速率的途径。例如，使阳极腐蚀元素在阳极区富集，从热力学和动力学两方面降低阳极组元腐蚀进入电解质熔体的速度；促使电解质中的阳极腐蚀元素形成带负电荷的大配合离子，降低其向阴极区的迁移速率；改变阳极腐蚀元素配合离子的结构，以提高阴极电化学析出的电位，等等。

参 考 文 献

[1] 邱竹贤. 铝电解[M]. 北京：冶金工业出版社，1982.

[2] 冯乃祥. 铝电解[M]. 北京：化学工业出版社，2006.

[3] 邱竹贤，张明杰，何鸣鸿，等. 低温铝电解的研究[J]. 轻金属，1984(6)：33-36.

[4] 许茜，邱竹贤. $LiF-MgF_2$、$NaF-MgF_2$、$KF-MgF_2$ 系热力学性质和相图的计算[J]. 有色金属，1994，46(3)：48-52.

[5] Hives J, Lorentsen O A, Thonstad J. Inert anode under electrochemical impedance spectroscopy stucy [C]// Haarberg G M, Solheim A. Eleventh international aluminium symposium. Norway：2001，137-143.

[6] 张磊，焦万丽，姚广春，等. $NiFe_2O_4$ 惰性阳极的制备及其电解腐蚀机理[J]. 硅酸盐学报，2005，33(12)：1431-1436.

[7] 刘业翔. 现代铝电解[M]. 北京：冶金工业出版社，2008.

[8] DeYong D H. Solubilities of oxides for inert anode in cryolite-based melts [C]// Miller R E. Light Metals 1986. Warreudale, Pa：TMS，1986：299-307.

[9] Keller R, Rolseth S, Thonstad J. Mass transport considerations for the development of oxygen-evolving anodes in aluminum electrolysis [J]. Electrochemical Acta, 1997, 42 (12)：1809-1817.

[10] 王兆文，罗涛，高炳亮，等. 大型铁酸镍基金属陶瓷惰性电极电解腐蚀研究[J]. 东北大学学报：自然科学版，2004，25(10)：991-993.

[11] 赖延清，秦庆伟，段华南，等. $NiFe_2O_4$ 基金属陶瓷材料的制备及其耐腐蚀性能[J]. 中南大学学报：自然科学版，2004，35(6)：885-890.

[12] 赖延清，田忠良，秦庆伟，等. 复合氧化物陶瓷在 $Na_3AlF_6-Al_2O_3$ 熔体中的溶解性[J]. 中南工业大学学报：自然科学版，2003，34(3)：245-247.

[13] 秦庆伟，赵恒勤，赖延清，等. $NiFe_2O_4$ 陶瓷的制备及其在 $Na_3AlF_6-Al_2O_3$ 中的溶解性研

究[J]. 矿产保护与利用, 2003, 3: 39 - 43.

[14] Lai Y Q, Tian Z L, Li J, et al. Results from 100 h electrolysis testing of NiFe$_2$O$_4$ based cermet as inert anode in aluminum reduction [J]. Transactions of Nonferrous Metals Society of China, 2006, 16: 970 - 974.

[15] Wang H Z, Thonstad J. The behavior of inert anodes as a functin of some operating parameters [C]// Paul G C. Light metals 1989. Warreudale, Pa: TMS, 1989: 283 - 290.

[16] Chin P C. The behavior of impurity species in Hall - Héroult aluminum Cells[D]. Canada: Carnegie Mellon University, 1992.

[17] Chin P C, Sides P J, Keller R. The transfer of nickel, iron, and copper from Hall cell melts to molten aluminum[J]. Canadian Metallurgical Quarterly, 1996: 35(1): 61 - 68.

[18] Olsen E, Thonstad J. Nickel ferrite as inert anodes in aluminum electrolysis: part Ⅱ material performance and long - term testing [J]. Journal of Applied Electrochemistry, 1999, 29(3): 301 - 311.

[19] Olsen E, Thonstad J. Nickel ferrite as inert anodes in aluminum electrolysis: part I material fabrication and preliminary testing[J]. Journal of Applied Electrochemistry, 1999, 29(3): 293 - 299.

[20] 段华南. Cu - Ni - NiO - NiFe$_2$O$_4$ 金属陶瓷在冰晶石 - 氧化铝熔体中的电解腐蚀行为研究[D]. 长沙: 中南大学, 2005.

[21] 田忠良. 铝电解 NiFe$_2$O$_4$ 基金属陶瓷惰性阳极及其相关工程技术研究[D]. 长沙: 中南大学, 2005.

[22] Johansen H G, Thonstad J, Sterten A. Iron as contaminant in a VS Soderberg cell [C]// Boxall L G. Light Metals 1977. Warreudale, Pa: TMS, 1977: 253 - 261.

[23] 王兆文, 罗涛, 高炳亮, 等. NiAl$_2$O$_4$ 基惰性阳极的制备及电解腐蚀研究[J]. 矿冶工程, 2004, 24(5): 61 - 63.

[24] Tracy G P. Corrosion and passivation of cermet inert anodes in cryolite - type electrolyte [C]// Miller R E. Light Metals 1986. Warreudale, Pa: TMS, 1986: 309 - 320.

[25] Windisch C F, Steven C M. Electrochemical polarization studies on Cu and Cu - containing cermet anodes for the aluminum industry [C]// Zabreznik R D. Light Metals 1987. Warrendale, Pa: TMS, 1987: 351 - 355.

[26] Ray S P, Weirauch D A, Liu X. Inert anode containing oxides of nickel, Iron and zinc useful for the electrolytic production of metals[P]. US, 6423195, 2000.

[27] Ray S P, Liu X H, Weirauch D A, et al. Electrolytic Production of high purity aluminium using ceramic inert anodes[P]. US, 6416649, 2001.

[28] Blinov V, Polyakov P, Thonstad J, et al. Behaviour of cermet inert anodes for aluminium electrolysis in a low temperature electrolyte [C]// Haarberg G M, Solheim A. Eleventh International Aluminium Symposium. Norway: 2001: 123 - 131.

[29] Lorentsen O A, Thonstad J. Electrolysis and post - testing of inert cermet anodes [C]// W Schneider. Light Metals 2002. Warreudale, Pa: TMS, 2002: 457 - 462.

[30] Antipov E V, Borzenko A G, Denisov V M, et al. Electrochemical behavior of metals and binary alloys in cryolite – alumina melts ［C］// Galloway T J. Light Metals2006. Warreudale, Pa：TMS, 2006：403 – 408.

[31] Weyand J D, DeYoung D H, Ray S P, et al. Inert anodes for aluminum smelting (final report)［R］. Washington D C：Aluminum Company of America, 1986.

[32] Christini R A, Dawless R K, Ray S P, et al. Phase III advanced anodes and cathodes utilized in energy efficient aluminum production cells［R］. Washington D C：Aluminum Company of America, 2001.

[33] 席锦会, 姚广春, 刘宜汉, 等. V_2O_5 对镍铁尖晶石烧结机理及性能的影响[J]. 硅酸盐学报, 2005, 33(6)：683 – 687.

[34] 席锦会, 刘宜汉, 姚广春. MnO_2 对镍铁尖晶石惰性阳极材料性能的影响[J]. 功能材料, 2005, 36(3)：374 – 376.

[35] 焦万丽, 张磊, 姚广春. MnO_2 添加剂对镍铁尖晶石基惰性阳极耐腐蚀性的影响[J]. 过程工程学报, 2005, 15(3)：309 – 312.

[36] 赖延清, 陈湘涛, 秦庆伟, 等. $NiFe_2O_4$ 基金属陶瓷耐腐蚀因素分析及腐蚀速率预测[J]. 中南大学学报：自然科学版, 2004, 35(6)：896 – 901.

[37] 石忠宁, 徐君莉, 邱竹贤等. $Ni – Fe – Cu$ 惰性金属阳极的抗氧化和耐蚀性能[J]. 中国有色金属学报, 2004, 14(4)：591 – 594.

[38] Lorentsen O A, Thonstad J, Dewing E W. Solubility of NiO and $NiAl_2O_4$ in cryolite – alumina melts[J]. Proc. Electrochemical Society, 2000, 99(41)：428 – 440.

[39] 徐君莉. 惰性阳极在低温电解质中的应用研究[D]. 沈阳：东北大学, 2004.

[40] Belyaev A I, Rapoport M B, Firsanova L A. Metallurgie des aluminium［M］. Berlin：VEB Verlag Chemie, 1956.

[41] 格里奥特海姆 K, 马林诺夫斯基 M, 克罗恩 C, 等. 铝电解原理[M]. 北京：冶金工业出版社, 1982.

[42] 朱元保. 电化学数据手册[M]. 长沙：湖南科学技术出版社, 1985.

[43] 张明杰, 王兆文. 熔盐电化学原理与应用[M]. 北京：化学工业出版社, 2006.

[44] 池汝安, 王淀佐. 稀土选矿与提取技术[M]. 北京：科学出版社, 1996.

第 3 章　铁酸盐基金属陶瓷惰性
阳极材料与制备工艺

作为惰性阳极材料的金属陶瓷主要是由氧化物陶瓷与金属或合金所组成的复合材料。其中的陶瓷相在冰晶石－氧化铝熔体中具有优良的化学稳定性、低饱和溶解度和溶解速率,金属相主要是过渡元素及其合金,如铜、铁、镍、银等。由于金属陶瓷兼具陶瓷良好的热化学稳定性、强耐腐蚀性、抗氧化性和金属良好导电性及热冲击性等优点,长期以来被认为是最具应用前景的铝电解用惰性阳极材料之一。主要研究的金属陶瓷惰性阳极材料体系有铁酸盐基金属陶瓷、铝酸盐基金属陶瓷、氧化亚铜基金属陶瓷惰性阳极等。本章以最为关注的铁酸镍基金属陶瓷为代表,重点介绍了该类金属陶瓷惰性阳极材料的常用制备工艺。

3.1　铁酸盐基金属陶瓷惰性阳极材料体系

铁酸盐基金属陶瓷惰性阳极材料之所以备受关注,主要是由于陶瓷相铁酸盐选自在冰晶石－氧化铝熔体中具有优良化学稳定性的尖晶石型氧化物,金属相则为具备良好导电、导热和韧性的铜、铁、镍、银等金属或合金,既可保障材料的耐腐蚀性能,又兼其电极所需的导电和抗热冲击性能。以 $NiFe_2O_4$ 为基体、含有一定量的 NiO 相和 Cu－Ni 金属相的金属陶瓷是其中的代表。

3.1.1　铁酸盐基金属陶瓷的陶瓷相

采用一些氧化物陶瓷作为基体材料,是因为它们在 Na_3AlF_6－Al_2O_3 熔盐中的静态溶解度较小,化学稳定性高,不与阳极反应产物新生态氧反应。金属陶瓷的陶瓷相的选择主要集中在铁酸盐及铝酸盐。虽然铝酸盐的腐蚀溶解产物主要是铝,不会污染原铝,但是铁酸盐在电解温度下具有更好的耐腐蚀性能和导电性能,因此成为金属陶瓷陶瓷相的主要选择。目前研究较多的铁酸盐基金属陶瓷的陶瓷相主要有 $NiFe_2O_4$、$CoFe_2O_4$ 以及 $ZnFe_2O_4$ 等,其中最为引人关注的为 $NiFe_2O_4$。早在 1983 年,美国人 Ray[1] 申请了 $NiFe_2O_4$ 复合氧化物作为铝电解惰性阳极材料的专利。这种阳极材料以 NiO 和 Fe_2O_3 为原料,混合均匀后冷压成形,在 1400℃下进行烧结;烧结体的表观密度为 4.6 g/cm^3,960℃下的电导率为 0.4 S/cm。烧结体在 960℃下进行电解试验,电解质采用钠冰晶石体系 NaF－AlF_3－Al_2O_3－CaF_2,阳极电流密度 1 A/cm^2,电解 24 h 后原铝中的铁和镍含量仅为 0.03%（质量分数）和 0.01%（质量分数）。1993 年，Augustin 等[2, 3]在这一基础上又研究了镍和钴的铁酸盐在 $Na_3AlF_6 - Al_2O_3$ 熔体中的腐蚀行为，进一步证实了该类尖晶石型氧化物陶瓷腐蚀速率低、腐蚀过程平稳。

铁酸盐尖晶石氧化物不仅在 $Na_3AlF_6 - Al_2O_3$ 熔体中有优异的耐腐蚀性能，而且在其他高温熔盐中也具备优良的耐蚀性能。日本的 Ota[4]对比研究了 $Ni_xFe_{3-x}O_4$（$x = 0.16 \sim 0.85$）、$Zn_xFe_{3-x}O_4$（$x = 0.16 \sim 1.00$）和 $Co_xFe_{3-x}O_4$（$x = 0.16 \sim 0.85$）3 种尖晶石氧化物在 $KCl - NaCl$ 共晶熔体（$<450℃$）中的电化学稳定性，发现 x 处于 $0.75 \sim 0.85$ 的 $Ni_xFe_{3-x}O_4$ 材料最适合作为氯化物熔盐的惰性电极材料。

在美国能源部的支持下，美国铝业公司系统开展了 $NiFe_2O_4$ 基金属陶瓷惰性阳极材料的制备及电解实验研究。1986 年详细报道了名义成分 51.7% NiO - 48.3% Fe_2O_3 的两相陶瓷烧结体（简称为"5324"）以及 20% Fe - 60% NiO - 20% Fe_2O_3（命名为 6846）、5324 + 30% Ni、5324 + 17% Cu 等金属陶瓷的四点抗弯强度、韦氏模量、断裂韧性、杨氏模量、剪切模量、泊松比等性能，如表 3 - 1 所示。

表 3 - 1　Alcoa 公司 1986 年报道的惰性阳极材料性能[5]

材料性能	5324	6846	6846	Al - 66	5324 + 30% Ni_a	5324 + 30% Ni_b	5324 + 17% Cu
制备方法	煅烧 + 烧结	反应烧结	煅烧 + 烧结	煅烧 + 烧结	煅烧 + 烧结	煅烧 + 烧结	煅烧 + 烧结
理论密度 /(g·cm^{-3})	5.72	6.35	6.35	6.35	6.55	6.55	6.28
体积密度 /(g·cm^{-3})	5.69	5.89	6.12	6.11	6.55	6.52	6.09
开孔率/%	0.16	1.94	0.3	0.2	0.11	0.09	0.06
四点抗弯强度/MPa	165.6	105.8	112.8	126.2	192.4	182.9	104.2
韦氏模量/GPa	13.1	8.0	15.4	4.9	7.8	20.9	12.4
断裂韧性 /(MPa·m$^{1/2}$)	1.92	4.84	3.75	3.64	5.43	5.15	—
杨氏模量/GPa	155	146	—	175	—	—	145
剪切模量/GPa	63	56	—	—	—	—	55.8
泊松比	—	0.29	—	—	—	—	0.3
金属含量 w/%	3	28	30	31	40	39	20
孔隙率/%	3.4	5.3	4	1.6	1.5	1.5	1.2
XRD 物相	A、NiO	A、NiO、Ni	A、NiO、Ni	A、NiO、Ni	A、NiO、Ni	A、NiO、Ni	A、NiO、Ni、Cu

注：A 代表 $NiFe_2O_4$。

从表中可见，5324 + 17% Cu 金属陶瓷的性能最佳，其电导率达到 90 S/cm，经 30 h 电解之后，电极形状基本没有变化，在实验室电解试验中显示出良好的耐蚀性和导电性。自此，$NiFe_2O_4$ 基金属陶瓷成为最受关注的铝电解惰性阳极材料。

$NiFe_2O_4$ 基金属陶瓷的致密度和导电性等性能与其制备方法及工艺有着密切的关系。与直接混合单一金属氧化物（如 NiO 和 Fe_2O_3）和金属粉末的压坯相比，先合成出 $NiFe_2O_4$ 粉末再加入金属粉末制成的压坯，更有利于获得高的相对密度和好的电极性能。目前 $NiFe_2O_4$ 粉末的制备方法有高温固相合成法、化学共沉淀法和熔盐合成法等，尽管化学共沉淀法制备的 $NiFe_2O_4$ 陶瓷粉末与固相合成粉末相比较可以进一步提高烧结材料的性能[6]，但这种方法与熔盐合成法存在同样的缺点，即生产效率较低，因此常采用高温固相合成法制备 $NiFe_2O_4$ 陶瓷粉末，合成反应可由式(3-1)表示，代表性的制备工艺流程如图 3-1 所示。

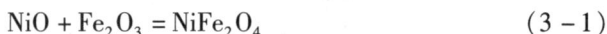

$$NiO + Fe_2O_3 = NiFe_2O_4 \qquad\qquad (3-1)$$

NiO 与 Fe_2O_3 在室温下就可反应生成 $NiFe_2O_4$。综合考虑反应速度、合成产物的后续加工性能（如破碎）、粉末体的烧结性能等因素，常用的固相合成温度选择在 1200℃ 附近。

该合成反应的进行程度受扩散动力学控制。大多数研究者通过 XRD 物相分析来判定合成陶瓷粉末中的物相，但由于 $NiFe_2O_4$ 与 Fe_2O_3 的高温分解产物 Fe_3O_4 结构相同，点阵常数相近，且 Fe_3O_4 与 $NiFe_2O_4$ 能形成连续的固溶体[7]，XRD 检测技术不易区分这两种物相；另外 NiO 相的主要衍射峰与 $NiFe_2O_4$ 的峰线几乎重合，因此

图 3-1　$NiFe_2O_4$ 陶瓷的
高温固相合成工艺流程

判定合成反应的程度需细致分析。Novelo 等[8]在焙烧温度 850~1000℃、时间 1~64 min 条件下获得样品，采用 XRD 检测技术对样品中 $NiFe_2O_4$ 的衍射峰 (200) 与 α-Fe_2O_3 的 (104)（因为这两个衍射峰的峰强度高）进行比对分析，研究了该反应的反应动力学。结果表明该反应为非自催化反应，$NiFe_2O_4$ 的生成率遵循 $\alpha = Bt^n$ 的关系，其中 B 和 n 为反应常数，其值与反应温度有关。此外合成陶瓷的 $NiFe_2O_4$ 物相纯度还与原料混合均匀程度及原料粒径相关。

$NiFe_2O_4$ 烧结体的物理性能尤其是电导率与烧结工艺密切相关。高温下 $NiFe_2O_4$ 晶体总是会产生一定量的氧缺损，而且氧缺损程度在块体材料中分布也不均衡[9-11]。尽管镍铁氧体的氧缺损量仅占总氧含量的 1% 左右，但这足以使其导电性受到很大的影响。

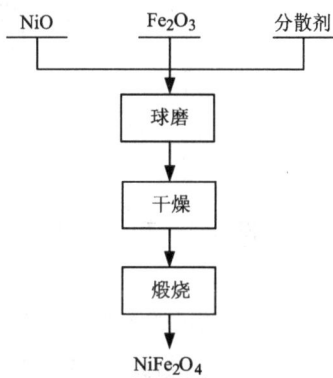

　　烧结气氛的氧分压也影响 $NiFe_2O_4$ 陶瓷的烧结和导电性能。研究烧结气氛分别为 N_2 气和空气的 $NiFe_2O_4$ 陶瓷的烧结和导电性能发现，与空气条件下烧结过程相比，$NiFe_2O_4$ 在 N_2 气氛下烧结时，可在相对较低的烧结温度获得相当的烧结密度，且具有较高的电导率，如图 3 - 2 所示。例如 $NiFe_2O_4$ 陶瓷在 N_2 气氛中1250℃烧结时，相对密度可达 93.20%，960℃电导率可达 20.83 S/cm。

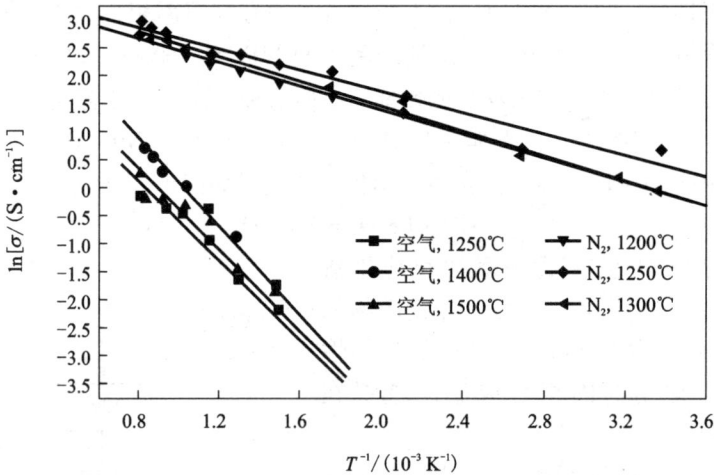

图 3 - 2　不同烧结气氛下 $NiFe_2O_4$ 陶瓷电导率随温度的变化曲线[12]

　　虽然可以通过改善烧结工艺提高纯铁酸盐烧结材料的导电性，但较炭素阳极的导电性能(炭素阳极 960℃的电导率约 200 S/cm)仍然有一个数量级的差距。为了进一步提升 $NiFe_2O_4$ 陶瓷相的导电性，常采用掺杂的方法来提高 $NiFe_2O_4$ 陶瓷相晶体的载流子浓度，改变 $NiFe_2O_4$ 中部分铁离子的价态。然而，掺杂提高 $NiFe_2O_4$ 基金属陶瓷惰性阳极电导率的幅度仍十分有限。

　　在 $NiFe_2O_4$ 陶瓷中添加适量 NiO，可以有效提高陶瓷基体的电导率，图 3 - 3 给出了不同 NiO 含量的 $NiFe_2O_4$ - NiO 复合陶瓷电导性能的测试结果。10% NiO 使复合氧化物获得了低的导电激活能和较好的高温导电性能，但是随着 NiO 含量的进一步增加，复合氧化物体系的激活能随之上升，这是由于镍离子在 $NiFe_2O_4$ 晶格中的溶解度有限，因而随着具有较高导电激活能和低电导率的 NiO 含量的继续增加，复合氧化物的导电性能随之降低。

　　类似的现象也出现在 $NiFe_2O_4$ 基金属陶瓷中。Olsen 等人[14-16]采用冷等静压成形 - 烧结工艺制备出金属相添加量为(17% Cu + 3% Ni)的 $NiFe_2O_4$ 基金属陶瓷，也发现材料中 NiO 加入过量后，其导电性能随 NiO 含量的增加而降低。

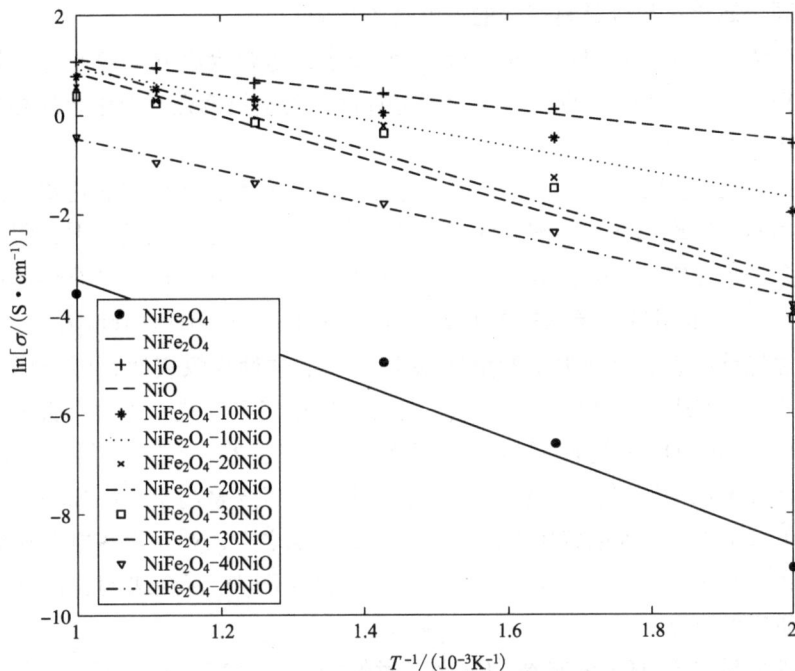

图 3-3　$NiFe_2O_4 - xNiO$ 陶瓷电导率随温度的变化曲线[13]

$NiFe_2O_4$ 基金属陶瓷惰性阳极材料的组织结构、力学、电极性能及其提高途径等，将在随后的章节详细介绍。

尽管尖晶石型氧化物在冰晶石 – 氧化铝熔盐中具有较高的耐腐蚀性能，但由于其固有的物理化学性质的缘故，存在抗热震性、导电性[17]和力学性能偏低，难以机械加工，与金属导杆的连接困难等诸多问题，限制了此类材料直接作为惰性阳极的工业应用。将尖晶石型氧化物与金属或合金进行复合，制成的复合材料（金属陶瓷）可以解决纯氧化物材料的以上诸多问题。

3.1.2　铁酸盐基金属陶瓷的金属相

作为铝电解惰性阳极材料，除了应具备优异的耐熔盐腐蚀性能之外，还必须具有一定的导电性。多数铁酸盐尖晶石氧化物都具有高温半导体性质，如 $NiFe_2O_4$ 和 $ZnFe_2O_4$，随温度的升高，电导率也提高。但与炭素阳极相比，纯尖晶石氧化物的导电性能尚不能满足作为惰性电极的要求，于是人们尝试通过加入金属相来改善材料的抗热震性能及导电性能。然而，由于金属相本身的强度、化学性质、热膨胀系数、熔点及分布状态等都对金属陶瓷材料的各方面性能有影响，因此不同金属相对复合材料产生的影响也不相同。

近些年来，Cu、Ni、Fe 和 Ag 以及二元或多元组合等成分都曾作为金属相的备选材料。但只有 Cu 和 Ni 及其组合成分逐渐成为金属陶瓷材料中金属相的主要研究和选择的对象。

研究表明，金属 Cu 与 $NiO-NiFe_2O_4$ 形成的金属陶瓷在饱和氧化铝 – 冰晶石熔盐中的腐蚀出现选择性溶解，Ni、Fe、Cu 等元素会先形成氟盐，再在阴极上还原成合金进入原铝中，这表明以该材料制备获得的阳极材料在冰晶石熔体中并非完全惰性[18]。采用冷等静压技术制备的 $17Cu-3Ni-(NiO-NiFe_2O_4)$ 金属陶瓷试样经过烧结后表层出现少量的金属溢出[14-16]，这种现象表明针对金属种类和含量的差异，需选择合适的烧结工艺，尤其是烧结气氛和烧结温度。此外，该研究以 $NiO-NiFe_2O_4$ 基惰性阳极进行了 50 h 电解实验，推算出其腐蚀速率为 $3.3 \sim 3.5$ μm/d，铝中杂质含量分析结果表明 Fe 元素含量高于 Cu，Cu 又高于 Ni。而且，在阳极腐蚀进入电解质熔体的 3 种金属元素之中，Ni 元素在电解质熔体中的传质系数小于 Fe 和 Cu 元素。添加金属 Ni 的 $NiFe_2O_4$ 基金属陶瓷惰性阳极一度成为研究的重点。

中南大学[19]研究了金属 Ni、Cu 及二者的混合物对 $NiFe_2O_4-10NiO$ 基金属陶瓷惰性阳极材料的烧结致密度、导电性能、力学性能及抗热震性能的影响。研究表明，金属相的存在对基体的致密化同时存在有利和不利的影响：一方面金属相高温下的轻微氧化可降低气氛的氧分压，从而造成 $NiFe_2O_4$ 基体更多的氧缺失，促进陶瓷基体的烧结；另一方面烧结过程中金属颗粒的空间位阻作用又阻碍基体烧结收缩。两种效应的综合作用造成了（$NiFe_2O_4+10NiO$）基金属陶瓷致密度随金属相含量的增加先上升后下降，材料在金属相含量为 5% 时能得到最大的致密度（见图 3-4）。

材料的导电性和抗热震性在 $0 \sim 17\%$ 范围内都随金属相含量的增加而增加。$10NiO-NiFe_2O_4$ 基金属陶瓷材料的电导率主要受金属相含量和孔隙的影响，金属相成分对其影响不大。材料的晶粒尺寸和金属含量对抗热震性有较大影响。

当前铁酸盐基金属陶瓷材料发展的关键在于优化材料中陶瓷相与金属相的配比，解决金属相在熔盐中的氧化和选择性溶解，进一步提高材料的导电性和高温力学性能。为此，一方面通过对材料成分进行优化，研发出具备优良的耐腐蚀性能、导电性能及抗热震性的金属陶瓷惰性阳极材料；另一方面，通过改进制备工艺获得高强度、高韧性、大尺寸金属陶瓷惰性阳极的制备技术。

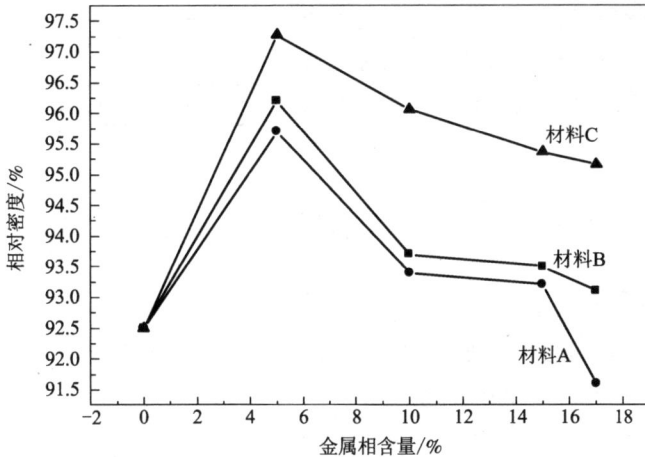

图 3-4　金属含量对材料相对密度的影响

A：$(80Cu-Ni)/(NiFe_2O_4+10NiO)$；

B：$Cu/(NiFe_2O_4+10NiO)$；

C：$Ni/(NiFe_2O_4+10NiO)$

3.2　金属陶瓷惰性阳极材料的制备技术

一般情况下，金属相与陶瓷相的熔点和结构相差较大，物理化学性质也不同。对于金属-氧化物陶瓷体系，金属与陶瓷相的界面润湿性一般较差，若烧结中金属相处于熔融状态，则容易出现金属相溢出现象。对于金属陶瓷，在成分设计上一般要考虑金属相与陶瓷相之间的润湿性、金属相与陶瓷相之间是否存在界面反应。拥有较好强度的金属陶瓷一般需要金属相与陶瓷相之间存在一定量的溶解反应，或金属熔体能在陶瓷表面较好的铺展，这有利于二者界面的牢固结合。

根据 Young 方程，固/液相平衡时存在以下关系：

$$\gamma_{s-g}-\gamma_{s-l}=\gamma_{l-g}\cos\theta \tag{3-2}$$

$$\cos\theta=(\gamma_{s-g}-\gamma_{s-l})/\gamma_{l-g} \tag{3-3}$$

γ_{s-g}，γ_{s-l}，γ_{l-g} 分别为固-气，固-液，液-气之间的界面能，θ 为润湿角，θ 越小越有利于液相在固相表面铺展开来。

从式(3-2)、式(3-3)可知，改善固-液相之间的润湿性的途径主要有：①提高固相表面能；②降低固-液界面能；③降低液相表面张力。因此常采用合金化(主要是加入表面活性较高的元素)，引入第二陶瓷相，调节气氛和优化工艺参数(主要为延长烧结时间和提高烧结温度)改善固-液相之间的润湿性。

金属陶瓷惰性阳极的制备工艺对它的耐腐蚀性能、导电性能、力学性能等起着决定性的作用，国内外许多研究人员对金属陶瓷惰性阳极的制备工艺进行了细致的研究。自20世纪80年代以来，陶瓷类惰性阳极的制备基本上采用粉末冶金技术。

有代表性的金属陶瓷惰性阳极制备技术是 Alcoa[5] 技术路线，他们历经3年对金属陶瓷电极制备工艺进行系统研究，成功制备出了直径163 mm 的电极，并在2.5 kA 的工业电解槽上进行了电解试验。其所用的技术路线流程为：陶瓷原料的混合、煅烧、添加金属粉末球磨混料、制粒、等静压成形、烧结与导杆连接等，如图3-5所示。

对于粉末冶金方法来说，成形和烧结是制备过程的两个关键环节，决定了制品合格率及材料的最终性能，因此下面主要介绍金属陶瓷惰性阳极材料的成形与烧结。

图 3 - 5　金属陶瓷惰性阳极代表性制备工艺[5]

3.2.1　成形

成形是使粉末密实成具有一定形状、尺寸、孔隙率和强度坯块的工艺过程。目前对于惰性阳极用金属陶瓷材料的成形方式主要为模压成形、冷等静压成形、浇注成形和热压成形。由于热压成形同时含有烧结过程，一般将热压作为一种烧结方式。影响压制过程的因素很多，如粉末性能、润滑剂和成形剂、压制方式等。

（1）粉末处理

对于惰性阳极用金属陶瓷复合材料，成形前粉末的处理主要包括原料混合和制粒。

混料方式主要有两种：一种是机械混合；另一种是化学混合。机械混合在混料过程中，由于钢球的高速转动，并与粉末、球磨罐壁进行剧烈的碰撞会产生热量，会使金属相产生一定程度的氧化，因此常采用湿磨的方式。其中液体介质（分散剂）的作用主要是分散浆料和冷却，冷却时有的采用纯水，有的采用酒精。分散剂的加入量必须适当，过多时料浆的体积增加，球与球之间的粉末相对减少，从而使研磨和混合效率降低；相反，介质过少时，料浆黏度增加，磨球的运动受阻，混合效率也不高。液体介质的含量一般以淹没粉末与球为基准，适当过

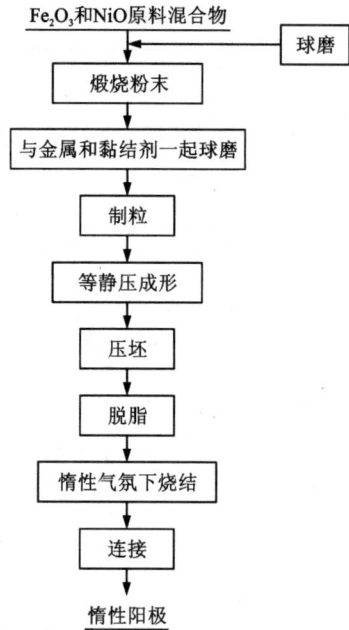

量。机械混合的均匀程度取决于混合组元的颗粒大小和形状、组元的密度、混合时所用介质的特性、混合设备和种类以及混合工艺(装料量、球料比、时间和转速等),在生产实践中,混合工艺参数大都是用实验方法来选定的。

球磨时间对金属陶瓷最终性能的影响是比较显著的,表 3 – 2 给出了行星球磨方式下球磨时间对 Cu – Ni – NiFe$_2$O$_4$ 金属陶瓷材料烧结致密化、导电性、力学性能的影响。

表 3 – 2　不同球磨时间下 Cu – Ni – NiFe$_2$O$_4$ 金属陶瓷的性能[20]

球磨时间 /min	平均直径 /μm	相对密度 /%	轴向收缩率 /%	960℃电导率 /(S·cm^{-1})
0	30.83	76.65	10.56	3.70
30	8.97	88.00	10.74	16.67
60	6.73	88.30	11.58	20.00
150	5.09	88.39	14.41	25.00
210	6.02	87.58	13.77	21.34
600	6.54	86.57	13.43	17.59

注:烧结温度 1200℃,保温时间 2 h,金属相 85Cu – Ni 含量 5%。

从表中可以看出,球磨一段时间后,混合粉末的平均粒径变化不大。对于该 Cu – Ni – NiFe$_2$O$_4$ 金属材料体系,球磨时间为 150 min 时,金属陶瓷混合粉平均粒径最小,烧结体的致密度和导电性能最好。

球磨混料过程中,常常会出现金属粉末成片、聚集冷焊等现象,不利于金属粉末的均匀分散、压坯成形以及烧结体中金属相形貌和分布的控制。而化学法混料可将金属颗粒均匀地分散在粉末体之中。化学法混料一般是将金属或化合物粉末与添加金属的盐溶液均匀混合,或者是各组元全部以某种盐的溶液形式混合,然后经沉淀、干燥、还原等处理而得到均匀分布的混合物。有的研究者则采用化学镀的方式在陶瓷表面包覆金属的方式制备金属陶瓷复合粉末,以此种方式获得的混合粉末分布均匀,成形性好,烧结温度较低,且能解决金属相溢出问题。杨建红[21]采用化学镀的方式在 NiO – NiFe$_2$O$_4$ 复合陶瓷粉末表面化学包覆金属 Cu,烧结制备了 Cu/NiFe$_2$O$_4$ – NiO 金属陶瓷阳极,改善了金属铜与陶瓷相之间的润湿性能,材料的烧结性能得到了提高。化学法混料工艺加入较机械混合少的铜,获得的材料电导率较机械混合所获得材料的却更高。但化学镀的方式也容易引入其他杂质相而影响材料的性能,如采用化学镀的方式在 NiO – NiFe$_2$O$_4$ 复合陶瓷粉末表面化学包覆金属 Ni 中含有一定量的 P 元素,由于 P 的存在,烧结体存在较大的孔隙,力学性能并没有得到改善[22]。

在金属相种类的选择上，为了改善金属相与陶瓷的润湿性，常加入第二种金属相。例如 Cu/NiFe$_2$O$_4$ 金属陶瓷，由于 Cu 与 NiFe$_2$O$_4$ 相之间润湿性能不好，在烧结过程中，易出现 Cu 溢出，如图 3-6(b)所示。相比之下，金属 Ni 与 NiFe$_2$O$_4$ 的润湿性较好，因此，常加入一定量的 Ni，使其形成 Cu-Ni 合金，可解决金属相烧结溢出问题。关于 Ni 的加入方式主要有两种，一是以单质金属粉末的形式直接与陶瓷和铜粉混合；另一种是与陶瓷粉末混合之前，先与 Cu 粉进行一定处理，一般采用机械合金化或化学包覆方式，有利于金属相的充分合金化。

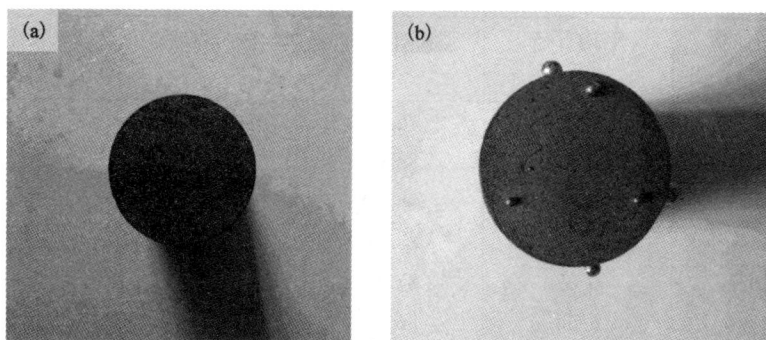

图 3-6　NiFe$_2$O$_4$-10NiO/17Cu 金属陶瓷照片
(a)正常试样；(b)金属相溢出试样

为了改善粉末的压制性能和压坯密度分布的均匀性，有必要对混合后的粉末进行造粒。在 NiFe$_2$O$_4$-10NiO/xM 陶瓷粉料的制备工艺过程中，擦筛造粒粉料存在形状不规则、压制性能较差、产量低、不利于批量化生产等问题。为了改善 NiFe$_2$O$_4$-10NiO/xM 陶瓷粉料的制备工艺，提高粉料综合性能，喷雾干燥技术被引入到这类材料的生产中。随着喷雾干燥技术不断发展，喷雾装置逐渐完善，使用范围日益扩大。目前，喷雾干燥技术已在日用陶瓷、电工陶瓷、药品、玻璃粉、碳化钨/钴硬质合金等材料的制备方面获得规模应用[23-25]。喷雾干燥是将原料液（溶液，乳浊液，悬浮液，粉体料浆等）用雾化器分散成雾滴，并用热空气（或其他气体）与雾滴直接接触的方式而获得粉粒状制品的一种干燥过程。喷雾干燥技术可制备出质量均一、重复性良好的球形粉料，对成形操作很有益，可以缩短粉料的制备过程，也有利于自动化、连续化生产。中南大学[26]采用喷雾干燥工艺（如图 3-7 所示）制备球形 NiFe$_2$O$_4$-10NiO/xM 型复合金属/陶瓷粉料，通过研究喷雾造粒过程中料浆性能、雾化压力、供料速率等工艺参数对复合陶瓷粉料粒度分布及形貌的影响，获得流动性和成形性优良的混合粉末；对喷雾造粒与擦筛造粒所得粉料的压制性能和烧结性能进行对比分析发现，喷雾造粒的粉末成形性能、压坯和烧结体的品质大幅提高。

尾气排放

废气管

抽风机

布袋除尘器

料桶

电控系统

通无水无油压缩空气

料桶

干燥塔体

进风蜗壳

料桶

振动筛

气动振打锤

通无水无油
压缩空气

电加热器

初中效空气过滤器

料浆过滤筛

稳压罐

供料泵

搅拌球磨机

气动隔膜泵 搅拌机

原料

代号说明

T — 温度 c — 调节
p — 压力

—— 部分用户自备

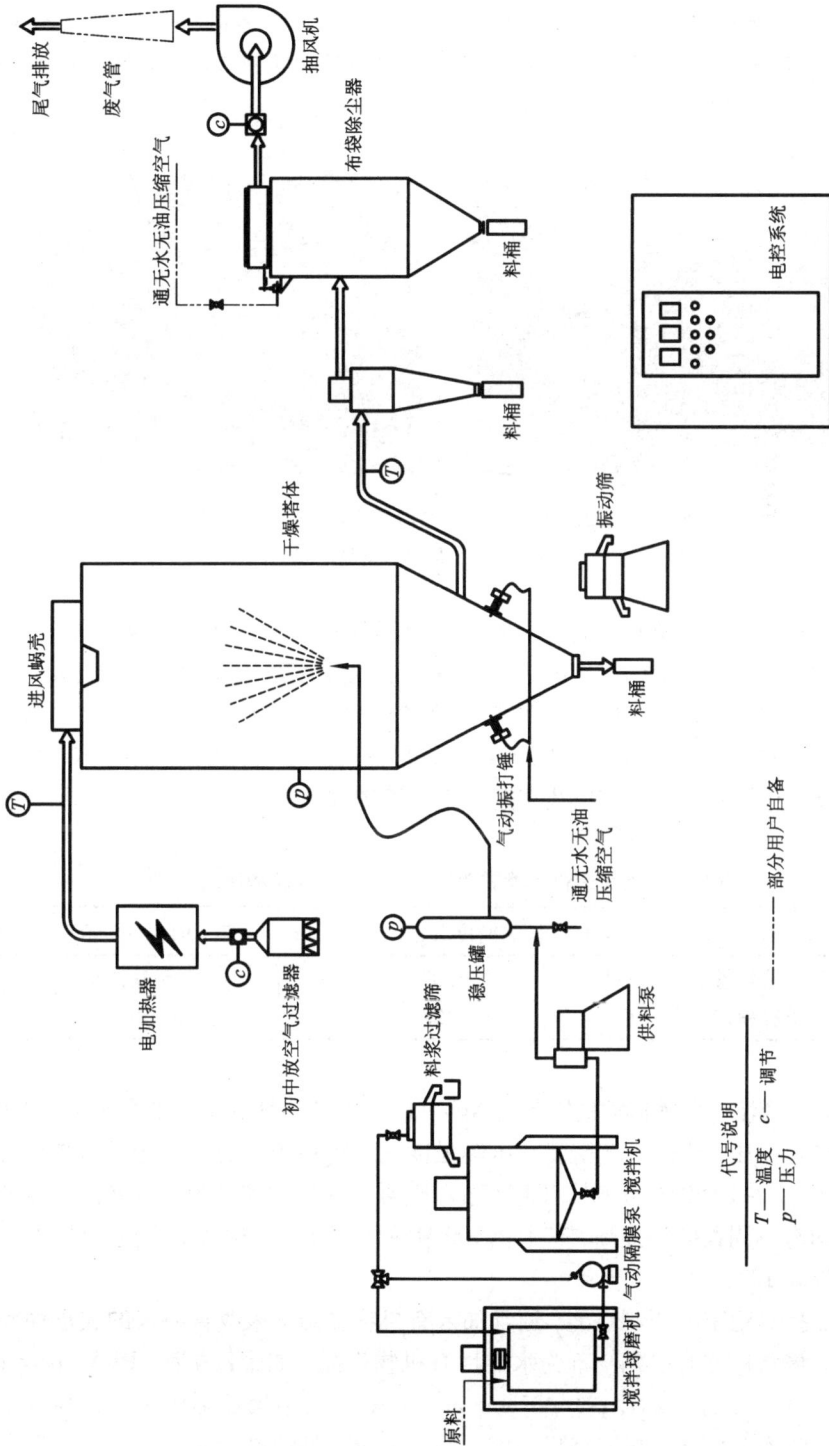

图 3 - 7 喷雾干燥制粒流程图

图 3-8 所示为 $NiFe_2O_4$ - 10NiO/xM 原料粉末和喷雾造粒后粉末的 SEM 照片。$NiFe_2O_4$ - 10NiO/xM 原料粉末主要为不规则棱角状颗粒,造粒粉末则呈规整的球形颗粒,颗粒界面清晰,表面光滑。

图 3-8　原料粉末与喷雾造粒粉末的 SEM 照片[26]

(a)原料粉末;(b)喷雾造粒粉末

粉末颗粒形貌和流动性直接影响成形过程的充模和坯体均匀性。表 3-3 为两种造粒工艺下 $NiFe_2O_4$ - 10NiO/xM 粉末的松装密度与流动性。从表可知,喷雾干燥法制备的 $NiFe_2O_4$ - 10NiO/xM 粉末流动性比擦筛造粒工艺制备的粉料好,擦筛造粒的粉料在无振动条件下不能自由通过标准漏斗(流速计),而喷雾造粒粉料则完全能做到这点,同时其松装密度高于擦筛造粒粉末。

表 3-3　擦筛造粒和喷雾造粒粉末的松装密度和流动性[26]

粉末	松装密度/$(g \cdot cm^{-3})$	流动性/$[S \cdot (50g)^{-1}]$
擦筛造粒粉末	1.07	无法流动
喷雾粉末	1.28	145

喷雾干燥法与擦筛造粒法制备的 $NiFe_2O_4$ - 10NiO/xM 粉末分别在 50~300 MPa 压力下进行模压,测试压坯密度与压坯强度(如图 3-9 所示)。与擦筛造粒法制备的 $NiFe_2O_4$ - 10NiO/xM 粉末压坯相比,喷雾干燥法制备的粉末压坯的密度和抗压强度均有不同程度的提高,其中在 200 MPa 下成形时,相对密度提高约3%,抗压强度提高127%。

为了提高粉末的压制性能,通常加入有机物黏结剂来改善粉末的成形性和压坯强度。最常用的有机黏结剂为水溶性有机物产品,如聚乙烯醇(PVA, polyvinyl alcohol)、聚乙二醇(PEG, polyethylene glycol)等。其中聚乙烯醇是一种高分子聚合树脂,易溶于水而不溶于有机溶剂,不含灰分,黏性高,是一种具有优良干压

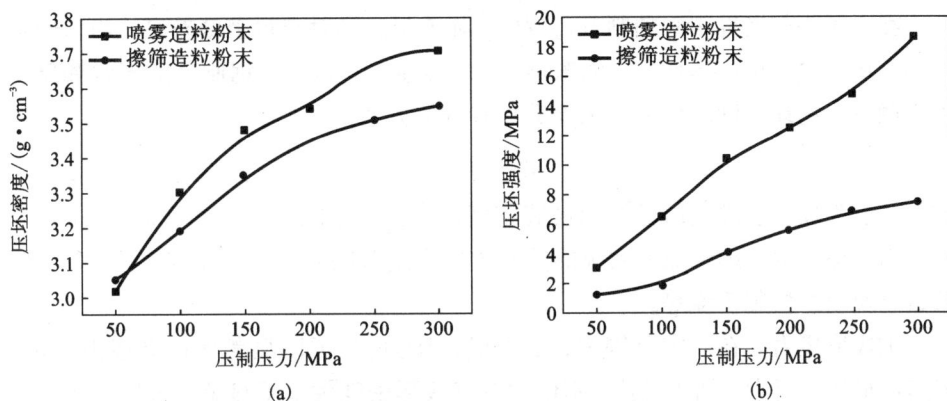

图 3 - 9　擦筛造粒和喷雾造粒粉末的成形性能[26]

(a)压坯密度；(b)压坯强度

成形性能的黏结剂。加聚乙烯醇时通常不直接加入其固体粉末，而是将它配制成适当浓度的水溶液(PVA 溶液)。配制 PVA 溶液的方法通常是在室温下将聚乙烯醇加入水中，然后采取水浴加热的方法加热并搅拌，加热温度为 75 ～ 85℃，直到聚乙烯醇完全溶解到水中形成透明的溶液。在配制聚乙烯醇水溶液时要注意以下几点：

①加热温度不能太高。如果采用直接加热方式制取 PVA 溶液，则有可能因局部温度过高而导致 PVA 醇解，降低其黏结性能。

②通常 PVA 溶液的浓度取 5% ～10% 为宜。用量取决于粉料的配比、粒度、比表面积和成形压力等因素。一般来说，粉料细、含水量低、产品形状复杂、机械强度要求较高、天气干燥时都要适当增加 PVA 含量。

(2)成形方式

成形方式对压坯强度与密度分布均有一定程度的影响，采用哪种成形方式主要取决于材料的形状、粉末成形性以及对材料和制品性能的要求。对于金属陶瓷惰性阳极材料，目前采用较多的是模压成形，同时有的研究者也采用浇注成形。

1)模压成形

模压成形是指将干燥粉末装入模具中，在一定压力下进行压制而获得一定形状的压坯工艺。根据加压方式，分为单向压制、双向压制和多向压制(冷等静压成形)等。对于普通模压成形，由于存在压力损失，压坯密度在加压方向上出现不均匀现象。尤其当压坯的高径比较大时，单向压制很难保证产品的密度均匀性。对较大尺寸的柱状金属陶瓷惰性阳极，由于单重和体积大、较大的高径比，为保证制品各部位的密度均匀性，一般采用双向压制[27]或冷等静压成形[13, 28]。

在金属陶瓷惰性阳极的制备过程中，都希望成形时获得密度较高、均匀性较好的压坯。除采用成形性好的粉末原料外，压制工艺也应根据制品的形状和尺寸进行调整。压坯密度与成形工艺参数具有以下关系：

$$dp \propto d_0 p^{\frac{t}{f}} \tag{3-4}$$

式中：d_0 为加压前模具内粉粒的松装密度；p 为成形压力；t 为加压时间；f 为粉料的内摩擦系数。影响成形效果的因素主要为成形压力、加压时间、粉料内摩擦系数以及粉料松装密度等。

①成形压力。在一定范围内，加大成形压力 p，可以显著地提高成形密度。但是成形压力过大、加压过快，不仅对提高成形密度效果不显著，而且会造成坯件分层和在加压方向上的密度分布不均匀。另外，成形压力大小的选择还需考虑粉料的干湿程度和成形剂特性与含量。$NiFe_2O_4$ 基金属陶瓷阳极样品的成形压力通常的选择范围为 100~200 MPa。

②保压时间。金属陶瓷样品在压制过程中，如果在某一个或多个特定压力下保持一定时间，可使压力传递得更充分，有利于压坯整体密度的提高和压坯内部密度分布的均匀。由于一次颗粒尺寸小、流动性差，制粒后的团粒强度低，低压阶段的低升压速度和适当保压，让团粒在未破坏的前提下进一步密集堆垛，往往可得到更好的效果。对于形状复杂或体积较大的制品，采用多级保压和低加压速率的成形工艺尤为重要。

③压制方式。加压方式决定着坯件内压力的分布与坯件各部位的密度。加压方式由产品的形状和加压方向的关系来决定，加压方式不同，摩擦力的作用也不同。对于有一定形状要求的大型惰性阳极金属陶瓷样品，如 $\phi120$ mm × 140 mm 深杯状，一般采用冷等静压方式进行。等静压制法比一般的钢模压制法有下列优点：能够压制具有凹形、空心等复杂形状的压坯件；压制时，粉末体与弹性模具的相对移动较小，因摩擦而导致的压力损耗也小，获得相同的压坯密度所需的单位压制压力较钢模压制法低；压坯强度较高，便于搬运和后续的机加工；模具材料是橡胶或乳胶，成本较钢模低。在使用冷等静压时升压的速度尤为重要，升压太快，压坯易出现软心现象。卸压也不宜太快，否则残留在压坯中受压缩的气体，由于外压降低，会迅速膨胀，容易造成压坯开裂。特别是大型制件降压时要缓慢，卸压速度甚至需降低到 5 MPa/min 的水平。

2）浇注成形

粉浆浇注是将陶瓷或金属粉末分散在液态介质中制成悬浮液，使之具有良好的流动性，再将此悬浮液注入一定形状的模腔中，通过模具材料的吸水作用使悬浮液固化,制得具有一定形状的生坯[29]。浇注成形是陶瓷材料与制品成形的常用工艺。粉浆浇注中的注浆技术主要包括单面注浆、双面注浆、压力注浆和真空注浆以及新发展的离心注浆、冷冻注浆和带式浇注等。浇注过程的粉末沉降速度、石膏模吸水速度、粉浆的黏度及稳定性等都是直接影响浇注件质量的重要参数。上述参数的变化取决于粉末原料的粒度、粉末量与母液之比、粉浆的 pH 值、添加的分散剂、粉末吸附气体量的消除等因素。

　　粉浆浇注是陶瓷工业中采用了 200 多年的成形技术,这一方法已被公认为制取复杂形状大件粉末冶金制品的有效方法。通过这种方法可以制得组织均匀、形状复杂的大型制品,具有简单易行、成本低廉的特点,但其生产周期长、生产效率低。近年来,不断有粉浆浇注成形新型复合材料及金属陶瓷阳极的报道。这其中包括粉浆浇注制备了纳米 Y_2O_3 激光陶瓷[30]及大尺寸 Si/SiC 光学陶瓷[31]。中南大学[32]尝试采用粉浆浇注方法成形较大尺寸 $Cu - NiFe_2O_4$ 金属陶瓷阳极,并探讨了工艺条件对样品的影响。结果表明:在浆料配制过程中,陶瓷粉与铜粉的质量比控制在 $(12 \sim 15):1$ 比较合适;另外,烧结工艺对最终产品质量有很大影响,适当的温度制度可以得到性能优异的阳极制品。初步证实了粉浆浇注方法成形较大尺寸金属陶瓷惰性阳极在技术上是可行的。

3.2.2　压坯烧结前的处理

　　金属陶瓷压坯经过成形后,坯件内含有一定的水分和黏结剂(如 PVA),为了防止烧结时水分和黏结剂的快速逸出引起的开裂,提高产品的合格率,往往在烧结之前对坯件进行适当的处理,主要是干燥和脱脂。

　　(1)坯体干燥

　　一般来说,经过制粒的粉末团粒和压坯都含有一定的水分,金属陶瓷粉末如果具有一定的含水量,可以改善粉末的压制性能。如果将含有水分的坯件置于高温烧结炉内,水分在高温下迅速挥发,形成的巨大内应力会引起产品开裂。所以一般在烧结之前,须对坯件进行干燥处理,将水分尽可能排除。干燥一般是在低于水的沸点下进行的,干燥过程中水分的蒸发量 G 可用下式表示:

$$G \propto btS \frac{p_H - p_N}{p} \tag{3-5}$$

式中:b 为系数;t 为干燥时间;S 为蒸发面积;p_H 为某一温度时坯件蒸发表面的饱和水蒸气压;p_N 为坯件周围空气的水蒸气分压;p 为坯件周围大气的压力。从上式可以看出,为了加速坯件的干燥,应该提高温度、降低空气的湿度,这样可增加坯件内水蒸气压,使 $p_H > p_N$;同时又可降低坯件内水分的黏滞性,有利于水分的扩散和蒸发。如果温度过高,加上金属陶瓷的导热性能较差,尤其是对于大样品,当样品干燥到一定程度时,外层较内层干燥,因干燥时水分消失而收缩,这有可能会堵塞水分逸出的毛细管,内部水蒸气压力可能会冲破这些堵塞而引起样品破裂。一般不采用提高温度的办法来提高干燥效果,而采用延长干燥时间来解决。如果采取一边增加空气的温度,一边降低空气的湿度,在坯件内外各部分都被均匀地加热以后,再降低空气的温度,以利于坯件表面水分快速地蒸发。与此同时,在坯件内部的水分也以相应的速度很快地扩散到坯件表面而被蒸发。这样就可避免产品开裂,又能起到加速干燥的效果。

(2)脱脂

脱脂是金属陶瓷惰性阳极制备过程中又一个关键环节。由于在成形时为提高样品的成形性而加入了一定量的黏结剂,这些黏结剂一般是由 C、H 组成的有机物,在加热过程中会分解形成 CO、CO_2、H_2O 等气体。如果直接对压坯进行烧结,将因有机物的集中而剧烈地挥发造成产品开裂或变形,特别是对于那些粗而长、厚而大的管状坯件,更为严重。因此,常在烧结前进行脱脂。脱脂工艺受有机物类型、相对分子质量、含量、脱脂升温速率、粉末坯体外形及尺寸、粉末体特性等因素的影响,在实际工艺中,制品往往会出现鼓泡、裂纹、塌陷、变形等各种缺陷,这种问题在制备大尺寸粉末制品时尤为突出。脱脂工艺的研究主要考察脱脂过程中,黏结剂是否完全分解排除,分解产物是否与阳极组成物质发生化学反应,并保证脱脂过程中样品不产生裂纹或开裂。

由于 PVA 在金属陶瓷惰性阳极制备中应用广泛,为了防止金属相在脱脂过程中被氧化和陶瓷相被成形剂分解产物还原,脱脂过程一般在流动的惰性气氛下进行。下面主要讨论热脱脂行为。

PVA 热分解剩余质量分数 w 由式(3-6)给出:

$$w = \frac{m_i - m}{m_i - m_f} \qquad (3-6)$$

式中:m_i 为样品的起始质量;m_f 为样品脱脂后的质量;m 为脱脂过程中某时刻的样品质量。

PVA 热分解剩余质量分数随温度的变化情况如图 3-10 所示。PVA 的热分解失重反应表现出明显的 3 个阶段。由于 PVA 是一种吸水性的有机物,因此,第一阶段(400K 以前)的失重主要为 PVA 内部水汽的蒸发,第二和第三阶段的失重反应分别发生在 460~575K 和 660~780K。第二阶段反应的失重率明显比第三阶段的高,说明第二阶段是 PVA 热分解的主要阶段。

图 3-11 所示为 3 个升温速率下 PVA 热分解反应的瞬时反应速率随温度的变化情况。在 PVA 的热分解过程中,随着升温速率的增加,PVA 的热分解速率也随之增加,同时,较高的升温速率导致峰值反应速率向更高的温度范围推移。

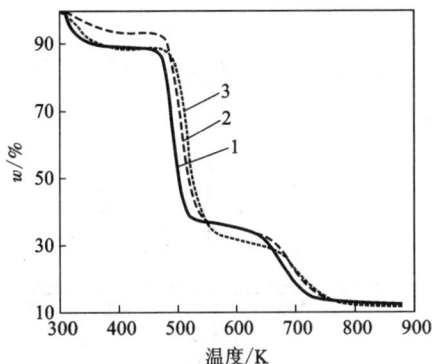

图 3 – 10　不同升温速率下 PVA
热分解剩余质量分数的变化情况[33]
升温速度: 1—2 K/s; 2—5 K/s; 3—10 K/s

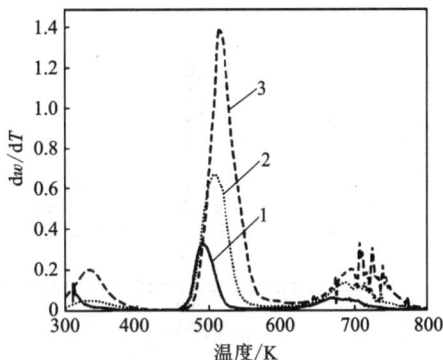

图 3 – 11　PVA 在不同升温速度下的
瞬时反应速率的变化情况[33]
升温速度: 1—2 K/s; 2—5 K/s; 3—10 K/s

陶瓷和金属陶瓷压坯的强度主要取决于有机成形剂的种类与含量,当成形剂分解后压坯强度急剧下降。因此,确定合适的升温速率非常重要,这样可以避免成形剂分解产物气体的释放对压坯的破坏,并需要综合考虑压坯的尺寸和气体的输送通道特性。脱脂过程中,粉末多孔体内部的相对压力分布情况可由式(3 – 7)[34-36]来计算:

$$p = p_0 \left[1 + \frac{\mu k S^2 l T}{M p_0^2} \cdot \frac{(1 - \varphi_g)^2}{\varphi_g^3} \cdot r(x, t) \cdot l^2 \right]^{1/2} \tag{3 – 7}$$

式中: p_0 为样品周围气体压力; μ 为表面速率; k 为粉末多孔体中气孔的曲率指数; S 为单位体积压坯的表面积; T 为脱脂某一时刻的温度; φ_g 为粉末多孔体中连通气孔的体积分数; ρ 为气体的摩尔密度; $r(x, t)$ 为有机物分解速率; l 为无限长圆柱体的半径或坯体长度的一半。

中南大学[33]研究了两种尺寸的 $NiFe_2O_4$ 基金属陶瓷样品的成形剂 PVA 热分解产物气体在粉末压坯内部所造成的压力情况,结果如图 3 – 12 所示。升温速率越高,气体在粉末压坯内部所造成的峰值压力越高;对于压坯所能承受的极限压力,如 3 MPa,压坯尺寸越大,在关键温度区间允许的升温速率越小。

在以 PVA 作为黏结剂的粉末压坯脱脂工艺中,400 ~ 600℃ 是整个脱脂过程的关键温度区间,在进行脱脂工艺设计时,必须严格考虑升温速率并选取适当的保温时间的间隔(如在峰值压力出现前后的温度点必须设置保温时间),具体保温时间可视压坯尺寸而定。

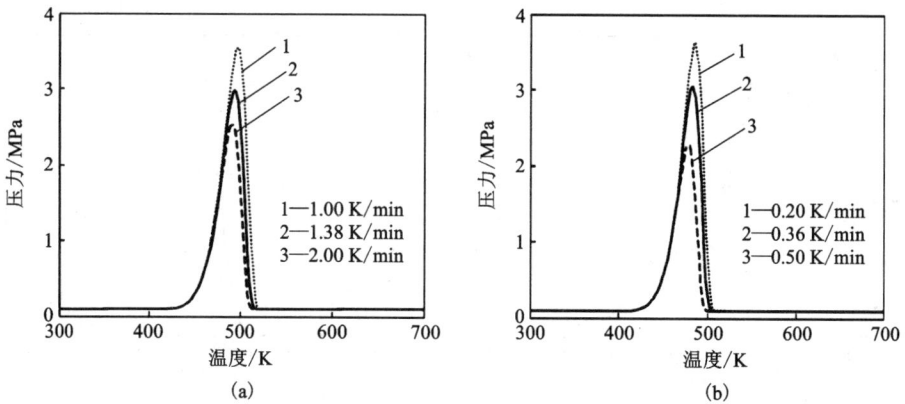

图 3 - 12　热脱脂过程中压坯内部气体压力与脱脂升温速率和压坯直径 ϕ 的关系[33]

(a)$\phi = 0.05$ m；(b)$\phi = 0.1$ m

3.2.3　烧结

烧结是粉末或粉末压坯，在适当的温度和气氛条件下加热所发生的现象或过程。烧结是粉末冶金生产过程中最基本的工序之一，对最终产品的性能起着决定性作用。从经济角度出发，由于烧结是高温操作，且时间较长，是构成产品成本的重要部分。

金属陶瓷惰性阳极材料的烧结取决于陶瓷基体的烧结，因此在保证金属相不发生严重氧化的前提下，如何提高陶瓷基体的烧结性能、获得高致密度的复合烧结体，是金属陶瓷惰性阳极材料烧结研究的重点。常用的陶瓷致密化烧结技术及其特点主要有以下几种。

常压烧结——先将粉末冷压成具有相应几何形状的毛坯，随后在不施加外部压力的条件下进行高温处理，使粉末颗粒间形成冶金结合。根据材料的种类及制品外形尺寸的不同，烧结一般在合适的气氛或真空中进行，以加速颗粒间冶金结合，获得理想的成分组成和物相组成的微结构。常压烧结的优点是设备相对简单、制备成本低、易于制造形状复杂的制品，并便于批量生产，其主要缺点是烧结过程难以快速地获得完全致密的制品。金属陶瓷惰性阳极材料多采用常压烧结工艺，关注的重点是温度制度和烧结气氛的控制。

热压烧结——将粉末或坯件装于热压模具(以高强石墨为主)中，置于热压高温烧结炉内加热，当温度升到预定的温度(一般加热至常压烧结温度或稍低)时，对粉料或坯件施加一定的压力，在短时间内将粉末或坯件烧结成致密、晶粒细小的陶瓷制品。热压的优点是烧结密度高、晶粒尺寸小，可以制得几乎接近理论密度的制品。该种方法的主要问题是生产率较常压烧结低，制品形状和尺寸有一定的限制,多适用有特殊要求尤其是高密度要求的材料。对于金属陶瓷惰性阳极材料而言,尽管有采用热压技术的研究报道,但需考虑石墨模具的碳气氛对陶瓷相的还原和降低材料冷却过程中出现的热应力问题。

热等静压烧结(简称 HIP)——1955 年由美国 Battelle Columbubus 实验室的 Saller、Dayton、Paprocki 等人首先研制成功的。其基本原理以气体作为压力介质,使材料(粉料、坯体或烧结体)在加热过程中经受各向同性的等静压力,借助高温和高压的共同作用促进材料的致密化。采用 HIP 方法制备金属陶瓷材料可大大降低烧结温度,提高材料致密度。

微波烧结——利用微波电磁场中材料的介质损耗(电介质在电场的作用下,把部分电能转化为热能使介质发热),使陶瓷加热至烧结温度而实现致密化的快速烧结新技术。其特点是在加热过程整个体积内同时加热,升温迅速、温度均匀。热等静压烧结和微波烧结金属陶瓷惰性阳极材料的报道较少。

鉴于以上几种烧结技术的优缺点,并结合惰性阳极金属陶瓷材料本身的烧结特点及其相对密度对导电和耐腐蚀等性能的影响,一般认为,从烧结工艺和金属相组成等方面降低金属相颗粒对陶瓷基体烧结的空间位阻作用、添加烧结助剂进行陶瓷活化烧结等措施是实现金属陶瓷惰性阳极充分烧结的主要途径。本节以 $NiFe_2O_4$ 基金属陶瓷体系为代表,主要介绍液相烧结、活化烧结和热压烧结 3 种工艺。

(1)液相烧结

液相烧结是指具有两种或多种组分的粉末或压坯在液相与固相同时存在的状态下烧结。当粉末压坯通过固相烧结难以获得很高的致密度时,如果在烧结温度下,低熔点组元熔化,那么由液相引起的物质迁移比固相扩散快,而且最终液相将填满烧结体内的孔隙,因此可获得高密度、性能好的烧结产品[29]。液相烧结能否顺利完成,取决于同液相性质相关的以下 3 个基本条件[37]。

1)润湿性

液相对固相颗粒表面好的润湿性是进行液相烧结的重要条件之一,对材料致密化、组织与性能的控制影响很大。液相烧结需满足的润湿条件为固相和液相之间的润湿角 θ 小于90°。如果大于90°,烧结时即使生成液相也会出现液相长程流动迁移并产生液相聚集和二次孔洞,甚至出现液相溢出烧结体的现象。

2)溶解度

固相在液相中有一定溶解度不仅可以促进物质进行迁移,而且可以提高液相凝固之后两相之间的界面结合强度。但是,溶解度也不能太大,太大时形成液相过多可能会导致烧结体解体而导致形状改变严重。

3)液相含量

液相烧结的液相含量以烧结后期液体填满固相颗粒间隙为限度。通常液相量以不超过烧结体体积的 35% 为宜。对于用做惰性阳极的金属陶瓷而言，由于陶瓷基体需具有较致密的烧结结构，为避免电解过程中金属相选择性腐蚀溶解后陶瓷相以颗粒形式脱落，金属相（液相）允许的含量应低一些。为保障材料的耐腐蚀性能，在材料具有足够的导电和抗热冲击性能的前提下，液相含量（如 Cu、Cu – Ni 合金熔体）应尽可能低。

NiFe$_2$O$_4$ 基金属陶瓷的液相烧结主要出现在金属相为 Cu 和富 Cu 的 Cu – Ni 合金的材料体系。对于金属相为 Cu 的 NiFe$_2$O$_4$ 基金属陶瓷，由于 Cu 的熔点只有 1083℃，低于陶瓷相基体致密化所需的烧结温度，所以烧结过程金属相以液相形式存在。尽管 Cu 颗粒的熔化及黏性流动有利于 NiFe$_2$O$_4$ 基体的烧结，但研究者发现烧结过程中，尤其在烧结气氛控制不当、氧分压过高的条件下，即使金属相含量低（如 5%（质量分数）），也易出现金属相的聚集和溢出，这是因为金属相与陶瓷之间的润湿性不佳导致的，尤其在氧分压过高的条件下。铜中添加一定量的镍能改善铜合金与许多金属或化合物的润湿性，因此 Cu/NiFe$_2$O$_4$ 金属陶瓷中常常添加一定量的 Ni。中南大学[38]采用在 Cu 粉表面化学镀 Ni 的方法来改善 Cu 相与（NiFe$_2$O$_4$ – 10NiO）陶瓷基体的润湿性，发现金属相初始组成为 20Ni – Cu 的（NiFe$_2$O$_4$ – 10NiO）金属陶瓷具有较好的致密度、电导率和腐蚀性能。在（NiFe$_2$O$_4$ – 10NiO）陶瓷中分别添加 Cu 粉与 20Ni – Cu 包覆粉的烧结体的相对密度如图 3 – 13 所示。在 1250℃、1300℃、1350℃ 烧结温度下，添加 10%（质量分数）20Ni – Cu 粉的金属陶瓷相对密度分别为

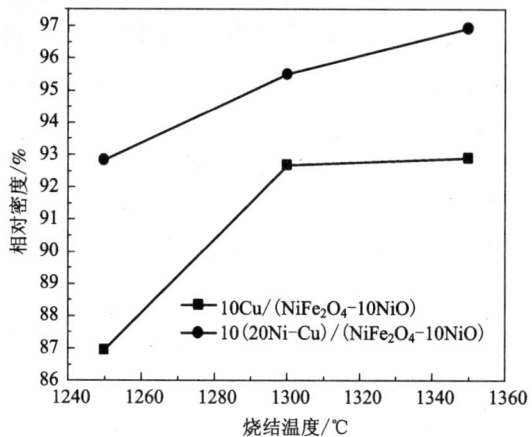

图 3 – 13 以 10% Cu 和 10%（20Ni – Cu）为金属相的 NiFe$_2$O$_4$ 基金属陶瓷的相对密度[38]

92.82%、95.48%、96.91%，比只添加 10%（质量分数）纯 Cu 的金属陶瓷的相对密度 87.02%、92.50% 和 92.60% 分别提高了 5.8%、2.98% 和 4.31%，说明金属相熔体与陶瓷基体润湿性的提高，有利于实现该类金属陶瓷高致密度的烧结。

以氧化物为陶瓷相的金属陶瓷惰性阳极材料的液相烧结机制不同于碳化物基金属陶瓷材料体系，如 WC – Co、TiC – Ni 等硬质合金。后者的陶瓷相与金属相之间存在共晶反应，其烧结致密化主要是通过陶瓷相在共晶熔体中的溶解析出过程来完成；而前者利用金属相的熔化及黏性流动，降低金属相对陶瓷基体烧结的空

间位阻作用，目前所研究的氧化物基金属陶瓷惰性阳极材料体系还没有报道发现陶瓷相和金属相之间存在共晶反应的现象。

（2）活化烧结

活化烧结是通过采取物理或化学措施来增加烧结活性，从而提高烧结速率的一种烧结过程。活化烧结主要有两种途径：一是依靠外界因素活化烧结过程；二是提高粉末的活性，使烧结过程活化[29]。物理活化烧结工艺有：依靠周期性改变烧结温度、施加机械振动、超声波和外应力等促进烧结过程。金属陶瓷惰性阳极材料的活化烧结一般是通过降低烧结过程中流动、扩散、蒸发凝聚等过程的活化能来加快烧结反应的速度，属于化学方法活化烧结，也是金属陶瓷活化烧结的主要方法。

添加烧结助剂是改善陶瓷和金属陶瓷材料性能及其烧结过程的有效手段。加入的烧结助剂主要分为两类：一类是能与陶瓷相反应生成低熔点相并分布于晶界处，促进烧结颈的形成长大，有助于晶界区的扩散传质。另一类是与基体部分元素反应生成新物质，从而在基体中引入晶体缺陷如空位，有助于陶瓷相的体扩散。烧结助剂的主要作用是促进烧结，但由于金属陶瓷惰性阳极的特殊需要，在添加烧结助剂提高材料致密度的同时，不能因第二相的引入而过多降低材料的导电、力学和耐蚀性能。考虑到阳极氧化物添加剂和熔融铝之间置换反应和阴极电化学析出的难易程度（见第 2 章），通常选择 BaO、CaO 和稀土氧化物等作为铁酸盐基金属陶瓷阳极材料的烧结助剂。

中南大学[39, 40]通过研究证明，BaO 掺杂量对 $10NiO-NiFe_2O_4$ 复合陶瓷物相组成、显微结构及致密度具有明显的影响。当 BaO 掺杂量为 0～4%（质量分数）时，烧结样品中主要含 NiO 和 $NiFe_2O_4$ 两相，BaO 与 $10NiO-NiFe_2O_4$ 陶瓷组分反应并形成瞬时液相 $BaFe_2O_4$ 和 $Ba_2Fe_2O_5$，最终 BaO 固溶到基体中，促进致密化烧结，降低了烧结致密化所需温度；但当 BaO 掺杂量为 2% 和 4% 时，陶瓷样品相对密度基本不变。随着烧结温度的升高，样品的电导率逐渐增大。

张勇[41]研究了 CaO 掺杂对 $10NiO-NiFe_2O_4$ 复合陶瓷致密度及导电性能、力学性能的影响。结果表明 CaO 是此陶瓷体系的较理想烧结助剂，当烧结温度为1200℃，CaO 掺杂量为 2% 时，$10NiO-NiFe_2O_4$ 复合陶瓷相对密度达到 98.75%，较之相同温度烧结的未掺杂试样提高 20% 以上，使材料在更低的温度下完成了致密化烧结；而且 CaO 的掺杂显著提高了 $10NiO-NiFe_2O_4$ 复合陶瓷的导电性、抗弯强度及断裂韧性。但是，CaO 的掺杂不利于 $10NiO-NiFe_2O_4$ 复合陶瓷抗热震性能的提高。

另外，通过添加少量 TiO_2[42]或 V_2O_5[43]来改善 $NiFe_2O_4$ 试样的烧结性能，也都得到较好的效果。其中，添加质量分数为 1% 的 TiO_2 粉末，当烧结温度为1250℃时，其烧结活化能由 $NiFe_2O_4$ 样品的 245.36 kJ/mol 降低为 142.71 kJ/mol，起到良好的活化烧结作用。添加 V_2O_5 可通过液相烧结来提高烧结密度，使得样品在冰晶石融盐中的抗腐蚀性明显改善，腐蚀 10 h 后，添加 1.5% V_2O_5 的样品基本完好，腐蚀速率竟然只有无添加剂样品的1/80。

Y_2O_3 和 Yb_2O_3 等稀土氧化物，可以起到细晶强化、净化晶界、固溶强化、自增韧补强等作用，从而提高陶瓷基体的强度和韧性，改善显微结构，提高致密度并提高材料的导电性和力学性能。有报道称[44, 45]，Y_2O_3 对组成为 10Cu + 46.5NiO + 43.5Fe_2O_3 金属陶瓷阳极导电性能的影响明显，它不但改善了 Cu 与氧化物陶瓷基体的润湿性，使 Cu 在陶瓷基体呈网状分布，同时还能够改善材料的结构，添加 Y_2O_3 后，铜相向样品芯部富集。

中南大学[46]研究了 Yb_2O_3 掺杂对 10Cu/10NiO – $NiFe_2O_4$ 金属陶瓷烧结性能的影响。研究发现，Yb_2O_3 的掺杂可以促进该类金属陶瓷的烧结致密化过程，掺杂 0.5% Yb_2O_3、经 1275℃ 烧结 4 h，材料的相对密度达 95% 以上（见表 3 – 4）。Yb_2O_3 可与陶瓷相反应生成 $YbFeO_3$ 相，并由点状逐步汇集成膜的形式分布在陶瓷晶界；适量的掺杂可强化陶瓷基体的烧结，明显改善材料的微观形貌，消除晶界连通孔隙，使基体晶粒粗化长大。但没有出现掺杂 Y_2O_3 那样改变 Cu 与陶瓷相间润湿性的现象，Cu 相仍以不规则、不连续的块状金属颗粒分散于陶瓷基体，如图 3 – 14 所示。稀土氧化物掺杂 $NiFe_2O_4$ 基金属陶瓷的研究结果将在随后章节中重点介绍。

表 3 – 4　Yb_2O_3 掺杂 10Cu/10NiO – $NiFe_2O_4$ 金属陶瓷的相对密度[46]

$w(Yb_2O_3)$ /%	相对密度/%			
	1250℃	1275℃	1300℃	1325℃
0	86.92	93.16	94.40	92.87
0.5	89.75	95.58	94.89	90.71
1.0	90.62	94.85	95.23	88.86
1.5	88.42	95.72	94.74	91.10
2.0	89.99	95.42	95.06	90.34
3.0	91.82	94.76	93.51	89.26

（3）热压烧结

热压是使粉末或压坯在高温下的单轴向压制，从而激活扩散和蠕变现象，在某种程度上来说是一种强化烧结，又称为加压烧结[29]。在加热粉体的同时加压，烧结致密化过程主要取决于颗粒重排和塑性流动，而不是物质的扩散迁移。因此

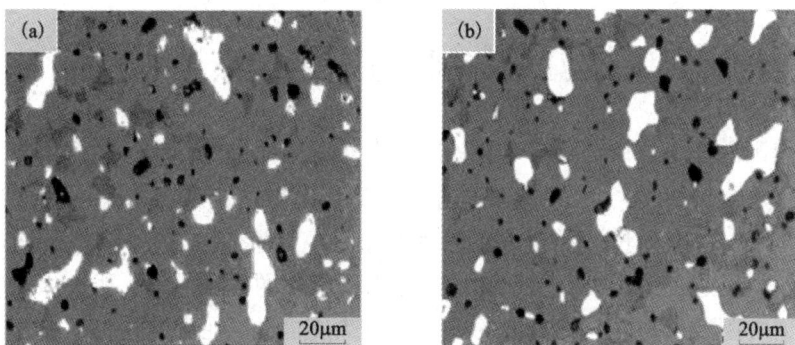

图 3 – 14　1275℃烧结金属陶瓷中 Cu 的分布形貌[46]

（a）未掺杂样品；（b）掺杂 2.0% Yb_2O_3

热压可以大大降低成形压力和缩短烧结时间，得到高密度、细晶粒的烧结制品。对于同一材料，加压烧结与常压烧结相比，不仅所需的烧结温度低很多，而且烧结体中孔隙率也低。另外，由于在较低的温度下烧结抑制了晶粒长大，因此烧结体致密，且具有较高的强度[47]。

张淑婷等[48]采用热压方法制备不同金属 Ag 含量的 $Ag – NiFe_2O_4$ 金属陶瓷试样，并对比了常压和热压样品的体积密度及力学性能，发现热压烧结可以使试样的相对密度提高 12%，抗弯强度提高 63 MPa，腐蚀速率降低近 30%，晶粒尺寸小、致密度高是热压烧结试样性能优越的主要原因。然而

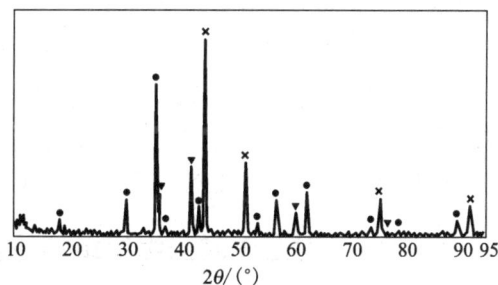

图 3 – 15　热压 $NiFe_2O_4$ 陶瓷表层的 XRD 图谱

×—Ni_3Fe；▼—FeO；●—$(Ni, Fe)Fe_2O_4$

对陶瓷相为过渡金属氧化物或复合氧化物的金属陶瓷惰性阳极材料而言，需要解决热压模具问题，避免模具与氧化物的反应。中南大学[49]对 $NiFe_2O_4$ 陶瓷基体的热压进行了探索，$NiFe_2O_4$ 粉末由高温固相合成后经球磨制得，热压模具材质选用普遍使用的高强石墨，热压过程中的压力约为 20 MPa，温度约为 1150℃。热压后样品表面的陶瓷相在高温下转变为金属，如图 3 – 15 所示。

虽然热压烧结优点明显，但其本身的缺点也限制了它的应用。如对压模材料要求高，且压模寿命短、耗费大，生产效率低等。目前常用的压模为高强度、高密度、高模量的石墨模具，这种模具在高温下常常会使陶瓷相离解，因此热压工

艺没有在金属陶瓷惰性阳极材料的制备上得到广泛应用。

3.3 金属陶瓷显微结构与制备工艺的关系

目前国内外工业铝电解仍采用钠冰晶石熔盐体系作为 Al_2O_3 的溶解介质,电解温度一般在960℃左右,实验室研究的低温铝电解工艺的电解温度虽然可降低至800℃甚至更低,但作为铝电解阳极材料,仍浸入熔盐中,承受着电解质熔体的浸蚀以及电解过程中阳极反应产物原子态氧的氧化的双重挑战。因此,理想的金属陶瓷惰性阳极材料除具有良好的导电和抗热震性外,在微结构上,首先应具有较高的致密度,有效防止电解熔盐的浸渗,从而避免阳极的肿胀脱落。其次,在陶瓷相腐蚀溶解速率低的前提下,金属相不优先腐蚀,或者金属相只发生一定深度的优先腐蚀溶解。更为理想的是,电解过程中阳极组分能与电解质熔体发生化学或电化学反应并在阳极表面形成一定厚度的导电、耐蚀的致密层,该层与基体的界面结合牢固,且随电解的进行,腐蚀溶解和生成可达到动态平衡。基于材料的致密度与组织结构同时影响金属陶瓷惰性阳极的导电性能、力学性能、耐蚀性能,为了获得以上理想的组织结构,国内外研究者在研究材料的优化配比的同时,也开展了系列深入的制备工艺研究。

制备工艺与性能的关系可用材料的显微结构来表征,包括相的种类、数量及结构。粉末处理、成形方式、烧结气氛、温度制度等因素均可改变显微结构从而使材料性能发生很大变化。本节将以铁酸镍基金属陶瓷材料为代表,重点介绍烧结气氛、温度及保温时间、金属相组成对金属陶瓷组织结构的影响。

3.3.1 烧结气氛对金属陶瓷组织结构的影响

金属陶瓷材料的最终组成和微观结构受烧结气氛的影响较大,主要表现在两个方面:当烧结气氛中的氧分压过高时,金属相被氧化,影响阳极试样的电导率;在氧分压过低的惰性或还原性气氛下进行,氧化物陶瓷相常常会发生离解并与金属相反应生成合金,金属相成分发生改变,影响其导电和耐腐蚀性能。

对于铁氧体尖晶石陶瓷,其平衡氧分压随温度的升高而升高。在升温过程中,如果气氛中氧分压的增长幅度低于尖晶石平衡氧分压的增长幅度,会造成尖晶石放氧;当系统温度降低时,如果气氛中氧分压的降低幅度低于尖晶石平衡氧分压的降低幅度,则会出现铁氧体试样吸氧。因此控制烧结气氛不仅可以调节尖晶石相的放氧和失氧程度,进而影响尖晶石晶体中的氧空位浓度,而且可以优化烧结体中金属相的组成与含量。

图 3-16(a)为 Fe-Ni-O 系统1000℃时的平衡相图,图 3-16(b)为镍铁氧

体在 1300℃烧结时,物相、空位浓度与气氛中氧分压的关系,图中粗实线所包围的区域为该温度下 $NiFe_2O_4$ 固溶体在不同氧分压下的平衡区域,细实线为空位浓度常数[50]。该图中粗实线所包围的区域中物相组成可由分子式(3-8)表达,该式给出了阳离子空位浓度 Z 与氧分压及 Ni^{2+} 含量之间的关系。在平衡条件下,当 Ni^{2+} 含量 x 为一定值时,空位浓度随氧分压的升高而升高,而在一定的氧分压条件下,空位浓度随 Ni^{2+} 的含量的增高而降低。

$$Fe^{3+}[Ni_x^{2+} Fe_{1-x-3z}^{2+} Fe_{1+2z}^{3+} \nabla_z]O_4 \qquad (3-8)$$

式(3-8)中方括号内的离子占据尖晶石晶格结构中八面体 B 位,其余占据四面体 A 位,式中 x 的取值在 $0.16 \sim 0.75$ 之间[51]。$NiFe_2O_4$ 是一个非平衡体系,Fe、Ni、O 等离子的含量和 Fe 元素的价态随氧分压的变化而变化,因而其烧结行为及烧结后的材料性能强烈依赖于系统的氧分压值。当烧结气氛控制不当时,陶瓷相甚至完全离解为金属,从而改变整个材料体系的物相组成[52]。当氧分压低于 $NiFe_2O_4$ 的平衡氧分压时,$NiFe_2O_4$ 会发生离解反应而还原成金属 Ni、Fe 及 Ni-Fe 合金[53]。热力学计算表明,$NiFe_2O_4$ 在 1300℃时的理论平衡氧分压为 2.17×10^{-6} Pa。烧结气氛中氧分压的调控,可以利用不同配比的 CO_2-CO、CO_2-H_2、H_2-H_2O 等混合气体,或采用氩、氦、氮等惰性气体混合一定氧气的方法。

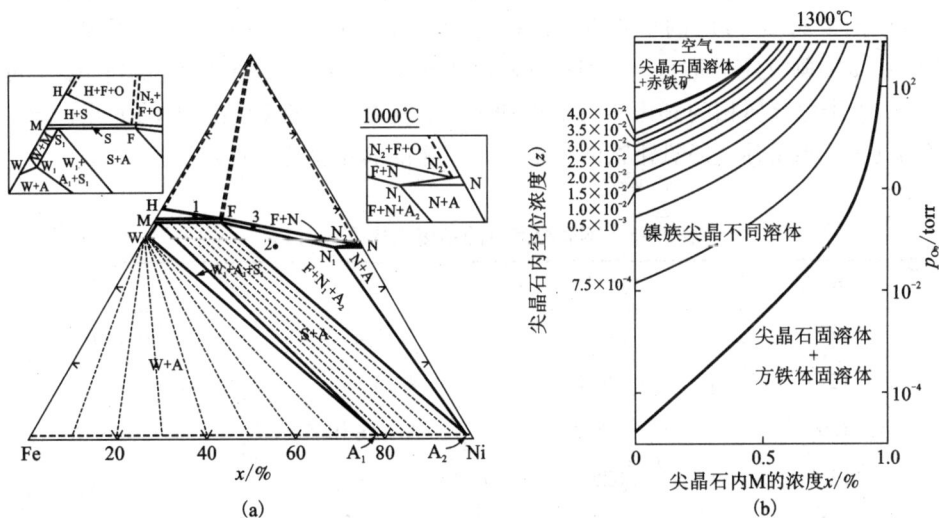

S_1—$Ni_{0.04}Fe_{2.96}O_4$　A_1—79.6Ni20.4Fe　F—$NiFe_2O_4$　N_1—$Fe_{0.13}Nl_{0.87}$　A_2—99.5Ni0.5Fe
N_2—$Fe_xNi_{1-2}O$　W—方铁体　M—磁铁体　H—赤铁矿　N—NiO

图 3-16　Ni-Fe-O 平衡相图[50]
(a)温度为 1000℃；(b)温度为 1300℃

　　然而，轻微失氧有利于 Fe – Ni – O 系统的烧结致密化。氧化物发生氧缺失时，将在材料的晶格中形成氧空位，并成为烧结过程中重要的传质源而有利于烧结的进行。研究表明，$NiFe_2O_4$ 的最佳烧结氧分压为 20 Pa[5,54]，因为在此氧分压下 $NiFe_2O_4$ 不会离解，仍保持尖晶石结构，又能产生足够的氧空位，促进镍铁氧体材料烧结。虽然在此氧分压下金属相会氧化，但由于氧分压仍较低，同时考虑金属相的氧化动力学及金属氧化物可能促进金属相与陶瓷相的烧结连接，因此，目前多数研究均采用这一氧分压气氛进行烧结制备 $NiFe_2O_4$ 基金属陶瓷。

　　烧结气氛氧分压过低时，金属陶瓷材料中的物相就有可能发生改变。如在较低氧分压气氛下烧结制备 $Cu/NiFe_2O_4$ 金属陶瓷，会形成 $Cu_{3.8}Ni$ 和 $Ni(Cu)Fe_2O_4$[20]。

　　以 Cu、Ni 为金属相的 $NiFe_2O_4$ 基金属陶瓷在烧结过程中，可能发生有下列反应：

$$CuO = Cu + \frac{1}{2}O_2 \qquad\qquad (3-9)$$

$$NiFe_2O_4 = NiO + Fe_2O_3 \qquad\qquad (3-10)$$

$$NiO = Ni + \frac{1}{2}O_2 \qquad\qquad (3-11)$$

$$Fe_2O_3 = 2Fe + \frac{3}{2}O_2 \qquad\qquad (3-12)$$

　　表 3 – 5 给出了以上部分反应式在不同温度下的平衡氧分压。当烧结气氛中氧分压低于式(3 – 11)的平衡值时，NiO 分解生成 Ni，由于 Cu – Ni 无限固溶，从而进一步加剧反应的进行，直到建立新的平衡关系。因此，在金属陶瓷的烧结过程中，为避免金属相的氧化和陶瓷相的离解，就必须根据烧结温度的变化，调整烧结气氛的氧分压，使氧化物的分解与金属相的氧化反应缓慢进行。

表 3 – 5　不同温度下的平衡氧分压 p_{O_2} (Pa)

温度/℃	式(3 – 9)	式(3 – 11)	式(3 – 12)
1100	177.88	1.13×10^{-4}	1.20×10^{-7}
1150	426.07	4.73×10^{-4}	6.42×10^{-7}
1200	956.07	1.79×10^{-3}	3.05×10^{-6}
1250	2025.36	—	—
1300	—	2.00×10^{-2}	2.17×10^{-6}

3.3.2　烧结温度及保温时间对金属陶瓷组织结构的影响

一般来说，陶瓷相为氧化物的金属陶瓷惰性阳极材料烧结是在低于陶瓷组元熔点温度下进行的，金属相颗粒孤立分布在陶瓷基体中，因此金属陶瓷的烧结可视为陶瓷基体的固相烧结。依据固相烧结理论，金属陶瓷惰性阳极材料的陶瓷基体烧结过程可分为 3 个界限不十分明显的阶段：黏结阶段、烧结颈长大阶段及闭孔隙球化和缩小阶段。较低温度下进行烧结时，可能只有第一阶段出现，此时颗粒内晶粒不发生变化，外形也基本不变，整个烧结体不发生收缩，密度极微增加；温度升高时，将出现第二和第三阶段，颗粒间距离缩小，晶粒长大，孔隙大量消失，烧结体收缩，试样密度和强度增加，且烧结温度越高后两个阶段的出现就愈早。在相同温度下，烧结时间越长，扩散越充分，对于金属陶瓷烧结性能的提高就越有利。

中南大学[55]研究了烧结温度及保温时间对 $10Cu/NiFe_2O_4$ 金属陶瓷材料相对密度的影响，金属陶瓷的致密度随烧结温度的提高而增加（见表 3-6）；对于 $5Cu/NiFe_2O_4$ 金属陶瓷的烧结而言，保温时间对烧结密度的影响并不明显，在 1100℃ 下，保温时间要从 240 min 延长到 480 min，才能使相对密度从 78.84% 提高到 85.78%（见表 3-7）。显然，提高温度能较快实现该类金属陶瓷的烧结致密化。

表 3-6　不同烧结温度下 $10Cu/NiFe_2O_4$ 金属陶瓷密度（保温时间：240 min）

烧结温度/℃	1050	1100	1150
表观密度/$(g \cdot cm^{-3})$	4.26	4.78	5.19
相对密度/%	74.39	83.48	90.61
纵向收缩率/%	9.52	11.09	12.95

表 3-7　不同保温时间下 $5Cu/NiFe_2O_4$ 金属陶瓷密度（烧结温度：1100℃）

保温时间/min	240	360	480
表观密度/$(g \cdot cm^{-3})$	4.32	4.58	4.70
相对密度/%	78.84	83.59	85.78
纵向收缩率/%	10.42	11.86	12.45

在金属相为 Ni 的 $NiFe_2O_4$ 基金属陶瓷中，烧结温度和烧结时间对材料的致密度影响同样十分明显。图 3-17 和图 3-18 给出了 $5Ni/NiFe_2O_4$ 金属陶瓷相对密

度与烧结温度及保温时间的关系曲线，在保温时间相同的条件下，适当提高烧结温度有利于金属陶瓷材料相对密度的提高，但当温度超过1400℃时，$Ni/NiFe_2O_4$ 相对密度反而低于1300℃时的相对密度。同样，样品的相对密度随保温时间的延长而增加，但当保温时间超过180 min后，样品密度上升趋于平缓。

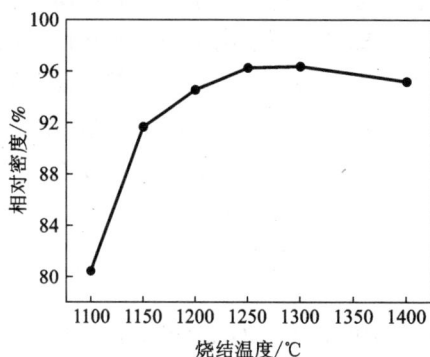

图 3 – 17　烧结温度对 $5Ni/NiFe_2O_4$ 金属陶瓷相对密度的影响[56]（保温时间：240 min）

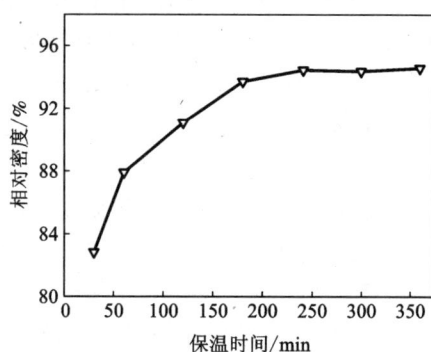

图 3 – 18　烧结时间对 $5Ni/NiFe_2O_4$ 金属陶瓷相对密度的影响[56]（烧结温度：1200℃）

因此，通过控制烧结气氛和烧结温度及保温时间，能够获得高致密度的具有目标物相组成的金属陶瓷惰性阳极材料。

3.3.3　金属相种类和含量对金属陶瓷组织结构的影响

为了提高金属陶瓷阳极的导电性而同时又不过多损害材料的耐腐蚀性能，金属相的选择显得尤为重要。近几十年来，国内外的研究机构对多种金属进行了探索和考察，其中包括单一成分的 Cu、Ni、Fe 和 Ag 以及二元或多元合金等。经过长时间的实验对比研究，Cu 和 Ni 及其合金逐渐成为金属陶瓷材料中金属相的主要研究和选择对象。

从 $NiFe_2O_4$ 作为金属陶瓷基体时起，多数研究者都将 $NiFe_2O_4$ 基金属陶瓷的金属相质量分数确定为17%。本节以金属相含量为17%的 $10NiO – NiFe_2O_4$ 基金属陶瓷作为对象，介绍金属相种类和含量对其致密度的影响。

金属相的特性对 $NiFe_2O_4$ 基金属陶瓷的烧结致密化具有重要影响。一方面，如果金属相熔点高、烧结过程始终为固态时，可以选择较高的烧结温度，加快陶瓷相的物质传输过程以促进陶瓷基体的烧结收缩，同时也降低金属相颗粒黏滞变形的抗力，进而降低其空间位阻作用。另一方面，如果金属相熔点较低，在烧结保温阶段为液态，此时需考虑金属熔体与固相陶瓷基体的界面润湿性，高界面润湿性可以抑制金属熔体的流动迁移，避免二次孔洞的产生与密集分布，密集分布的二次孔洞容易演变成难以消失的大孔洞。抑制金属熔体流动迁移的主要途径有两条：一是提高金属熔体与固相陶瓷基体的界面润湿性，"钉扎"金属熔滴，例如添加某种合金元素、改变烧结气氛等；二是提高金属熔体的黏度和表面张力，使得金属熔体通过狭窄的孔隙通道变得困难，可采用的技术手段除添加合金元素、改变烧结气氛外，降低烧结温度也常被采用。然而烧结温度的降低，减缓了陶瓷基体烧结致密化的进程。

　　为了使 $NiFe_2O_4$ 基金属陶瓷材料在获得较高烧结密度的同时，避免金属相的溢出，以 Cu、Ni 或 Cu – Ni 合金为金属相的金属陶瓷的烧结温度选择在1250～1350℃之间[46]。表 3 – 8 列出了金属相含量17%、在两个温度下烧结 4 h 的 10NiO – $NiFe_2O_4$ 基金属陶瓷的致密度和孔隙率。1350℃ 烧结的 17Ni/(10NiO – $NiFe_2O_4$) 金属陶瓷惰性阳极的平均致密度最高，达到 95.6%；其次是 1250℃ 烧结的 17(Cu – 15Ni)/(10NiO – $NiFe_2O_4$)，为 93.64%；而 1250℃ 烧结 17Cu/(10NiO – $NiFe_2O_4$)致密度最低，仅为 91.03%。对于保温阶段金属相均处于液态的后两组材料，由于 10NiO – $NiFe_2O_4$ 基体中金属态 Ni 与陶瓷基体的润湿性较好，金属相组成为 Cu – 15Ni 的金属陶瓷阳极材料致密度也就相应的高，而对于金属相为 Cu 的金属陶瓷阳极，由于 Cu 与陶瓷基体的润湿性差，在烧结过程中不仅金属熔体易流动迁移，甚至发生如图 3 – 6(b)所示的"溢出"现象，致使相对密度较低。

　　金属熔体的流动迁移特性不仅影响金属陶瓷的烧结密度，也影响金属颗粒在陶瓷基体中的分布和形貌。上述 3 种金属陶瓷试样的 SEM 照片如图 3 – 19 所示，17Ni/(10NiO – $NiFe_2O_4$)材料的孔隙尺寸小和数量少，金属相 Ni 呈均匀的粒状分布；而保温阶段金属相处于液态的两组材料，17(Cu – 15Ni)/(10NiO – $NiFe_2O_4$)和17Cu/(10NiO – $NiFe_2O_4$)，金属陶瓷的金属相颗粒呈不规则形貌分布，没有前一种材料中 Ni 颗粒均匀分布的特征，且孔洞相对较多。在金属相为纯铜的试样中，孔隙密集分布特征更明显，金属相条状形貌更突出，这些特征表明烧结过程纯铜金属熔体的流动迁移程度高于 Cu – 15Ni 熔体。

　　然而金属相的空间位阻作用对金属陶瓷的烧结致密化并非始终不利，研究发现，加入适量的金属粉末有利于该类金属陶瓷的烧结。

　　表 3 – 9 和图 3 – 20 给出了不同金属相含量的 Ni/(10NiO – $NiFe_2O_4$)、Cu/(10NiO – $NiFe_2O_4$)和(Cu – 15Ni)/(10NiO – $NiFe_2O_4$)金属陶瓷的相对密度。添加 5% 的金属 Cu 就使得材料的致密度由纯陶瓷的 92.96% 提高到 95.6%。少量 Ni 也有利于 Ni/(10NiO – $NiFe_2O_4$)金属陶瓷烧结密度的提高，并且在 Ni 含量为 5%～20% 的范围内，Ni/(10NiO – $NiFe_2O_4$)金属陶瓷的密度随 Ni 含量的增加而降低，5% Ni/(10NiO – $NiFe_2O_4$)金属陶瓷的烧结密度最高，达到了 98.7%。金属相为 Cu – 15Ni 的金属陶瓷烧结密度变化趋势与金属相为 Cu 和 Ni 的基本一致，都是呈先升高后降低的变化趋势。

表 3 – 8　17M/(10NiO – NiFe$_2$O$_4$)金属陶瓷的烧结密度[20]

金属相种类及含量	烧结温度/℃	体积密度/(g·cm^{-3})	相对密度/%	孔隙率/%	平均相对密度/%
Ni, 17%	1350	5.86	95.76	3.69	95.60
		5.85	95.41	3.81	
		5.88	95.63	3.36	
Cu, 17%	1250	5.69	91.03	6.66	91.03
		5.69	90.85	6.65	
		5.68	91.21	6.83	
Cu – 15Ni, 17%	1250	5.87	93.64	6.46	93.64
		5.86	93.62	6.78	
		5.84	93.66	6.34	

图 3 – 19　NiFe$_2$O$_4$ 基金属陶瓷的 SEM 照片[20]

(a)17Cu/(10NiO – NiFe$_2$O$_4$); (b)17(Cu – 15Ni)/(10NiO – NiFe$_2$O$_4$); (c)17Ni/(10NiO – NiFe$_2$O$_4$)

表 3 - 9　不同金属相含量金属陶瓷致密度的平均值

金属相含量/%	相对密度/%		
	Ni	Cu	Cu - 15Ni
0	92.9	92.9	92.9
5	98.7	95.7	94.8
10	96.2	93.0	94.8
15	95.6	91.3	94.3
17	95.3	91.0	93.6
20	93.7	91.2	92.3

注：金属相为 Ni 的样品的烧结工艺为 1350℃ ×4 h；金属相为 Cu 和 Cu - 15Ni 时的烧结工艺为 1250℃ ×4 h。

适量加入金属粉末可促进 $NiFe_2O_4$ 基金属陶瓷烧结，有两个方面的原因：一方面，烧结过程中金属相的轻微氧化降低了气氛中的氧分压，导致 $NiFe_2O_4$ 相的失氧，出现 3.3.1 节所阐述的烧结气氛调控材料烧结行为的作用。当烧结体的孔隙转变为闭孔之后，这一作用尤为重要，因为气氛的氧分压对材料内部的烧结行为几乎也不起作用。另一方面，金属相与陶瓷基体在烧结过程中存在着某些反应。

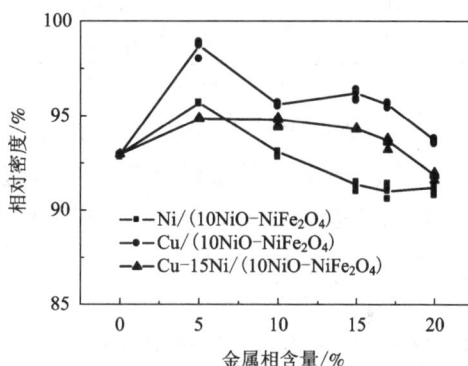

图 3 - 20　3 种金属陶瓷的金属相含量与致密度的关系 (1300℃ ×4 h)

图 3 - 21 给出金属相组成为 Cu - 10Ni、加入量为 17% (质量分数) 的 $NiFe_2O_4$ - 10NiO 基金属陶瓷烧结态 (1300℃ ×4 h) 的 SEM 照片。图中可见，$NiFe_2O_4$ 相晶粒尺寸为 30 ~ 40 μm，还存在形状不规则的 NiO 相、尺寸 10 ~ 25 μm 的金属相颗粒，在相界出现不规则的孔洞。金属相颗粒内部含深色析出物，金属相和 NiO 相颗粒未形成连

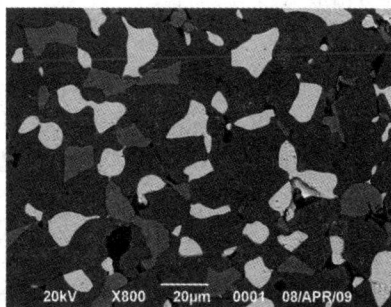

图 3 - 21　17 (Cu - 10Ni) - ($NiFe_2O_4$ - 10NiO)
金属陶瓷烧结态的 SEM 照片

通的网络结构。对 SEM 图片进行定量金相处理, 结果显示 NiO 相、金属相的体积分数均为 $(21.2 \pm 1.5)\%$, NiO 相远高于相应名义含量值 7.15%, 金属相颗粒体积分数高于理论值的 11.21%。3 种物相成分(由 EDS 获得)见表 3 - 10。金属相含有 $x(Fe)4.29\%$ 和 $x(Ni)25.10\%$, 镍含量远高于 Cu - Ni 金属粉末原料的含量 10%(质量分数); (Ni, Fe)O 相平均含有 8.29% 的 Fe; $NiFe_2O_4$ 相中的 Fe/Ni 原子比达 2.91, 远高于理论结构的比值 2。

表 3 - 10　17(Cu - 10Ni) - (NiFe₂O₄ - 10NiO)金属陶瓷烧结态的 EDS 物相成分(x/%)

物相名称	Cu	Ni	Fe	O	Ni/Cu	Fe/Ni
金属相	66.68	25.10	4.29	3.93	0.376	—
NiO	0.53	46.86	8.29	44.32	—	0.177
NiFe₂O₄	—	12.28	35.77	51.96	—	2.91

类似的现象也出现在 Alcoa[5]、Olsen 和 Thonstad[15] 的 EPMA 研究结果中。Alcoa[5]认为(他们添加的金属粉末为纯铜)金属相中 Ni 的出现和 NiO 相中 Fe 的进入, 是由于在烧结过程中 Cu、NiO 和 $NiFe_2O_4$ 3 种物相间发生如下的交换反应:

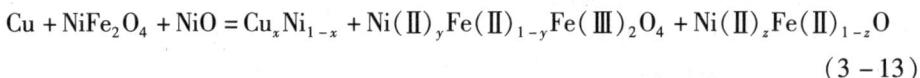

$$Cu + NiFe_2O_4 + NiO = Cu_xNi_{1-x} + Ni(II)_yFe(II)_{1-y}Fe(III)_2O_4 + Ni(II)_zFe(II)_{1-z}O$$

$$(3 - 13)$$

该反应虽能解释烧结过程中各物相的成分变化, 但该反应的正确性有待验证。该反应中, 反应物中 $NiFe_2O_4$ 部分 Fe^{3+} 和 NiO 的部分 Ni^{2+} 均被还原, 但什么物质被氧化? Olsen 和 Thonstad[15] 认为金属相中 Ni 含量的升高可能是由于有机溶剂和添加剂分解的残炭导致的氧化物相的碳热还原。虽然残炭的产生及其对陶瓷的碳热还原是陶瓷材料烧结过程很普遍的现象, 但是微量的残炭不足以产生如此大的物相成分变化。

根据 Fe - Ni - O 体系相平衡关系的研究结果[52]和 Cu - O 相图[57]可以为 NiO 相中高 Fe 含量, 金属相中 Ni 含量的升高和 Fe、O 元素的出现提供另一种解释。Rhamdhani 等[52]对 Fe - Ni - O 体系在 800～1600℃区间、不同氧分压下的相平衡关系的研究发现, 在 Fe_2O_3 - NiO 伪共晶体系, 铁元素在(Ni, Fe)O 相中溶解度随氧分压的降低和温度的升高而升高。例如, 1200℃(未进行 1300℃物相关系的研究)时 $\lg p_{O_2}$ 为 -3, 即氧含量约 10 Pa 时, 这一气氛与上述金属陶瓷烧结气氛和 Alcoa[5]报道的最利于 $NiFe_2O_4$ 基金属陶瓷烧结致密化的氧分压接近, (Ni, Fe)O 相中 Fe/(Ni + Fe)比值达 0.2, 大气下该比值稍有降低, 即陶瓷粉末的 1200℃ 焙烧处理、金属陶瓷 1300℃气氛烧结过程中, NiO 相中固溶了相当高的 Fe 的氧化物, 冷却过程中 Ni - Fe - O 化合物($NiFe_2O_4$ 尖晶石相)析出不充分、或析出物弥散分布在(Ni, Fe)O 相颗粒内部, 将出现烧结组织中(Ni, Fe)O 相含量高于理论值、微成分分析结果的高 Fe 含量。长时间退火处理可使(Ni, Fe)O 相颗粒内部的 Ni – Fe – O 析出物充分析出并长大, 该现象将在随后的章节中重点阐述。根据二元相图[57], 1300℃下 Cu 熔体可分别溶解 $x(O)$ 约14%、$x(Fe)$ 约10%, 1300℃熔点的 Cu – Ni 熔体的 $x(Ni)$ 含量约为45%, 除碳热反应使部分 $NiFe_2O_4$ 和(Ni, Fe)O 相还原成金属进入金属熔体外, 烧结过程中金属熔体对陶瓷相的溶解, 也是烧结组织中金属相含量高于理论值、微成分分析结果高 Fe 和高 Ni 含量的原因。

尽管学者们对金属陶瓷惰性阳极材料, 尤其是 $NiFe_2O_4$ 基金属陶瓷的制备进行了大量的研究, 但要获得目标的组织结构、物相组成仍有许多细致的工作需要深入开展, 进一步提升材料的电极性能。

参 考 文 献

[1] Ray S P, Rapp R A. Composition suitable for inert electrode. US, 4455211[P]. 1984.

[2] Augustin C O, Sen U. A Green Anode for Aluminium Production [C]// Incal'98. International Conference on Aluminium. New Delhi, 1998: 173 – 176.

[3] Augustin C O, Srinivasan L K, Srinivasan K S. Inert anodes for environmentally clean production of aluminium – part I[J]. Bulletin of Electrochemistry, 1993, 9(8/10): 502 – 503.

[4] Takahashi M, Ota K. Process behaviour of $Ni_xFe_{3-x}O_4$, $Zn_xFe_{3-x}O_4$ and $Co_xFe_{3-x}O_4$ spinel in KCl – NaCl molten elecrtolyte [C]// 1st international symposium on moltensalts chemistry and technology. Tokyo, 1983: 219.

[5] Weyand J D, Ray S P, Baker F W, et al. Inert anode for aluminium smelting(final report) [R]. Washington D. C: Aluminum Company. of America, 1986.

[6] Galasiu R, Galasiu I, Popa N, et al. Inert anodes for aluminium electrolysis: variation of the properties of nickel ferrite ceramics as a function of the way of preparation [C]// Haarberg G M, Solhcim A. Eleventh International Aluminium Symposium. Norway, 2001: 133 – 136.

[7] Raghavan V. Phase diagrams of ternary iron alloys: ternary systems containing iron and oxygen[M]. Calcutta: Indian Institute of Metals, 1988.

[8] Novelo F, Valenzuela R. On the reaction kinetics of nickel ferrite from iron and nickel oxides[J]. Materials Research Bulletin, 1995, 30(3): 335 – 340.

[9] Elwell D, Griffiths B A, Parker R. Electrical conduction in nickel ferrite[J]. British Journal of Applied Physics, 1966, 17(5): 587 – 593.

[10] Parker R. The solubility of nickel in nickel ferrite[J]. Journal of Physics and Chemistry of Solids, 1961, 21(1/2): 76 – 80.

[11] Jonker G H. Analysis of the semiconducting properties of cobalt ferrite[J]. Journal of Physics and Chemistry of Solids, 1959, 9(2): 165 – 175.

[12] 张刚, 李劼, 赖延清, 等. 烧结气氛对 Ni – Fe 尖晶石陶瓷致密化和导电性能的研究[J].

功能材料, 2005, 36(11): 1709 - 1711.

[13] 张雷. 铝电解用 $NiFe_2O_4/M$ 型金属陶瓷惰性阳极材料制备与性能研究[D]. 长沙: 中南大学粉末冶金研究院, 2006.

[14] Thonstad J, Olsen E. Cell operation and metal purity challenges for the use of inert anodes[J]. JOM, 2001, 53(5): 36 - 38.

[15] Olsen E, Thonstad J. Nickel ferrite as inert anodes in aluminium electrolysis: part Ⅰ - material fabrication and preliminary testing[J]. Journal of Applied Electrochemistry, 1999, 29(3): 293 - 299.

[16] Olsen E, Thonstad J. Nickel ferrite as inert anodes in aluminium electrolysis: part Ⅱ - material performance and long - term testing[J]. Journal of Applied Electrochemistry, 1999, 29(3): 301 - 311.

[17] 于先进, 邱竹贤, 于亚鑫. 铁锌、铁镍尖晶石材料的高温导电性[J]. 中国陶瓷, 1998, 34(1): 14 - 15.

[18] Chin P, Sides P J, Keller R. The transfer of nickel, iron, and copper from hall cell melts to molten aluminum[J]. Canadian Metallurgical Quarterly, 1996, 35(1): 61 - 68.

[19] 李枝林. 金属相对 $(NiFe_2O_4 + 10NiO)$ 基金属陶瓷的影响[D]. 长沙: 中南大学粉末冶金研究院, 2007.

[20] 张刚. $NiFe_2O_4 - 10NiO$ 基金属陶瓷的致密化和强韧化行为及其 4 kA 级工程试验研究[D]. 长沙: 中南大学冶金科学与工程学院, 2007.

[21] 杨建红, 王化章, 刘业翔, 等. 铝电解用 $NiO - NiFe_2O_4$ 基金属陶瓷的制备和性能研究[J]. 中南矿冶学院学报, 1993, 24(3): 326 - 331.

[22] Lai Y Q, Zhang Y, Tian Z L, et al. Effect of adding methods of metallic phase on microstructure and thermal shock resistance of Ni/(90NiFe_2O_4 - 10NiO) cermets[J]. Transactions of Nonferrous Metals Society of China, 2007, 17(4): 681 - 685.

[23] 黄立新, 王宗濂, 唐金鑫. 我国喷雾干燥技术研究及进展[J]. 化学工程, 2001, 29(2): 51 - 55.

[24] 樊增钊, 顾中华. $β'' - Al_2O_3$ 喷雾干燥粉料的组成对陶瓷显微结构的影响[J]. 硅酸盐通报, 1999, 18(2): 3 - 5.

[25] 卢旭晨, 徐廷献, 李金有, 等. ZrO_2 粉料喷雾造粒颗粒的形貌, 显微结构及其成形性能[J]. 硅酸盐学报, 1997, 25(3): 364 - 367.

[26] 曹卓远, 张雷, 祖利国, 等. 喷雾干燥工艺对 $NiFe_2O_4 - 10NiO/xM$ 型复合陶瓷粉料特性的影响[J]. 粉末冶金材料科学与工程, 2010, 15(4): 367 - 372.

[27] 秦庆伟, 赵恒勘, 赖延清, 等. $NiFe_2O_4$ 陶瓷的制备及其在 $Na_3AlF_6 - Al_2O_3$ 中的溶解性研究[J]. 矿产保护与利用, 2003(3): 39 - 43.

[28] 张淑婷, 姚广春, 刘宜汉, 等. 金属 Ag 对 $NiFe_2O_4$ 尖晶石性能的影响[J]. 功能材料, 2004, 35(增刊): 3231 - 3234.

[29] 黄培云. 粉末冶金原理[M]. 第 2 版. 北京: 冶金工业出版社, 1997.

[30] Kopylov Y L, Kravchenko V B, Komarov A A, et al. Nd: Y_2O_3 nanopowders for laser ceramics[J].

Optical Materials, 2007, 29(10): 1236 – 1239.

[31] Zhang Y, Zhang J, Han J, et al. Large – scale fabrication of lightweight Si/SiC ceramic composite optical mirror[J]. Materials Letters, 2004, 58(7/8): 1204 – 1208.

[32] 李宇春, 田忠良, 李志友, 等. 粉浆浇注法制备较大尺寸金属陶瓷材料的试验研究[J]. 粉末冶金材料科学与工程, 2003, 8(1): 75 – 79.

[33] 刘建元, 张雷, 李志友, 等. 金属陶瓷惰性阳极压坯的热脱脂工艺[J]. 中南大学学报: 自然科学版, 2008, 39(5): 980 – 986.

[34] Feng K, Lombardo S J. Modeling of the pressure distribution in three – dimensional porous green bodies during binder removal [J]. Journal of the American Ceramic Society, 2003, 86(2): 234 – 240.

[35] Leo C K L, Peters B, Krueger D S, et al. Role of length scale on pressure increase and yield of poly (vinyl butyral) – barium titanate – platinum multilayer ceramic capacitors during binder burnout[J]. Journal of the American Ceramic Society, 2000, 83(11): 2645 – 2653.

[36] Shivashankar T S, German R M. Effective length scale for predicting solvent – debinding times of components produced by powder injection molding[J]. Journal of the American Ceramic Society, 1999, 82(5): 1146 – 1152.

[37] Camp J M I, Francis C B. The making, shaping and treating of steel[M]. Pittsburgh: United States Steel, 1951.

[38] 何汉兵. $NiFe_2O_4$ – 10NiO 基陶瓷的致密化、导电和腐蚀性能研究[D]. 长沙: 中南大学粉末冶金研究院, 2009.

[39] 何汉兵, 黄伯云, 李志友, 等. BaO 掺杂对 10NiO – $NiFe_2O_4$ 复合陶瓷烧结致密化的影响[J]. 中国有色金属学报, 2008, 18(5): 851 – 855.

[40] 何汉兵, 周科朝, 李志友, 等. 烧结温度对 BaO – 10NiO – $NiFe_2O_4$ 复合陶瓷导电性能的影响[J]. 功能材料, 2008, 39(9): 1462 – 1465.

[41] 张勇. 10NiO – $NiFe_2O_4$ 基金属陶瓷的低温烧结致密化[D]. 长沙: 中南大学冶金科学与工程学院, 2007.

[42] 焦万丽, 张磊, 姚广春, 等. $NiFe_2O_4$ 及添加 TiO_2 的尖晶石的烧结过程[J]. 硅酸盐学报, 2004, 32(9): 1150 – 1153.

[43] 席锦会, 姚广春, 刘宜汉, 等. V_2O_5 对镍铁尖晶石烧结机理及性能的影响[J]. 硅酸盐学报, 2005, 33(6): 683 – 687.

[44] 王传福, 李国勋, 屈树岭, 等. 添加 Y_2O_3 对含铜金属陶瓷结构的影响[J]. 中国稀土学报, 1993, 11(2): 127 – 130.

[45] Wang C F, Li G X, Qu S L, et al. Effect of adding Y_2O_3 in cermet electrodes on the electrical conductivities[J]. Rare Metals, 1992, 11(4): 255 – 259.

[46] 谭占秋. $NiFe_2O_4$ 基金属陶瓷材料的稀土掺杂研究[D]. 长沙: 中南大学粉末冶金研究院, 2009.

[47] 李世普. 特种陶瓷工艺学[M]. 武汉: 武汉工业大学出版社, 1990.

[48] 张淑婷, 姚广春, 刘宜汉, 等. 常、热压烧结 $NiFe_2O_4$/Ag 金属陶瓷性能比较[J]. 功能材

料, 2005, 36(3): 371 – 373.

[49] 秦庆伟, 张刚, 赖延清, 等. 烧结工艺对铝电解 $NiFe_2O_4$ – Cu 金属陶瓷阳极性能的影响[J]. 武汉科技大学学报: 自然科学版, 2006, 29(5): 436 – 439.

[50] Reser M K, Levin E M, MacMurdie H F. Phase diagrams for ceramists[M]. Columbus, Ohio: American Ceramic Society, 1975.

[51] Kishi T, Nagai T. Anodic oxidation of nickel ferrous ferrite electrodes[J]. Surface Technology, 1985, 15(3): 199 – 206.

[52] Rhamdhani M A, Hayes P C, Jak E. Subsolidus phase equilibria of the Fe – Ni – O System[J]. Metallurgical and Materials Transactions B, 2008, 39(5): 690 – 701.

[53] 张雷, 周科朝, 李志友, 等. 气氛对 $NiFe_2O_4$ 陶瓷烧结致密化的影响[J]. 中国有色金属学报, 2004, 14(6): 1002 – 1006.

[54] Weyand J D. Manufacturing processes used for the production of inert anodes [C]// Miller R E. Light Metals. Warrendale, Pa: TMS, 1986: 321 – 339.

[55] 秦庆伟. 铝电解惰性阳极及腐蚀速率预测研究[D]. 长沙: 中南大学冶金科学与工程学院, 2004.

[56] 田忠良. 铝电解 $NiFe_2O_4$ 基金属陶瓷惰性阳极及其 3 kA 电解试验相关工程技术研究[D]. 长沙: 中南大学冶金科学与工程学院, 2005.

[57] 长崎诚三, 平林真. 二元合金状态图集[M]. 刘安生, 译. 北京: 冶金工业出版社, 2004.

第 4 章　铁酸镍基金属陶瓷惰性阳极的力学与导电性能

　　铝电解惰性阳极的应用不但要求其具有较好的耐腐蚀性能，也要求其具有较好的导电性能和力学性能。优良的导电性能是对阳极材料的基本要求之一，由于 $NiFe_2O_4$ 的导电性能较差，在金属陶瓷惰性阳极材料的设计过程中，要求金属成分的加入在改善材料的导电性能的同时，能够对硬脆的陶瓷基体起到强韧化作用，而 NiO 的加入在改善材料抗腐蚀性能的同时也可作为第二相粒子，在一定程度上起到弥散强化的作用。就现行铝电解工艺而言，惰性阳极需要工作于 $900 \sim 960℃$ 的温度范围内，阳极坯体大部分浸入电解液，其余部分位于电解质之上并与阳极钢棒相连接，这将在阳极内部产生较大的温度梯度，并在阳极内部产生热应力，因而要求阳极具有较好的机械强度。此外，阳极在预热转移及更换过程中，将经受较大的热冲击作用，极易造成材料出现开裂、断裂现象，因而要求其具有较好的抗热震性能。作为惰性阳极材料研究的关键问题，本章将重点介绍铁酸镍基金属陶瓷惰性阳极材料的力学和导电性能。

4.1　$NiFe_2O_4$ 基金属陶瓷的力学性能

　　金属陶瓷材料的力学性能主要与陶瓷基体的晶粒尺寸、孔隙率、金属相的弥散程度及其与陶瓷基体的结合状况等因素有关。铁酸镍基金属陶瓷惰性阳极以 $NiFe_2O_4 + 10NiO$ 为陶瓷基体相，Cu、Ni、Ag 及其合金为金属相。为提高铁酸镍基金属陶瓷材料的抗热震性和力学性能，国内外研究者主要采取向陶瓷基体中添加氧化物和调节金属相的含量及种类两种途径。

4.1.1　添加剂对 $NiFe_2O_4$ 基金属陶瓷力学性能的影响

　　陶瓷材料的力学性能尤其是强韧性对其显微结构非常敏感，相的种类、数量、形状、晶粒的特征（大小、形状、分布取向）等的变化都可能带来性能方面的突变。因此，合理调控材料的显微结构可以达到提高材料强韧化的目的。氧化物添加剂不仅能促进铁酸镍基金属陶瓷的烧结致密化进程，还可起到减小晶粒尺寸、改善金属相与陶瓷相的界面结合强度等作用，是一种改善材料力学性能的有效方法。

　　（1）MnO_2、TiO_2 和 V_2O_5 对 $NiFe_2O_4$ 基金属陶瓷力学性能的影响

氧化物添加剂通过降低气孔率和细化晶粒可有效增强陶瓷基体的力学性能。席锦会等[1]采用粉末冶金方法在1200℃下烧结6 h制备了MnO_2、TiO_2、V_2O_5掺杂的镍铁尖晶石惰性阳极材料。研究发现添加MnO_2可提高材料的抗弯强度和抗热震性能，而添加TiO_2和V_2O_5会导致材料力学性能的降低。当MnO_2添加量的质量分数为1.0%时，材料的性能最好，抗弯强度由45.34 MPa增加到52.36 MPa，抗热震循环次数也由2次增加到3次。观察材料的显微结构发现，添加MnO_2可降低材料的气孔率，同时还可使晶粒细小且粒径分布均匀；而TiO_2和V_2O_5的添加虽然也可以降低材料的气孔率，但会导致晶粒增大，从而降低材料的力学性能。热震性是材料抵抗热应力作用的能力，而热应力大小不仅与材质有关，而且受温度梯度、各组分热膨胀系数、孔隙率等因素的影响。研究样品的断口形貌发现，添加MnO_2可使试样的微观结构中产生许多微小的裂纹，这些微裂纹可以吸收部分形变能量，起到缓解热应力的作用，从而表现出较好的抗热震性；而添加TiO_2会导致晶粒尺寸增大，V_2O_5会导致材料在晶界处形成封闭气孔，形成裂纹增殖源，增大裂纹扩展速率，从而使抗热震性能变差。通过对实验结果的对比发现，在这3种添加剂中只有添加MnO_2才能够改善镍铁尖晶石惰性阳极材料的抗弯强度和抗热震性。

(2)Yb_2O_3和CeO_2对$NiFe_2O_4$基金属陶瓷力学性能的影响

中南大学以$10NiO - NiFe_2O_4$为金属陶瓷惰性阳极材料的陶瓷相，在其中添加10%(质量分数，下同)的Cu粉末以及0.5%、1.0%、1.5%、2.0%、3.0%含量的稀土Yb_2O_3粉末，研究Yb_2O_3掺杂对材料力学性能的影响。图4-1所示是1300℃烧结的不同Yb_2O_3掺杂量的$10Cu/10NiO - NiFe_2O_4$金属陶瓷试样的室温抗弯强度。研究结果表明，掺杂Yb_2O_3后，材料的抗弯强度随掺杂量的增加先增大后减小；掺杂0.5% Yb_2O_3样品的抗弯强度

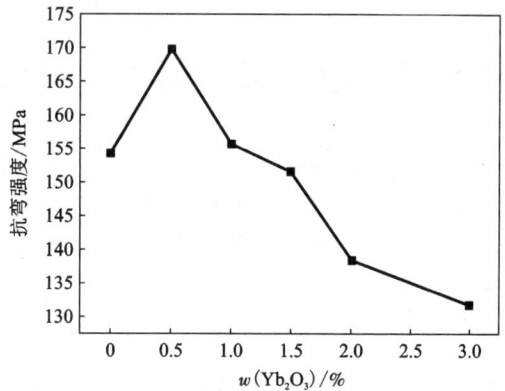

图4-1　1300℃烧结的不同Yb_2O_3
掺杂量的样品室温抗弯强度

较高，达到了169.6 MPa，比未掺杂样品的154.3 MPa高出10%，也远高于其他掺杂量的样品。

图4-2所示为1300℃烧结的掺杂Yb_2O_3前后的样品断口形貌。材料内较大晶粒上存在的台阶状平行条纹是穿晶断裂所致，而大多数高低不平的晶界面往往是晶界断裂的结果，尤其是在金属与陶瓷的相界面处，由于两者的结合性较差而

更易在晶界处发生断裂。从图中可以看出，未掺杂样品中基本没有穿晶断裂现象，而掺杂后的试样中则同时存在穿晶和沿晶断裂两种失效方式，这表明掺杂后的陶瓷相之间的界面结合强度得到了强化。在 1300℃ 烧结时，掺杂 Yb_2O_3 的样品致密度与未掺杂样品的基本一致，但 Yb_2O_3 掺杂后生成的 $YbFeO_3$ 相均匀分布于尖晶石相的晶界处，明显改善了晶粒间的结合状况，故 0.5% Yb_2O_3 掺杂可明显提高陶瓷基体相界面的结合强度，穿晶断裂现象较普遍。但随 Yb_2O_3 掺杂量的增加，陶瓷相晶粒开始长大，且当掺杂量较多时材料内的气孔也开始长大，出现反致密化烧结，当外力存在时，较大气孔可能由于应力集中而发展为断裂源，使材料的强度降低。因此，$10Cu/10NiO - NiFe_2O_4$ 金属陶瓷试样的抗弯强度在 Yb_2O_3 含量为 0.5% 时较大，继续增加 Yb_2O_3 掺杂量，尤其是达到 2.0% 以上，材料的反致密化烧结使材料的抗弯强度减小。

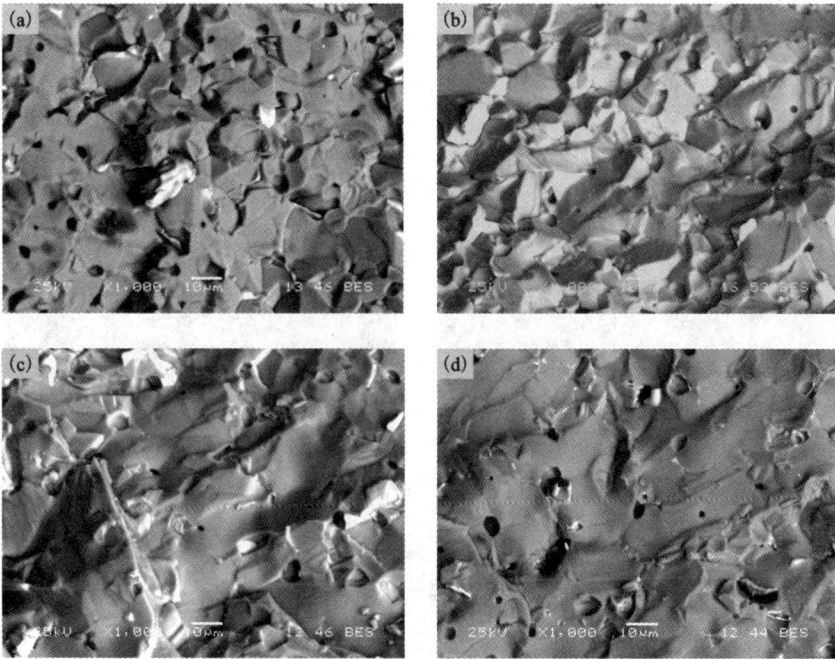

图 4 - 2　1300℃烧结的不同 Yb_2O_3 掺杂量的样品断口形貌

(a)未掺杂；(b)0.5% Yb_2O_3；(c)1.0% Yb_2O_3；(d)2.0% Yb_2O_3

添加适量的 CeO_2 可促进烧结、降低气孔率和改善晶界界面结合状况，从而改善铁酸镍基金属陶瓷材料的力学性能。不同 CeO_2 掺杂量的 $10Cu/10NiO - NiFe_2O_4$ 金属陶瓷试样的室温抗弯强度如表 4 - 1。从表中可以看出，掺杂 CeO_2 后材料的抗弯强度随掺杂量的增加先增大后减小。掺杂 0.5% CeO_2 样品的抗弯强度较高，可以达到 187.8 MPa，比未掺杂样品的 154.3 MPa 提高 21%；但之后随着掺杂量的继续增加，试样的强度开始呈下降趋势，掺杂 1.5% CeO_2 后样品的抗弯强度降为 128.1 MPa。

表 4 - 1   1300℃烧结的不同 CeO_2 掺杂量样品的室温抗弯强度

$w(CeO_2)/\%$	无	0.5	1.0	1.5	2.0
抗弯强度/MPa	154.3	187.8	165.7	128.1	150.7

图 4 - 3 所示为 1300℃烧结的不同 CeO_2 掺杂量样品的断口 SEM 形貌，亮白色的球状或形状不规则的团状物质为掺杂的 CeO_2 相。从图中可以看出，掺杂 CeO_2 样品内基本无连通气孔存在，仅有少量孤立的球形气孔；随掺杂量的提高，晶粒逐渐长大且变得均匀。掺杂 CeO_2 的样品致密度比未掺杂样品略有增加，晶界处气孔减少，晶界界面结合状况改善，界面结合强度提高，故掺杂 CeO_2 可以提高材料的抗弯强度。但随掺杂量的增加，陶瓷相晶粒开始粗化，掺杂的 CeO_2 开始在材料晶界处聚集，而且当 CeO_2 掺杂量较多时材料内也易生成较大的二次气孔，这些二次气孔

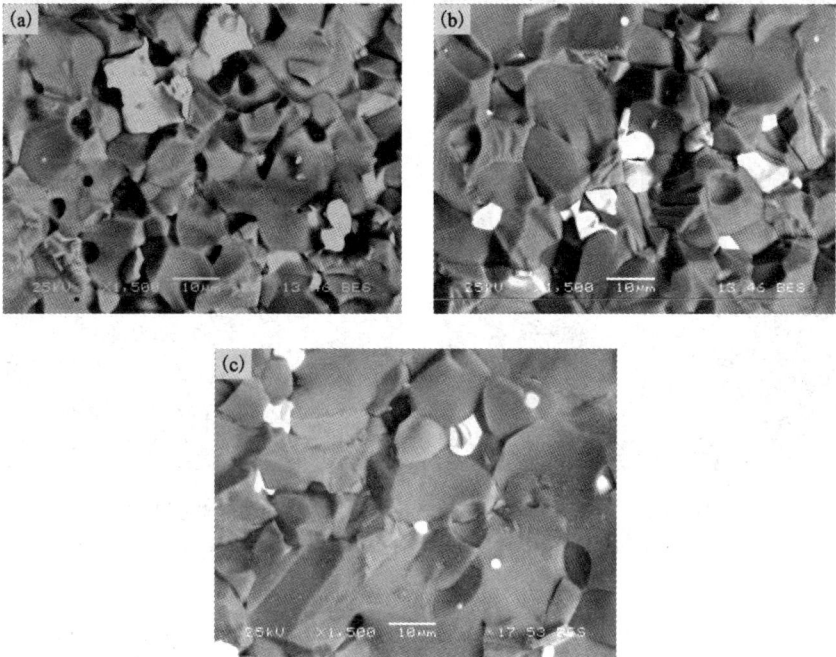

图 4 - 3   1300℃烧结的不同 CeO_2 掺杂量的样品断口形貌

(a)未掺杂；(b)1.0% CeO_2；(c)2.0% CeO_2

成为材料应力集中的地方并在样品受力时发展为断裂源，这些因素都不利于材料强度的提高，因此当掺杂量较高时试样的抗弯强度反而降低。通过研究掺杂稀土氧化物 Yb_2O_3 和 CeO_2 对铁酸镍基金属陶瓷力学性能的影响，发现掺杂 CeO_2 能更有效地改善材料的力学性能，且 CeO_2 的掺杂量以 0.5% 为宜；同时可以发现控制晶粒尺寸在合适的范围内，适当提高材料的致密度是获得高强度的必要条件。

（3）CaO 对 $NiFe_2O_4$ 基金属陶瓷力学性能的影响

为了改善 $NiFe_2O_4$ 基金属陶瓷的微观结构和力学性能，可以引入烧结助剂来达到此目的。对于铝电解惰性阳极材料，烧结助剂的选择应遵循以下原则：首先，引入的烧结助剂不会给原铝带来新的杂质元素；其次，烧结助剂与基体陶瓷相生成瞬时液相或其他亚稳相，增强离子间的扩散传质，从而促进烧结达到改善材料微观结构的目的。符合上述要求的烧结助剂范围较窄。其中，CaO 在铁氧体陶瓷致密化和力学性能方面研究较多[2, 3]，研究表明 CaO 掺杂能够促进 Mg - Zn 铁氧体的致密化，提高其断裂韧性。因此，中南大学选择 CaO 为烧结助剂，研究其添加对铁酸镍基金属陶瓷力学性能的影响。

材料的高孔隙率会导致抗弯强度的降低。这不仅是由于固相承受载荷的截面减少导致的实际应力增大，更主要的是孔隙引起强烈的应力集中，成为材料中的薄弱环节[4]。图 4 - 4 所示为烧结温度为 1200℃ 时 $NiFe_2O_4$ - 10NiO 复合陶瓷抗弯强度和孔隙率随 CaO 掺杂量变化曲线。从图中可以看出 CaO 的掺杂明显提高了 $NiFe_2O_4$ - 10NiO 复合陶瓷的抗弯强度，CaO 掺杂量为 2% 的样品抗弯强度达 185 MPa，相比未掺杂 CaO 样品抗弯强度（60 MPa）增幅达两倍以上。此外，从图中还可以看出，材料孔隙率随 CaO 掺杂量变化趋势与抗弯强度随 CaO 掺杂量变化趋势相反，随着 CaO 掺杂量的增加，材料孔隙率呈递减趋势，CaO 掺杂量为

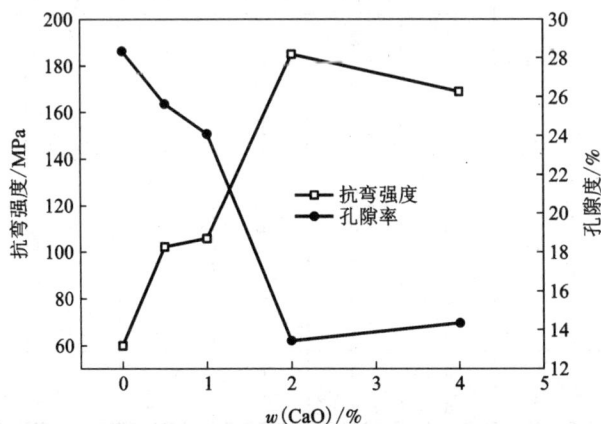

图 4 - 4　$NiFe_2O_4$ - 10NiO 复合陶瓷抗弯强度和孔隙率随 CaO 掺杂量变化曲线

2%时孔隙率最低,不足未掺杂样品孔隙率的1/2。

氧化物添加剂虽可通过降低孔隙率提高材料的强度,但同时也会引起各种组分热膨胀系数的不同,导致材料抗热震性能的下降。采用抗热震循环次数的试验研究 CaO 掺杂 $NiFe_2O_4$ – 10NiO 复合陶瓷的抗热震性能的试验结果如表 4 – 2 所示。从表中可以看出,未掺杂 CaO 的 $NiFe_2O_4$ – 10NiO 复合陶瓷抗热震性能最好,在反复经过 7 次急冷急热循环后最终开裂。而掺杂 CaO 的 $NiFe_2O_4$ – 10NiO 复合陶瓷抗热震性能明显降低,并且随着 CaO 掺杂量的增加其抗热震性能越变越差。CaO 掺杂量为 0.5% 时,样品经过 4 次或 5 次急冷急热循环便发生开裂,但当 CaO 掺杂量为 2% 和 4% 时,样品只需经过 2~3 次急冷急热循环便已开裂。由图 4 – 4 可知,抗热震试验样品的强度随孔隙率的降低而显著提高。因此,可以排除材料的强度低而导致抗热震性能变差的可能性。热震过程是一个温度场和应力场连续变化的过程,热震循环引起温度场连续变化,必然导致材料内热应力场的相应变化[5]。在 CaO 掺杂 $NiFe_2O_4$ – 10NiO 复合陶瓷基体中,各种组分热膨胀系数的不同导致热震循环过程中产生内应力,热震升温阶段所产生的热性能失配应力升高正是热震冷却过程中残余热应力发展变化的逆过程。CaO 的掺杂导致陶瓷材料在热震循环过程中热性能失配的加剧,材料各组分在弹性状态和塑性状态之间的过渡不同且程度不同,这使得冷却过程中的残余应力场和残余热应力非但不能抵消反而加剧。组分热膨胀系数的差异促使热震裂纹的形成和快速扩展,而 CaO 掺杂量的增加势必造成组分中热性能失配相的增多,加速了热震破坏的过程,使得材料抗热震性能显著降低。

表 4 – 2　CaO 掺杂 $NiFe_2O_4$ – 10NiO 复合陶瓷的抗热震性能

$w(CaO)/\%$	不同急冷急热循环次数下试样的裂纹演变情况						
	1	2	3	4	5	6	7
0	a	a	b	c	c	d	e
	a	a	a	c	c	d	e
0.5	a	a	b	e	—	—	—
	a	b	b	c	e	—	—
1	a	b	b	c	e	—	—
	a	a	e	—	—	—	—
2	a	e	—	—	—	—	—
	a	a	e	—	—	—	—
4	a	a	e	—	—	—	—
	a	e	—	—	—	—	—

注:a—无裂纹;b—放大镜下可见裂纹;c—肉眼可见裂纹;d—宏观裂纹较多;e—碎裂;—表示没有再进行

此外，氧化物添加剂在热循环过程中的偏析现象也会导致材料抗热震性能的下降。图 4 – 5 所示为 $NiFe_2O_4 – 10NiO$ 复合陶瓷抗热震循环前后断口形貌照片。从图中可以看出，未掺杂 CaO 的样品断口形貌在抗热震前后基本未发生变化。但是，掺杂 CaO 的样品断口形貌在抗热震前后变化较大。比较图 4 – 5(b)和图 4 – 5(d)可以看出，未经热震样品的断口以穿晶解理断裂为主，而经热震后的样品其断口以沿晶断裂为主，并且晶粒和晶界变得模糊难以区分，断裂面几乎为一平面。这可能是由于第二相杂质在反复热震循环过程中在晶界处发生了偏析现象。由于诸如 Ca^{2+} 等杂质存在于陶瓷相基体和晶界中，因此在急冷急热的反复热震循环过程中杂质在晶界上的偏析成为可能，而 Ca^{2+} 在晶界的偏析可能是造成晶界脆化的重要原因[6]。随着 Ca^{2+} 在晶界处的偏析量增大，势必导致晶界处各物质热性能失配的加剧，成为热震裂纹的裂纹源，最终改变了材料的断裂方式，降低了材料的抗热震性能。

图 4 – 5　$NiFe_2O_4 – 10NiO$ 复合陶瓷抗热震循环前后断口的 SEM 照片

(a)未掺杂样品抗热震循环前；(b)掺杂 2% CaO 样品抗热震循环前；
(c)未掺杂样品抗热震循环后；(d)掺杂 2% CaO 样品抗热震循环后

多晶陶瓷材料中各相异性的晶粒间有着厚度相当于数个原子层的晶界，这里杂质和第二相物质易于富集、气孔便于排除，是结构缺陷的源或阱，容易导致裂纹的萌生、扩展而引起断裂,并且以沿晶断裂方式为主。相比之下,穿晶断裂其裂纹源起于晶内,从晶体几何学的角度来看,裂纹首先在晶内扩展,仅当获得进一步的能量才可能越过作为势垒的晶界,进入相邻晶粒而继续扩展,因此,材料的断裂韧性相对较高。图 4−6 所示为烧结温度为 1200℃时 NiFe₂O₄−10NiO 复合陶瓷断裂韧性随 CaO 掺杂量变化曲线。从图中可以看出,材料的断裂韧性随着 CaO 的加入明显增加,然而,当 CaO 的掺杂量过大(4%)时材料的韧性反而降低。当 CaO 的掺杂量为 2%时材料断裂韧性达到最大值 2.12 MPa·m$^{1/2}$,相比未掺杂 CaO 的陶瓷的断裂韧性(1.16 MPa·m$^{1/2}$)提高近一倍。从图 4−5(b)可以看出 CaO 作为第二相添加到陶瓷基体中,明显改变了 NiFe₂O₄−10NiO 复合陶瓷的断裂方式,未掺杂 CaO 的陶瓷基本以沿晶断裂为主[图 4−5(a)],而 CaO 掺杂的陶瓷既有沿晶断裂也有穿晶断裂,且以穿晶断裂为主。CaO 的掺杂改变了 NiFe₂O₄−10NiO 复合陶瓷的断裂方式,一定程度上提高了材料的断裂韧性,但是,CaO 的过多加入(4%),使其过多的富集于晶界导致晶界脆化、弱化,更有利于裂纹的萌生和扩展,不利于陶瓷材料韧性的提高,反而降低了复合陶瓷的断裂韧性。

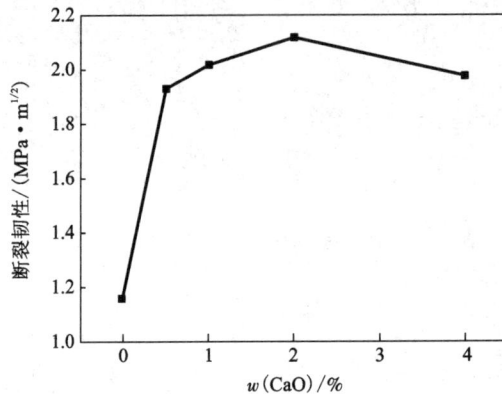

图 4−6　NiFe₂O₄−10NiO 复合陶瓷断裂韧性随 CaO 掺杂量的变化曲线

CaO 的掺杂尽管不利于 NiFe₂O₄−10NiO 复合陶瓷抗热震性能的提高,但显著改善了 NiFe₂O₄−10NiO 复合陶瓷的抗弯强度和断裂韧性。综合评价 CaO 添加剂对 NiFe₂O₄−10NiO 陶瓷材料力学性能的影响,认为以添加 2%的 CaO 为宜。

为进一步研究 CaO 添加剂对 NiFe₂O₄−10NiO 基金属陶瓷力学性能的影响,中南大学研究团队向陶瓷基体中分别加入 2% CaO 和金属相 Cu 和 Ni,其中金属含量分别为 5%、10%和 17%,进行 CaO 添加剂对铁酸镍基金属陶瓷力学性能影响的研究。

　　无论金属相是 Cu 还是 Ni，添加 CaO 均可降低材料的的孔隙率，进而改善铁酸镍基金属陶瓷的抗弯强度。表 4-3 和表 4-4 为不同温度下烧结获得的金属相分别为 Cu 和 Ni 的金属陶瓷的抗弯强度。从表 4-3 可以看出，当烧结温度为 1200℃时，2% CaO 掺杂 xCu/(NiFe$_2$O$_4$ - 10NiO) 金属陶瓷的抗弯强度较未掺杂金属陶瓷时有较大程度的提高，其中成分为 2CaO - 17Cu/(NiFe$_2$O$_4$ - 10NiO) 的金属陶瓷抗弯强度达到 158.73 MPa，而组成为 17Cu/(NiFe$_2$O$_4$ - 10NiO) 的金属陶瓷抗弯强度仅有 123.12 MPa。同样，由表 4-4 可以看出，1200℃时，2% CaO 掺杂金属陶瓷样品较未掺杂样品其抗弯强度分别提高了 10 MPa 左右。材料强度的提高主要是由于相对密度的提高即孔隙率的降低，1200℃时，2% CaO 的掺杂能够促进金属陶瓷的烧结致密化，提高相对密度，降低了材料孔隙率，而材料的强度和孔隙率有着密切的关系，且随着孔隙率的降低而增加。另外，由表 4-3 可以看出，当烧结温度为 1250℃时，xCu/(NiFe$_2$O$_4$ - 10NiO) 金属陶瓷的抗弯强度与烧结温度为 1200℃，2% CaO 掺杂样品抗弯强度基本相当。由于这两种样品的孔隙率也大体相当，因此，2% CaO 的掺杂首先是引起了材料孔隙率的变化而间接对金属陶瓷的强度产生影响，相似性质在表 4-4 中同样可以看出。

表 4-3　金属相为 Cu 金属陶瓷的抗弯强度

w(CaO)/%	w(金属相含量)/%	不同烧结温度下样品抗弯强度/MPa	
		1200℃	1250℃
0	5	101.13	120.66
	10	108.37	160.68
	17	123.12	163.37
2	5	147.11	146.16
	10	153.07	148.36
	17	158.73	174.09

表 4-4　金属相为 Ni 金属陶瓷的抗弯强度

w(CaO)/%	w(金属相含量)/%	不同烧结温度下样品抗弯强度/MPa	
		1200℃	1350℃
0	5	129.92	122.95
	10	132.35	144.22
	17	136.88	146.48
2	5	139.99	126.51
	10	142.72	137.15
	17	145.02	151.83

　　陶瓷-金属复合材料的增韧效果主要来自于金属增韧相[7]。为排除孔隙率对材料断裂韧性的影响，应尽量选用材料孔隙率相对较高且差异最小的样品进行对比研究。实验中2%CaO掺杂样品烧结温度均为1200℃，因为在此温度下2%CaO的掺杂有效促进了金属陶瓷的低温致密化烧结。表4-5为金属相为Cu的金属陶瓷的断裂韧性，表4-6为金属相为Ni的金属陶瓷的断裂韧性。从表4-5可看出，2%CaO掺杂样品断裂韧性分别为1.87 MPa·m$^{1/2}$、2.53 MPa·m$^{1/2}$和3.26 MPa·m$^{1/2}$，而未掺杂样品断裂韧性分别为1.79 MPa·m$^{1/2}$、2.40 MPa·m$^{1/2}$和3.17 MPa·m$^{1/2}$。比较上述数据发现，2%CaO掺杂并未对xCu/(NiFe$_2$O$_4$-10NiO)金属陶瓷的断裂韧性产生显著影响，而表4-6也显示与表4-7相类似的变化趋势，即2%CaO的加入并未对NiFe$_2$O$_4$-10NiO基金属陶瓷的断裂韧性产生显著影响。

表4-5　金属相为Cu金属陶瓷的断裂韧性

烧结温度/℃	样　　品	相对密度/%	断裂韧性K/(MPa·m$^{1/2}$)
1200	2CaO-5Cu/(NiFe$_2$O$_4$-10NiO)	97.63	1.87
	2CaO-10Cu/(NiFe$_2$O$_4$-10NiO)	96.10	2.53
	2CaO-17Cu/(NiFe$_2$O$_4$-10NiO)	95.05	3.26
1250	5Cu/(NiFe$_2$O$_4$-10NiO)	96.70	1.79
	10Cu/(NiFe$_2$O$_4$-10NiO)	95.25	2.40
	17Cu/(NiFe$_2$O$_4$-10NiO)	94.31	3.17

表4-6　金属相为Ni金属陶瓷的断裂韧性

烧结温度/℃	样　　品	相对密度/%	断裂韧性K/(MPa·m$^{1/2}$)
1200	2CaO-5Ni/(NiFe$_2$O$_4$-10NiO)	97.41	2.55
	2CaO-10Ni/(NiFe$_2$O$_4$-10NiO)	97.21	2.64
	2CaO-17Ni/(NiFe$_2$O$_4$-10NiO)	97.01	3.86
1350	5Ni/(NiFe$_2$O$_4$-10NiO)	97.23	2.65
	10Ni/(NiFe$_2$O$_4$-10NiO)	97.06	3.74
	17Ni/(NiFe$_2$O$_4$-10NiO)	96.15	4.03

　　在铁酸镍基金属陶瓷体系中Cu和Ni相为金属增韧相，随着金属相含量的增加，金属陶瓷的断裂韧性得到了明显的提高。在裂纹扩展中，弥散于陶瓷基体中的金属延性相起着吸收附加能量的作用，从而使裂纹尖端区高度集中的应力得以部分消除，抑制了原先可能达到的临界状态，提高了材料对裂纹扩展的抗力。而CaO不同于金属颗粒，并非延性相，无法以塑性功的形式吸收弹性应变能，也无法使裂纹尖端区的应力集中得以消除。在对2%CaO掺杂金属陶瓷断裂韧性测试试样的显微结构分析过程中发现（见图4-7），裂纹在金属陶瓷中的扩展延伸表

现出了以下 3 种增韧机制：裂纹桥接机制、裂纹偏转机制和裂纹分叉机制。由图 4 – 7 可以看出上述 3 种机制的出现主要来自于金属相对陶瓷韧性的贡献，裂纹在扩展过程中遇到金属相颗粒发生桥接、偏转和分叉。通过多种增韧机制对材料基体中的裂纹扩展起到了显著的阻碍作用，较好地实现了对陶瓷基体的增韧，提高了金属陶瓷材料的综合力学性能。

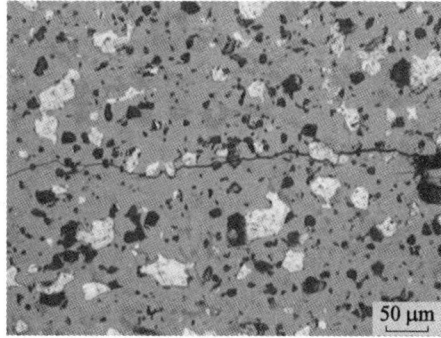

图 4 – 7　CaO 掺杂 Ni/(NiFe$_2$O$_4$ – 10NiO) 金属陶瓷的裂纹扩展形式

表 4 – 7　CaO/(NiFe$_2$O$_4$ – 10NiO) 基金属陶瓷掺杂复合陶瓷的抗热震循环性能

试　样	不同急冷急热循环次数下试样的裂纹演变情况									
	1	2	3	4	5	6	7	8	9	10
2CaO/(NiFe$_2$O$_4$ – 10NiO)	a	a	c	—	—	—	—	—	—	—
2CaO – 5Cu/(NiFe$_2$O$_4$ – 10NiO)	a	a	a	a	a	a	a	b	b	b
2CaO – 10Cu/(NiFe$_2$O$_4$ – 10NiO)	a	a	a	a	a	a	a	a	a	b
2CaO – 17Cu/(NiFe$_2$O$_4$ – 10NiO)	a	a	a	a	a	a	a	a	a	a
5Cu/(NiFe$_2$O$_4$ – 10NiO)	a	a	a	a	a	a	a	a	b	b
10Cu/(NiFe$_2$O$_4$ – 10NiO)	a	a	a	a	a	a	a	a	a	b
17Cu/(NiFe$_2$O$_4$ – 10NiO)	a	a	a	a	a	a	a	a	a	a
2CaO – 5Ni/(NiFe$_2$O$_4$ – 10NiO)	a	a	a	a	a	a	a	a	a	b
2CaO – 10Ni/(NiFe$_2$O$_4$ – 10NiO)	a	a	a	a	a	a	a	a	a	a
2CaO – 17Ni/(NiFe$_2$O$_4$ – 10NiO)	a	a	a	a	a	a	a	a	a	a
5Ni/(NiFe$_2$O$_4$ – 10NiO)	a	a	a	a	a	a	a	a	a	b
10Ni/(NiFe$_2$O$_4$ – 10NiO)	a	a	a	a	a	a	a	a	a	a
17Ni/(NiFe$_2$O$_4$ – 10NiO)	a	a	a	a	a	a	a	a	a	a

注：a—无裂纹；b—放大镜下可见裂纹；c—碎裂；—表示没有再进行

　　添加 CaO 会导致 NiFe$_2$O$_4$ – 10NiO 复合陶瓷抗热震性能的降低，金属相的引入可以改善材料抵抗热应力的能力，使其具有良好的抗热震性能。中南大学利用抗热震循环次数方法所得 CaO 掺杂复合陶瓷抗热震循环性能测试结果如表 4 – 7 所示。从表中可以看出，2CaO/(NiFe$_2$O$_4$ – 10NiO) 复合陶瓷经过 3 次热震循环后便已破碎，材料抗热震循环性能较差。但是，添加金属相 Cu 和 Ni 的

NiFe$_2$O$_4$ – 10NiO 基金属陶瓷试样在经受 10 次热震循环后仍较完好，只有个别样品有细微的裂纹产生，且随着金属相含量的增加，金属陶瓷的抗热震性能也随之提高。这表明金属相的引入提高了 2CaO/（NiFe$_2$O$_4$ – 10NiO）复合陶瓷抵抗热应力的能力。

根据 Hasselman 的抗热震理论[8]，材料在热冲击的情况下，其内部裂纹的形核、扩展与材料内积累的弹性应变能和裂纹断裂表面能有关。对于 2CaO/（NiFe$_2$O$_4$ – 10NiO）复合陶瓷材料，金属相的加入使材料具有较高的断裂应力和抵抗热应力因子 R：

$$R = \frac{\sigma_f(1 - \mu)}{E\alpha} \tag{4-1}$$

式中：σ_f 为材料的断裂应力；E 为材料的弹性模量，α 为材料的线膨胀系数，μ 为泊松比。此外，金属相的加入还可提高所得金属陶瓷材料的热导率，降低材料内部所产生的温度梯度，从而降低了材料的内热应力；另外，由于材料基体中的金属颗粒具有较好的塑性，可部分缓和材料基体中的残余强度和热应力，降低了使裂纹扩展所需的弹性能；而当裂纹开始扩展时，材料基体中的气孔、晶界、金属颗粒对其都具有阻碍作用，而其中又以金属颗粒对裂纹扩展的阻碍作用最为显著且使材料具备了明显的增韧机制如裂纹桥接机制、裂纹偏转机制和裂纹分叉机制，上述综合原因使得 2% CaO 掺杂金属陶瓷材料具有较好的抗热震性能。

在研究 2% CaO 掺杂对铁酸镍基金属陶瓷力学性能的影响中发现，在材料相对密度接近的情况下，2% CaO 的掺杂未对金属陶瓷的力学性能产生显著影响。虽然 CaO 掺杂对 NiFe$_2$O$_4$ – 10NiO 陶瓷材料的抗热震性能不利，但对于金属陶瓷，由于金属相增韧的巨大贡献，使得 2% CaO 掺杂金属陶瓷的抗热震性能依然良好。

4.1.2　金属相对 NiFe$_2$O$_4$ 基金属陶瓷力学性能的影响

稀土添加剂可以起到细晶强化、净化晶界、固溶强化、自增韧补强等作用，从而提高材料的力学性能。中南大学通过热力学计算和分析（见第 2 章），选定 Yb$_2$O$_3$ 和 CeO$_2$ 作为稀土氧化物添加剂来改善铁酸镍基金属陶瓷材料的力学性能。

铁酸镍基金属陶瓷以 NiFe$_2$O$_4$ 和 NiO 作为陶瓷相，以 Cu、Ni、Ag 及其合金为金属相。虽然氧化物添加剂可以在一定程度上改善陶瓷基体的力学性能，但这还不能满足惰性阳极对力学性能的要求，其中引入具有良好延展性的金属相来提高其力学性能是一种行之有效的方法，而金属相的含量及种类也与材料的力学性能密切相关。

（1）金属相的含量对 NiFe$_2$O$_4$ 基金属陶瓷力学性能的影响

孔隙率和晶粒尺寸是影响金属陶瓷复合材料强度的两个重要因素，降低晶粒尺寸和孔隙率可显著提高材料的抗弯强度，但孔隙率的过度降低也会导致材料抗热震性能的下降。席锦会等[9]研究了不同 Ag 含量对 $NiFe_2O_4$ 基金属陶瓷惰性阳极力学性能的影响。随着 Ag 含量的增加，试样的抗弯强度不断增加，在 Ag 含量为 10% 时，材料的抗弯强度约为 75 MPa，而当 Ag 含量增加到 15% 时，抗弯强度增加到 80 MPa，比未添加金属相的 62 MPa 增加了 29%。通过对比不同 Ag 含量的样品的微观形貌发现，随着 Ag 含量的增加阳极材料的晶粒尺寸逐渐减小，这意味着单位体积中晶粒数目增多，每个晶粒上承受的压力也就越小，其强度值也就越高；而且随着 Ag 含量的增加，材料越来越致密。这两个原因导致了材料抗弯强度的提高。对材料抗热震性的研究表明，随着 Ag 含量的增加，抗热震性能先增加后减小，在 Ag 含量为 10% 时达到最大值。随着 Ag 含量的增加，抗弯强度的提高虽有利于抗热震性的提高，但同时材料的致密度也越来越高。气孔减少，晶粒之间空隙变小，材料受热膨胀后晶粒之间互相挤压，当挤压应力超过材料的极限强度时就会引起裂纹的产生，以至产生断裂破坏。在这两个因素的影响下，当 Ag 含量为 10% 时材料的抗热震性能最好。

铁酸镍基金属陶瓷的抗弯强度随金属相含量的增加而增加，而相同金属含量的材料抗弯强度与烧结温度也有较大的关系。中南大学研究了金属相含量分别为 12.5% 和 17%、烧结温度分别为 1300℃ 和 1350℃ 的试样抗弯强度随金属相中 Ni 含量的变化曲线，如图 4 − 8 所示。从图中可以看出，金属相含量为 12.5% 时，1350℃ 下烧结的试样抗弯强度较 1300℃ 时有较大提高，如金属相中 Ni 含量为 5% 和 20% 时，试样抗弯强度分别由 1300℃ 的 132.6 MPa 和 98.5 MPa 提高到 1350℃ 的 154.7 MPa 和 138.5 MPa。与之相反，金属相含量为 17% 时 1350℃ 下烧结的试样抗弯强度较 1300℃ 时有较大幅度的降低，如金属相中 Ni 含量为 5% 和 20% 时，

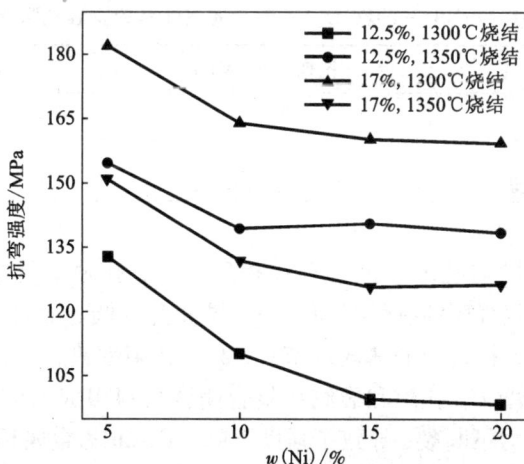

图 4 − 8　不同烧结温度下样品的抗弯强度随金属相中 Ni 含量的变化曲线

试样抗弯强度分别由 1300℃ 的 182.0 MPa 和 159.3 MPa 降低到 1350℃ 的 150.9 MPa 和 126.2 MPa。提高烧结温度到 1350℃ 可促进 NiO 相与 $NiFe_2O_4$ 的烧结长大，样品内留给金属相填充的空间减少，金属相含量较低时，提高烧结温度可降低样品孔隙率，尤其可降低晶间孔隙，提高样品抗弯强度。而当金属含量较高时，提高烧结温度会导致 $NiFe_2O_4$ 的过度长大，样品内不足以填充下 17% 的金属相，多余的金属相被长大的陶瓷相挤出样品表面，从而减少样品内的金属相含量，减弱金属相的增韧作用。同时在金属相与陶瓷相间产生较大的内应力，降低材料强度。

(2)金属相的组成对 $NiFe_2O_4$ 基金属陶瓷力学性能的影响

不同的金属相组成与陶瓷基体的界面结合情况不同，而且还会对材料的孔隙率等微观结构产生影响，因此，研究不同的金属相组成对金属陶瓷力学性能的影响具有重要的意义。中南大学研究了金属含量均为 17%，分别以 Cu、95Cu-5Ni 单质混合粉末、95Cu-5Ni 包覆粉为金属相制备的 $10NiO-NiFe_2O_4$ 基金属陶瓷样品的室温抗弯强度，如表 4-8。3 种相同金属含量、不同组成的样品中添加包覆粉为金属相的抗弯强度最高，达到了 181.99 MPa，其孔隙率也达到了 3 种样品中最小的 2.0%。添加 Cu 或 95Cu-5Ni 单质混合粉末为金属相的样品抗弯强度略低，分别为 157.46 MPa 和 163.85 MPa，其孔隙率分别为 3.9% 和 3.3%。图 4-9 展示了不同金属成分的金属颗粒制备的 $17M/(10NiO-NiFe_2O_4)$ 金属陶瓷试样的断口形貌。图中显示，95Cu-5Ni 包覆粉的断口较平整，陶瓷相断裂方式均以脆性断裂为主，金属主要以拔出机制为主。说明陶瓷相本身强度不高，金属相与陶瓷相之间的界面结合较差。但由于试样的显微形貌及晶界结合强度不同，其抗弯强度也不同。

表 4-8 $17M/(10NiO-NiFe_2O_4)$ 不同金属相试样的室温抗弯强度和孔隙率

金属相	抗弯强度/MPa	孔隙率/%
Cu	157.46	3.9
95Cu+5Ni(混合)	163.85	3.3
95Cu-5Ni(包覆)	181.99	2.0

样品的抗弯强度与孔隙率大小存在相反关系，孔隙率越小，抗弯强度就越大。气孔越多，承载载荷的有效截面越小，强度就越低。而且，孔隙容易引起强烈的应力集中，成为材料中的薄弱环节；另外，孔隙率高，气孔局部团聚而构成裂纹的可能性显然增大，孔隙和裂纹在复合陶瓷材料中成为应力集中的断裂源，使材料在较低的应力下断裂，导致了强度下降。以 Cu 为金属相时，由于 Cu 液相与 $NiFe_2O_4$ 基体的润湿性差，其在高温烧结过程中容易发生金属相的溢出，尤其是在高金属含量的成分中，液相 Cu 在重力及陶瓷收缩挤压力的作用下发生金属

相溢出，并导致金属相在样品内分布不均匀，从而在样品内产生较多孔洞及较大的内应力，降低材料强度。故而以 3 种不同初始状态的粉末为金属相的样品中，以包覆粉为金属相的样品具有较低的孔隙率和较小的内应力是其抗弯强度高的重要原因。另外，金属相的增韧作用受金属相与陶瓷基体的界面结合强度影响。界面结合强度越大，裂纹尖端扩展到金属相位置时，金属相就越能够通过发生塑性变形而吸收大量能量，从而提高材料强度。在 95Cu - 5Ni 包覆粉制备的样品中能够发现部分金属相被裂纹穿过而发生断裂的现象，如图 4 - 9(d)所示。从图中可看出，金属相断口呈条纹分布，金属相的一端与基体相连，另一端发生断裂。说明金属相与陶瓷基体的润湿性好，界面结合强度高，并且其在发生断裂时承受了较多的应力，吸收了大量能量，使材料的强度得到提高。

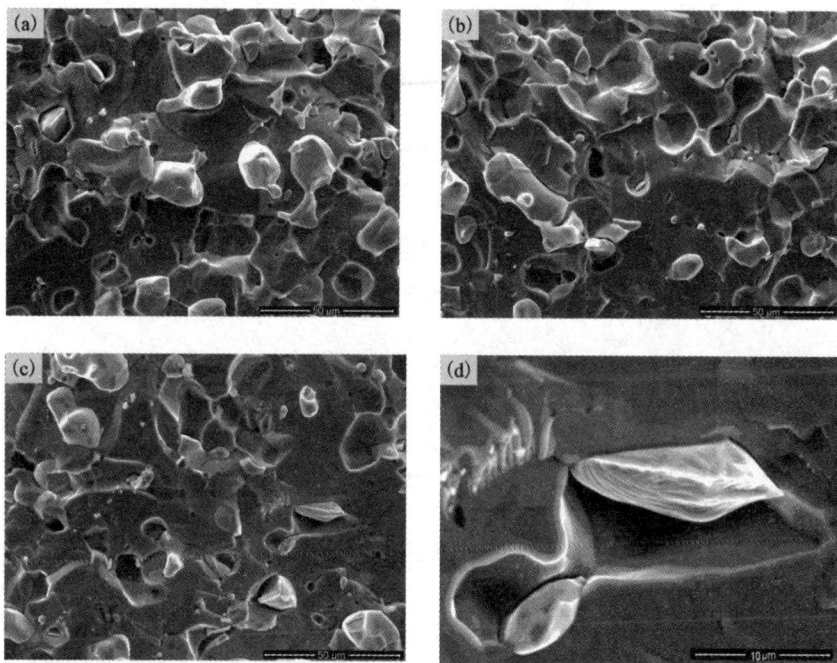

图 4 - 9　添加 17% 不同金属相的 10NiO - NiFe$_2$O$_4$ 金属陶瓷的断口形貌

(a)金属 Cu；(b)95Cu - 5Ni 混合粉末；(c)95Cu - 5Ni 包覆粉；(d)(c)的放大图

以包覆粉为金属相可以提高铁酸镍基金属陶瓷材料的界面结合强度和致密度，有利于材料力学性能的改善，同时，包覆粉的含量以及包覆粉中 Ni 的含量也会影响材料的力学性能。图 4 - 10 所示为 1300℃ 下烧结得到的金属含量为 12.5%、15% 和 17% 的（10NiO - NiFe$_2$O$_4$）金属陶瓷的室温抗弯强度随包覆粉中 Ni 含量的变化曲线。从图中可以看出，材料的室温抗弯强度随金属相含量升高而增大，含相同金属含量的材料的抗弯强度随包覆粉中 Ni 含量的升高均有不同程度的降低。包覆粉中 Ni 含量为 5%（质量分数）时，材料有相对较高的抗弯强度。17(5Ni – Cu)/(10NiO – NiFe$_2$O$_4$) 室温抗弯强度为 181.99 MPa，比 12.5(5Ni – Cu)/(10NiO – NiFe$_2$O$_4$) 的 132.63 MPa 高出 37.2%，而 17(20Ni – Cu)/(10NiO – NiFe$_2$O$_4$) 室温抗弯强度下降到 159.27 MPa。

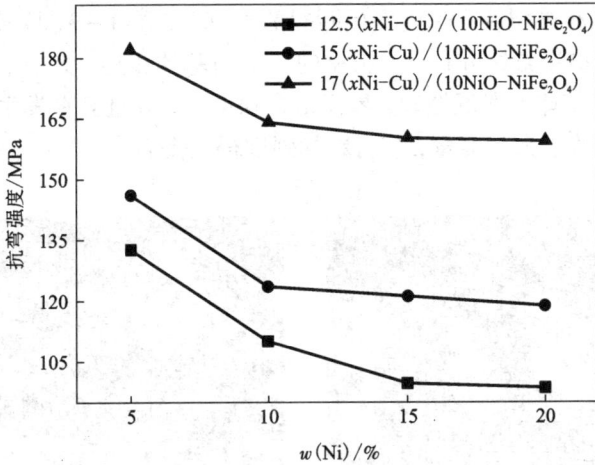

图 4 – 10　1300℃烧结试样抗弯强度随金属相中 Ni 含量的变化曲线

　　材料抗弯强度随包覆粉中 Ni 含量的升高而降低，与材料孔隙率的增大有密切关系。图 4 – 11 所示为 17(80Cu – 20Ni)/(10NiO – NiFe$_2$O$_4$) 样品的断口形貌。与图 4 – 9 中 17(95Cu – 5Ni)/(10NiO – NiFe$_2$O$_4$) 的断口照片对比可以看出，以 (80Cu – 20Ni) 为金属相的样品断口处充满了各种大小不等的孔隙，这些孔隙是材料应力集中的部分，在外力作用下发展成为断裂源引起材

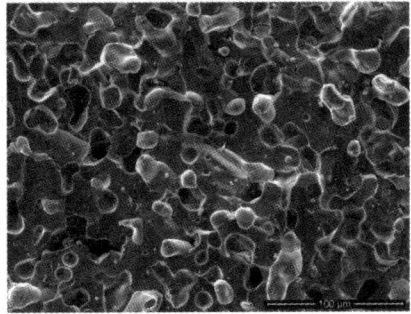

图 4 – 11　17(80Cu – 20Ni)/(10NiO – NiFe$_2$O$_4$)
断口形貌

料断裂，降低材料的抗弯强度。包覆粉中 Ni 含量升高引起金属相初始颗粒尺寸增大，从而增加材料的孔隙率和孔洞尺寸。另外，金属相初始颗粒的增大，还将降低金属相在样品内的均匀分布程度，减弱金属相的增韧效果。因此，样品内孔隙率增加、孔隙尺寸增大、金属相分布均匀性降低是导致材料抗弯强度随包覆粉

中 Ni 含量升高而降低的主要原因。

　　不同包覆粉含量的铁酸镍基金属陶瓷的断裂方式不同。图 4 - 12 所示为添加不同含量的(5Ni - Cu)为金属相时(10NiO - NiFe$_2$O$_4$)金属陶瓷的断口形貌。从图 4 - 12(a)中可以看出,金属含量较低时材料断口存在较多高低不平的晶界面,这往往是晶界断裂的结果。尤其是在金属与陶瓷的相界面处,由于两者的结合性较差而更易在晶界处发生断裂,而金属含量较高时,材料断裂方式向穿晶断裂转变,如图 4 - 12(b)中所示,晶粒上存在的台阶状平行条纹是穿晶断裂所致。随着金属相含量的增加,材料断裂形式由沿晶断裂逐渐转变为穿晶断裂与沿晶断裂共存。材料断裂形式的转变表明,金属含量较低的情况下,裂纹扩展仅需克服相界面的结合力即能继续扩展;而金属含量较高时,金属相的塑性变形部分吸收了部分裂纹扩展的能量,使裂纹尖端发生钝化,裂纹扩展造成应力在界面上的集中,一旦应力集中的程度超过材料中强度最低的组织结构,裂纹将继续在该组织结构中扩展并造成材料整体断裂,尽管随着金属含量的增加,材料抵抗裂纹扩展的能力增强,但是材料中强度最低的部分恰恰是陶瓷基体本身,因而产生了材料断裂形式由沿晶向穿晶断裂的转变。

　　以 Ni - Cu 包覆粉为金属相可提高金属与陶瓷界面的结合强度,降低孔隙率与内应力,增大抗弯强度,较好地实现对陶瓷基体的增韧,提高了 NiFe$_2$O$_4$ 基金属陶瓷惰性阳极材料的综合力学性能。

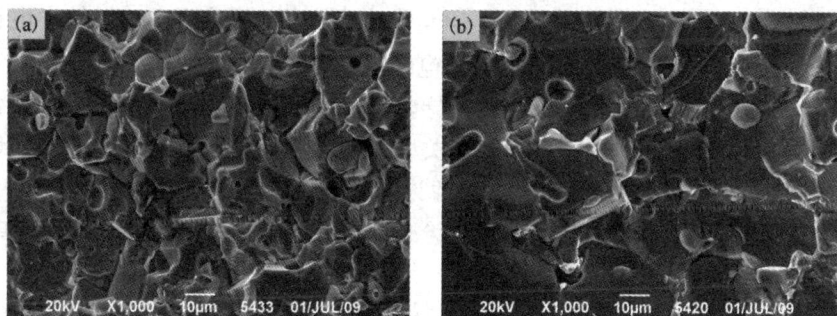

图 4 - 12　x(95Cu - 5Ni)／(10NiO - NiFe$_2$O$_4$)金属陶瓷的断口形貌
(a)x = 12.5%;(b)x = 17%

　　不同于结构材料对力学性能的高要求,铝电解应用对 NiFe$_2$O$_4$ 基金属陶瓷惰性阳极材料的基本力学性能(如抗弯强度)未作出高规格的要求,因此在保证材料较高密度的同时其基本力学性能满足电解悬挂应用即可。但出于电解槽启动、阳极更换等电解槽操控的需要,惰性阳极材料在正常电解使用前必须经历较为复杂的热循环过程,因此要求阳极材料具有足够强的抗热震能力,并足以抵抗 2 ~ 3 次温差 200℃ 左右的冷热循环。在 $NiFe_2O_4$ 基金属陶瓷惰性阳极材料的研发过程中，中南大学的科研人员非常重视材料力学性能，特别是抗热震性能的研究，一方面通过氧化物的掺杂（CaO、Yb_2O_3、CeO_2 等），可使 $NiFe_2O_4$ 基金属陶瓷材料获得较高的致密度，同时也显著提高了材料的力学性能，氧化物掺杂所得优选组分材料的抗弯强度均可达到或超过 170 MPa，而研究表明 CaO 的添加还可显著增强材料的抗热震能力；另一方面，通过对金属相的优选，发现 Ni、Cu – Ni 合金在改善材料的力学性能方面的作用均要好于单质 Cu，适量 Ni 或 Cu – Ni 合金的添加可使 $NiFe_2O_4$ 基金属陶瓷的抗弯强度达到 180 MPa 以上，同时可以获得较好的增韧效果，使得材料获得良好的抗热震性能。综上所述，中南大学开发的 $NiFe_2O_4$ 基金属陶瓷惰性阳极材料在力学性能方面已经能够满足铝电解应用的需要。

4.2 $NiFe_2O_4$ 基金属陶瓷的导电性能

导电性能是惰性阳极材料研究的关键问题之一。提高惰性阳极的导电性能可以降低阳极欧姆压降，在铝电解槽上反映为槽电压减小，能耗降低。同时也将对阳极表面电流密度的分布及耐腐蚀性能产生影响。因此，研究阳极材料在高温下的导电性能，进而对其进行改善和提高，这在惰性阳极材料的开发中具有重要的意义。

4.2.1 $NiFe_2O_4$ 陶瓷的导电机制

铁酸镍基金属陶瓷以尖晶石 $NiFe_2O_4$ 为主陶瓷相，研究 $NiFe_2O_4$ 的导电机制对提高铁酸镍基金属陶瓷复合材料的导电性能具有重要的意义。铁酸镍是过渡金属氧化物，属于强关联电子体系。解释导电电性能和机制的经典理论——能带理论的基础是单电子理论，即将本来相互关联运动的粒子，看成是在一定的平均势场中彼此独立运动的粒子，因此能带理论解释金属陶瓷的导电机理并不适用。$NiFe_2O_4$ 的导电机制可根据电子跳跃理论来解释，即电子在具有不同氧化状态的同种元素之间进行跳跃而形成导电。

$NiFe_2O_4$ 的晶体结构属于反尖晶石结构[10, 11]，Ni^{2+} 离子占据八面体的 B 位置；Fe^{3+} 离子同时占据 B 位置和四面体 A 位置。由于样品制备过程的氧分压很低（约 10 Pa），$NiFe_2O_4$ 容易部分失氧而产生氧空位，如果部分损失的氧表示为 δ，那么为了保持电中性就会形成 $2\delta\ Fe^{2+}/mol$，则失氧后的离子式为 $Ni^{2+}Fe^{3+}_{2-2\delta}Fe^{2+}_{2\delta}O^{2-}_{4-\delta}$，该失氧过程可用下式表示：

$$NiFe_2O_4 \Longrightarrow \delta O_2 + NiFe^{3+}_{2-2\delta}Fe^{2+}_{2\delta}O_{4-\delta} \qquad (4-2)$$

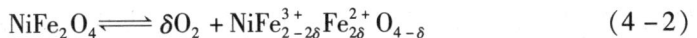

尖晶石导电是由于 Fe 存在不同价态（Fe^{2+}、Fe^{3+}），电子在不同价态间的跳跃过程可用下式表示：

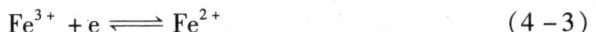

$$Fe^{3+} + e \Longrightarrow Fe^{2+} \qquad (4-3)$$

这样，材料由于 Fe^{2+} 离子和 Fe^{3+} 离子间的电子跳跃而导电，就形成 N 型半导体[12]。而 B 位的 Ni^{3+} 离子和 Ni^{2+} 离子间空位的转移，则可形成 P 型半导体，如下式所示：

$$Ni^{2+} + h \Longleftrightarrow Ni^{3+} \qquad (4-4)$$

$NiFe_2O_4$ 及其金属陶瓷由于同时存在以上两种电荷携带者，不同的测试温度由不同的导电机制所控制，材料导电性能表现为两者的共同作用。据文献报道[13]，$CuFe_2O_4$ 尖晶石中同时存在 N 型和 P 型半导体两种相互竞争的机制，载流子类型及浓度由反应的机制决定，直流电导率随温度的升高而增加是由于热激活载流子迁移率的增加，载流子更可能是源于 Fe^{2+}，它是电子跳跃模型的电子施主，电子跳跃发生在尖晶石点阵临近八面体位置间。因此，升高温度后参与导电的 Fe^{2+} 比例和电子将比低温下大大增加。低温时，电导主要依赖于电子电导，而较高温度时电子和极化子同时参与电导过程。

在 $NiAl_2O_4$ 尖晶石中，样品的电导过程主要通过 B 位的 Ni 离子反应完成的：

$$Ni^{2+} \Longleftrightarrow Ni^{3+} + e \qquad (4-5)$$

B 位的 Ni^{2+} 的活性阳离子浓度减少，会导致电导率下降。Ni – Al 尖晶石在低温下是本征电导，高温下是极化子跳跃，电导率变化更倾向于依赖与温度相关的载流子的迁移速率而不是其浓度的大小[14]。

Bhosale 等[15]通过测定 $NiAl_xFe_{2-x}O_4$ 试样的塞贝克系数（或称热电系数）证明，对于 $x = 0.4, 0.6, 0.8$ 的试样成分，随温度升高材料出现了 N 型到 P 型的转变。Ni – Al 尖晶石中八面体位 Ni 的存在使导电机制变为如下跳跃机制：

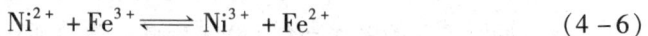

$$Ni^{2+} + Fe^{3+} \Longleftrightarrow Ni^{3+} + Fe^{2+} \qquad (4-6)$$

该导电过程中材料中同时存在 N 型和 P 型载流子，测试温度直接影响着导电机制。$NiFe_2O_4$ 电导率 σ 随温度 T 的变化关系一般可由下式描述[16]：

$$\sigma = \sigma_0 \exp(-E/kT) \qquad (4-7)$$

式中：E 为载流子从一个能级跃迁至相邻能级时的活化能，包括缺陷的形成能和迁移能两部分；k 为波耳兹曼常数；σ_0 在一定范围内近似为一常数。

4.2.2　添加剂对 $NiFe_2O_4$ 基金属陶瓷导电性能的影响

氧化物添加剂通过改变 $NiFe_2O_4$ 基金属陶瓷的显微结构，不但可以显著改善材料的力学性能，而且对材料的导电性能也有积极的影响。

（1）SnO_2、纳米 NiO、V_2O_5 和 TiO_2 对 $NiFe_2O_4$ 基金属陶瓷导电性能的影响

氧化物添加剂通过促进金属陶瓷的致密化烧结、降低材料的活化能和改善金属相与陶瓷相的界面结合强度等作用，可以显著改善 $NiFe_2O_4$ 基金属陶瓷的导电性能。田忠良等[17]研究了 SnO_2 掺杂对 $NiFe_2O_4$ 陶瓷导电性能的影响。研究表明，掺杂量为 1% 和 2% 的 $NiFe_2O_4$ 陶瓷 1000℃ 时的电导率分别为 4.55 S/cm 和

6.49 S/cm，与未掺杂的样品相比分别提高了约 2 倍和 2.4 倍。这主要是由于 SnO_2 的掺杂降低了材料的活化能引起的。罗琨琳等[18]研究发现，在 15Cu - 51NiO - 34Fe_2O_3 金属陶瓷掺入适量的纳米 NiO，可改善金属陶瓷中 Cu 和 $NiFe_2O_4$ 的润湿性，容易构成良好的导电网络，表现出较高的导电性，在 980℃时的电导率为 90.7 S/cm，而在 1000℃时的电导率达到 103.3 S/cm。纳米 NiO 的最佳添加量在 10% 左右。席锦会等[19]研究了添加 V_2O_5 对 15NiO - NiFe_2O_4 陶瓷材料导电性能的影响，研究发现 V_2O_5 的添加会导致材料电导率的下降，但材料的的电导率随着 V_2O_5 添加量的增加而增加。他们认为 V_2O_5 在烧结过程中成为液相，富集在晶界处，少量的 V_2O_5 与 Fe_2O_3 和 NiO 反应生成电导率较低的 Ni_2FeVO_6，导致晶界势垒增大，从而导致添加 V_2O_5 后样品的电导率明显低于无添加剂的样品。但随着添加量的增加，样品的电导率又有一定的提高，他们认为主要是由于随添加量的增大材料的致密度不断增大而引起的。席锦会等[20]还采用粉末冶金法在合成含 10% Ag 的 Ag/NiFe_2O_4 金属陶瓷过程中引入 TiO_2 和 V_2O_5 复合添加剂，研究了添加剂 TiO_2，V_2O_5 对 Ag/NiFe_2O_4 金属陶瓷微观形貌以及对试样电导率的影响。研究结果表明，只加入 10% Ag 的 $NiFe_2O_4$ 试样的电导率在 960℃时为 1.76 S/cm，但复合添加 0.5% TiO_2，V_2O_5 时试样的电导率远远高于只加入 10% Ag 试样的电导率。当 V_2O_5 含量为 0.5% 时，960℃的电导率为 3.04 S/cm，约为只添加 10% Ag 的试样电导率的 2 倍；V_2O_5 含量为 2.0%，960℃时的电导率为 14.06 S/cm，约为只添加 10% Ag 试样的 8 倍。复合添加 TiO_2，V_2O_5 后金属银在陶瓷相中呈线状分布，EDS 分析发现金属相中含有陶瓷相的组成，说明金属相与陶瓷相间的润湿性有所改善；同时试样的电导率有了显著提高。当添加 0.5% TiO_2，2.0% V_2O_5 时试样的电导率约为无添加剂的 Ag/NiFe_2O_4 金属陶瓷试样的 8 倍。

(2) Yb_2O_3、CeO_2 和 Y_2O_3 对 $NiFe_2O_4$ 基金属陶瓷导电性能的影响

中南大学选取 10NiO - NiFe_2O_4 为金属陶瓷惰性阳极材料的陶瓷组成相，在其中添加 10%（质量分数，下同）的 Cu 粉末以及 0.5%、1.0%、1.5%、2.0%、3.0% 含量的稀土 Yb_2O_3 粉末，采用冷压 - 烧结技术制备了 xYb_2O_3 - 10Cu/10NiO - $NiFe_2O_4$ 金属陶瓷，研究了 Yb_2O_3 掺杂量及烧结温度对材料导电性能的影响。通过研究 1275℃烧结的样品在不同测试温度下的电导率，发现不同成分样品的电导率都随测试温度的提高而逐渐增大。掺杂 Yb_2O_3 后尽管金属陶瓷的致密度较未掺杂样品略有提高，但在同一测试温度下，除掺杂 1.5% Yb_2O_3 的样品电导率比未掺杂的略有升高外，其他掺杂试样均呈降低趋势。以 960℃时测得的电导率为例，未掺杂样品的电导率为 18.07 S/cm，掺杂 1.5% Yb_2O_3 样品的电导率为 19.19 S/cm，而掺杂 1.0% 和 2.0% Yb_2O_3 样品的电导率分别为 17.27 S/cm 和 14.47 S/cm，当掺杂量为 3.0% 时，电导率仅有 9.71 S/cm。因此，当 Yb_2O_3 掺杂量不高于 1.5% 时，材料的导电性能变化不大；当掺杂量超过 2.0% 时，金属陶瓷的导电性能随着

Yb$_2$O$_3$ 掺杂量的增加而迅速变差。这
主要是由于 Yb$_2$O$_3$ 掺杂后生成的
YbFeO$_3$ 相随掺杂量增多逐渐由孤立
的点状汇集成膜，均匀分布于晶界处
（如图 4 – 13 所示），由于其导电性较
差因而不利于陶瓷相的晶界导电过
程，使金属陶瓷的电导率降低。

　　金属陶瓷的导电性是由金属相与
陶瓷基体相两者共同决定的，当金属
相的含量与分布状态基本相同时，陶
瓷与金属相的界面结合及陶瓷基体相

图 4 – 13　1300℃烧结的 2.0% Yb$_2$O$_3$
掺杂样品的 SEM 形貌图

导电性能的变化就决定了体系的导电性能。NiFe$_2$O$_4$ 是一种半导体物质，NiO 也
是一种半导体材料（$\sigma_{1000℃} = (0.10 \sim 0.389)$ S/cm）[21]，金属相 Cu 的加入在陶瓷
基体中并未形成有效的金属导电网络，而主要以块状或颗粒状态存在，因此 Cu
的加入虽然可以大大提高材料的电导率，但仍未改变金属陶瓷类似半导体的导电
规律。图 4 – 14 所示为不同掺杂量的 Yb$_2$O$_3$ 样品的 $\ln\sigma - 1/T$ 的关系曲线。由图
可以看出，试样的电导率 σ 随 T 的增加而增大，呈现半导体导电特性。本实验所
制备样品的居里温度约为 $T_C = 773$K，不同成分样品的 $\ln\sigma - 1/T$ 关系曲线以居里
温度为分界点分为两个部分，在这两部分 $\ln\sigma$ 与 $1/T$ 呈直线关系，直线斜率的变
化反应了材料电子电导激活能的变化；在居里温度附近，NiFe$_2$O$_4$ 铁氧体发生了

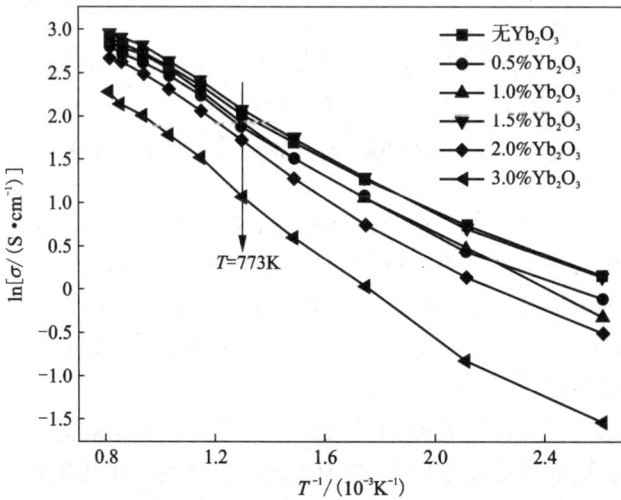

图 4 – 14　Yb$_2$O$_3$ 掺杂样品的 $\ln\sigma - 1/T$ 关系曲线

由亚铁磁性到顺铁磁性的转变。在低于居里温度的区域为有序的亚铁磁性,高于居里温度的区域为无序的顺铁磁性。

中南大学在10Cu/10NiO–NiFe$_2$O$_4$金属陶瓷中添加不同含量的稀土CeO$_2$粉末,采用冷压–烧结技术制备了CeO$_2$掺杂金属陶瓷,研究了CeO$_2$掺杂量对材料导电性能的影响。图4–15所示为不同CeO$_2$掺杂量的样品在不同测试温度下的电导率。可以看出,随着测试温度的增加,同一试样的电导率是不断增大的,并符合半导体导电规律。同时可以看出,随掺杂量的增加,样品在相同测试温度下的电导率反而呈逐渐降低的趋势。以960℃测得的电导率为例,未掺杂时的电导率为18.07 S/cm,掺杂0.5%与1.0%CeO$_2$后电导率分别降为14.20 S/cm与15.13 S/cm,当掺杂量为2.0%时试样电导率仅为11.94 S/cm。因此,CeO$_2$掺杂不利于样品电导率的提高,且掺杂量不宜高于2.0%。

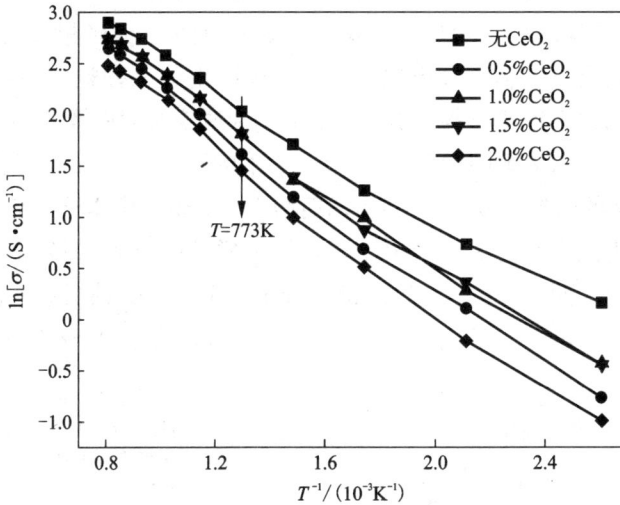

图4–15 1275℃烧结样品的lnσ–1/T关系曲线

虽然部分Ce^{4+}可以进入尖晶石相的晶格,发生离子取代,但由于发生离子取代的量极少,因此并不会对尖晶石相的导电性能造成较大的影响。而大部分CeO$_2$掺杂后以氧化物形式分布于晶界处,由于纯的CeO$_2$导电性能极差[22,23]($\sigma_{800℃}$ = 2.41×10^{-2} S/cm),因此会增加Cu与陶瓷相间以及陶瓷与陶瓷相之间的接触电阻,导致试样导电性能的下降。

中南大学还研究了Y$_2$O$_3$掺杂对铁酸镍基金属陶瓷导电性能的影响。图4–16所示为1275℃烧结的样品在不同测试温度下的电导率。可以看出,材料的电导率随测试温度的升高而逐渐增大,并呈现半导体导电特性。掺杂Y$_2$O$_3$后尽管金属陶瓷试样的致密度较未掺杂样品均有提高,但在同一测试温度下,掺杂样品的电导率与未掺杂的相比呈降低的趋势。当 Y_2O_3 掺杂量为 0.5% ~1.5% 时，材料的导电性能变化不大，未掺杂试样的电导率为 18.07 S/cm，而掺杂 0.5% 与 1.0% Y_2O_3 样品的分别为 17.57 S/cm 与 17.91 S/cm；当掺杂量超过 2.0% 时，金属陶瓷的导电性能明显变差，掺杂 2.0% Y_2O_3 的试样电导率降为 11.52 S/cm。电导率随掺杂量的增加所表现出的变化趋势，可能与 $YFeO_3$ 相的生成及 NiO 相的分布与形态变化相关。一方面，由于生成的 $YFeO_3$ 相导电性能较差，分布于 NiO 与 Cu 的相界或 $NiFe_2O_4$ 相的晶界处，都会增大金属陶瓷材料体系的电阻率，不利于材料的导电性能。另一方面，NiO 是一种具有阳离子空位的 P 型半导体材料，其电导率与材料制备的氧分压有关，氧分压越低制备的样品电导率越小；因此随 Y_2O_3 掺杂量的增加 NiO 逐渐趋于形成相互连通的网络分布于陶瓷基体，与未掺杂材料中的块状 NiO 分布相比，降低了 $NiO - NiFe_2O_4$ 材料体系的导电性能。$YFeO_3$ 相的生成及 NiO 趋于网络状的分布形态，都会使金属陶瓷材料试样的电导率下降。

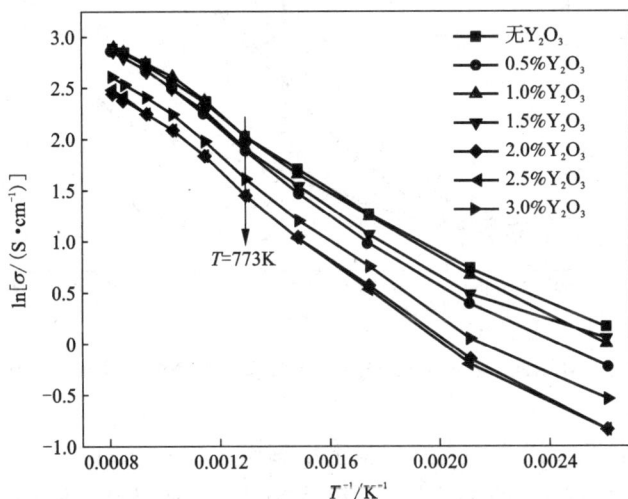

图 4 - 16　Y_2O_3 掺杂样品的 $\ln\sigma - 1/T$ 的关系曲线

综上所述，3 种稀土氧化物 Yb_2O_3、CeO_2 和 Y_2O_3 添加剂并没有改善铁酸镍基金属陶瓷材料的导电性能。Yb_2O_3 掺杂使电导率降低可能是由于 $YbFeO_3$ 膜的形成使晶界电阻升高，降低了材料的晶界导电能力；而 CeO_2 掺杂导致样品电导率下降，主要是由于电导率较低的 CeO_2 存在于晶界处，增大了材料的晶界电阻，不利于金属陶瓷材料的导电性能；掺杂 Y_2O_3 后样品的电导率降低，则是由于 $YFeO_3$ 与 NiO 的电导率比 $NiFe_2O_4$ 低，掺杂后生成的 $YFeO_3$ 相存在材料晶界处以及 NiO 趋于连通网络的分布状态，降低了陶瓷基体的导电性能。

（3）BaO 对 $NiFe_2O_4$ 基金属陶瓷导电性能的影响

中南大学研究了 BaO 掺杂量对 $NiFe_2O_4$ – 10NiO 复合陶瓷导电性能的影响。图 4 – 17 给出 1200℃ 下烧结的 BaO 掺杂 $NiFe_2O_4$ – 10NiO 复合陶瓷在不同温度下的电导率。当未掺杂 BaO 时，材料的电导率首先随着温度的升高而增加，随后在 750 ~ 800℃ 附近出现 1 ~ 2 个数量级的陡降，最后重新缓慢上升，至 960℃ 时也仅为 0.92 S/cm 左右。掺杂了 0.5% ~ 4% BaO 样品的电导率随温度的变化趋势有明显的区别，在整个测试温度区间内随着温度的升高而增加。其中，掺杂 0.5% BaO 样品的电导率较高，在 960℃ 下可达到 11.76 S/cm。

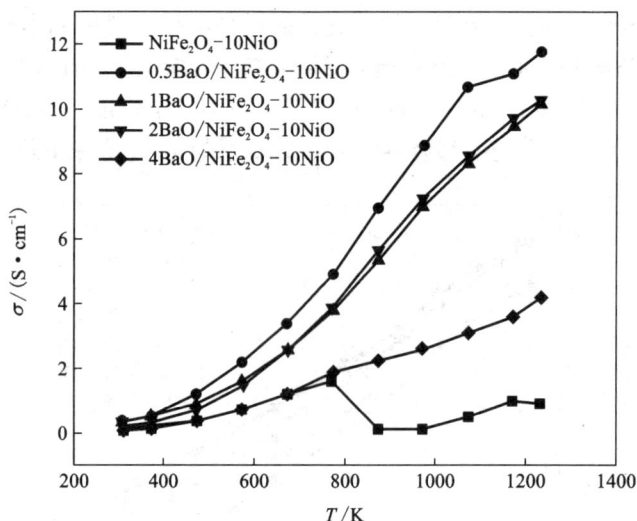

图 4 – 17 空气中 BaO 掺杂 $NiFe_2O_4$ – 10NiO 复合陶瓷的电导率 – 温度关系曲线

图 4 – 17 中 $NiFe_2O_4$ – 10NiO 样品的电导率在 773 ~ 873K 区间附近发生突降的原因可能是：$NiFe_2O_4$ 的居里点温度约为 860K，在居里温度附近，$NiFe_2O_4$ 铁氧体发生了由亚铁磁性到顺铁磁性的转变。在低于居里温度时（ <773K）为有序的亚铁磁性，因此随着温度的升高其电导率逐渐增大；高于居里温度时（ >873K）为无序的顺铁磁性，随着温度的升高其电导率也逐渐增大。但在居里点温度（773 ~ 873K）发生磁性转变时，其激活能发生突变，因此电导率发生了突变。对于图 4 – 17 中的 BaO 含量为 0.5% ~ 4% BaO 样品，对其做 $\ln\sigma$ – $1/T$ 曲线，如图 4 – 18 所示，发现在 873K 时均发生了斜率的转变，即激活能的转变。

为了进一步研究 1% BaO 掺杂对 xCu/($NiFe_2O_4$ – 10NiO)金属陶瓷导电性能的影响，选用 xCu/($NiFe_2O_4$ – 10NiO)和 1BaO – xCu/($NiFe_2O_4$ – 10NiO)金属陶瓷惰性阳极材料样品进行对比研究，图 4 – 19 列出了 1200℃ 下烧结 xCu/($NiFe_2O_4$ – 10NiO)和 1BaO – xCu/($NiFe_2O_4$ – 10NiO)金属陶瓷的高温电导率测试结果。从图中可以看出，

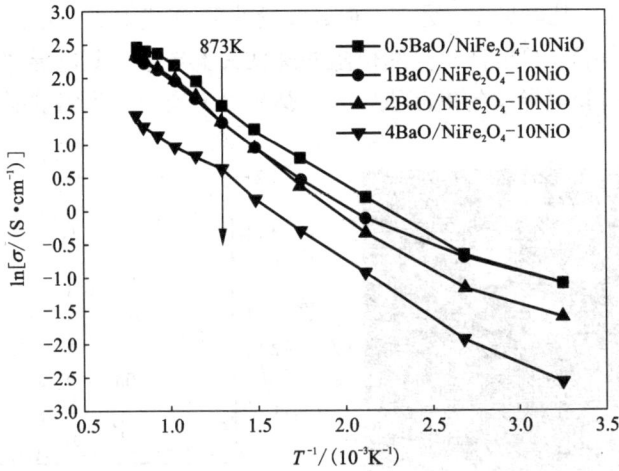

图 4-18　空气中 BaO 掺杂 NiFe$_2$O$_4$ -10NiO 复合陶瓷的电导率对数 - 温度倒数关系曲线

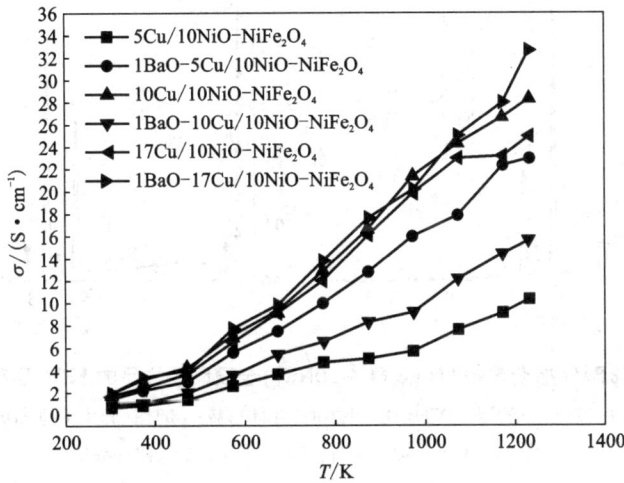

图 4-19　1%BaO 掺杂对 xCu/(NiFe$_2$O$_4$ -10NiO)金属陶瓷导电性能的影响

1BaO - xCu/(NiFe$_2$O$_4$ -10NiO)金属陶瓷的高温电导率与 xCu/(NiFe$_2$O$_4$ -10NiO)相比普遍较高，960℃ 时，金属相 Cu 含量分别为 5%、10% 和 17% 的 1BaO - xCu/(NiFe$_2$O$_4$ -10NiO)金属陶瓷电导率依次为 22.79 S/cm、23.10 S/cm 和 32.62 S/cm 相比未掺杂金属陶瓷样品电导率 10.30 S/cm、15.63 S/cm 和 28.30 S/cm，分别增加 12.49 S/cm、7.47 S/cm 和 4.32 S/cm。说明 1%BaO 的掺杂对 xCu/(NiFe$_2$O$_4$ -10NiO)金属陶瓷的导电性能有利。其电导率变化的原因可

能是：一方面，1% BaO 的掺杂较大地提高了 xCu/(NiFe$_2$O$_4$ - 10NiO)金属陶瓷致密度，所以提高了其电导率；另一方面，大量的 BaO 或 BaFe$_2$O$_4$ 位于陶瓷的晶界（如图 4 - 20 所示），可能产生空间位阻并降低其电导率。其电导率得到了提高说明致密度增大引起电导率的提高值要大于晶界 BaO 导致电导率的降低值。

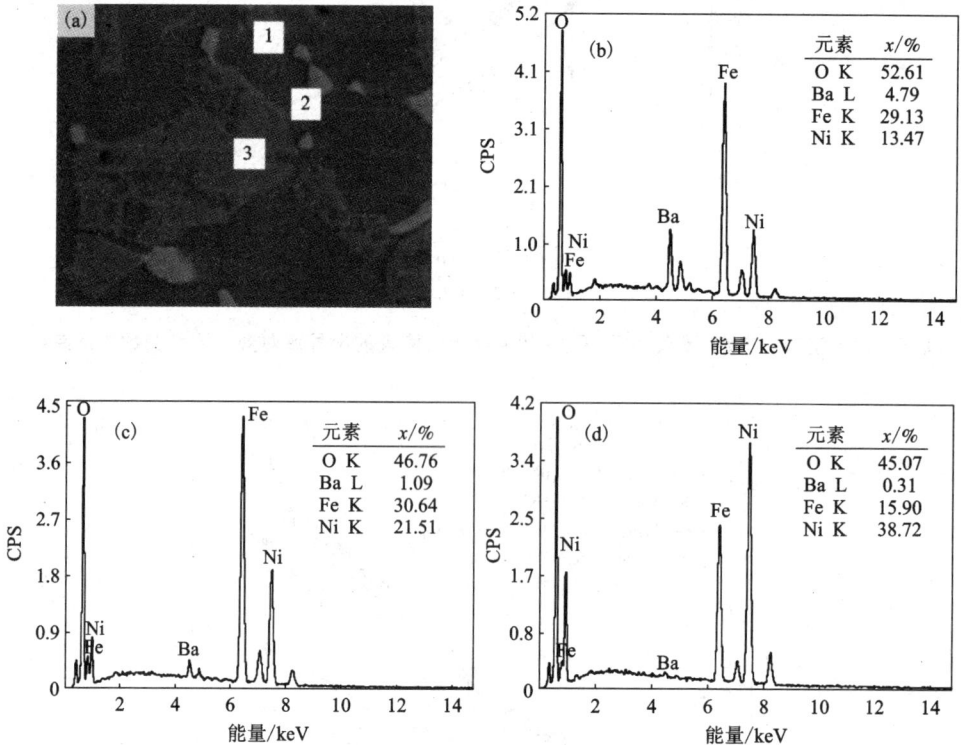

图 4 - 20 1.0% BaO 掺杂 5Ni/(NiFe$_2$O$_4$ - 10NiO)金属陶瓷样品的 SEM 形貌和 EDS 分析

(a)掺杂 1.0% BaO 的 5Ni/(NiFe$_2$O$_4$ - 10NiO)SEM 形貌；(b)图(a)中 1 的 EDS 分析；
(c)图(a)中 2 的 EDS 分析；(d)图(a)中 3 的 EDS 分析

BaO 添加后主要以 BaO 或 BaFe$_2$O$_4$ 的形式存在于 NiFe$_2$O$_4$ 和 NiO 晶界内。图 4 - 20 为 1BaO 掺杂 5Ni/(NiFe$_2$O$_4$ - 10NiO)金属陶瓷样品的 EDS 能谱图，从图可以看出，区域 1 和区域 2 为 NiFe$_2$O$_4$ 和 NiO 的晶界界面区域，并分别测得区域内的 Ba 的原子数分数为 4.79% 和 1.09%，而区域 3 为 NiO 的晶粒内部，其 Ba 的原子数分数仅为 0.31%，说明在 NiFe$_2$O$_4$ 和 NiO 晶界的 BaO 或 BaFe$_2$O$_4$ 较多，而 NiFe$_2$O$_4$ 和 NiO 晶粒内部较少。晶界较多的 BaO 或 BaFe$_2$O$_4$ 不仅可能对电导率有影响，同时可能影响 BaO 掺杂的金属陶瓷样品的腐蚀性能。

添加 BaO 后的铁酸镍基金属陶瓷的导电特性呈现半导体特性，这说明金属陶瓷的导电仍由陶瓷相的导电性质所决定。图 4 – 21 所示为 xCu/(NiFe$_2$O$_4$ – 10NiO)金属陶瓷和 1BaO – xCu/(NiFe$_2$O$_4$ – 10NiO)金属陶瓷样品的 lnσ – 1/T 的关系曲线。由图可以看出,试样的电导率 σ 随 T 的增加而增大,并符合 Arrhenius 公式的变化规律,呈现半导体导电特性。NiFe$_2$O$_4$ 的居里点温度约为 860K,本实验所制备样品的居里温度 T_c 约为 873K,不同成分样品的 lnσ – 1/T 关系曲线以居里温度为分界点分为两个部分,在这两部分 lnσ 与 1/T 呈直线关系,直线斜率的变化反应了材料电子电导激活能的变化;在居里温度附近,NiFe$_2$O$_4$ 铁氧体发生了由亚铁磁性到顺铁磁性的转变。在低于居里温度的区域为有序的亚铁磁性,高于居里温度的区域为无序的顺铁磁性,这一变化规律与 Bhosale[24] 的研究结果是一致的。

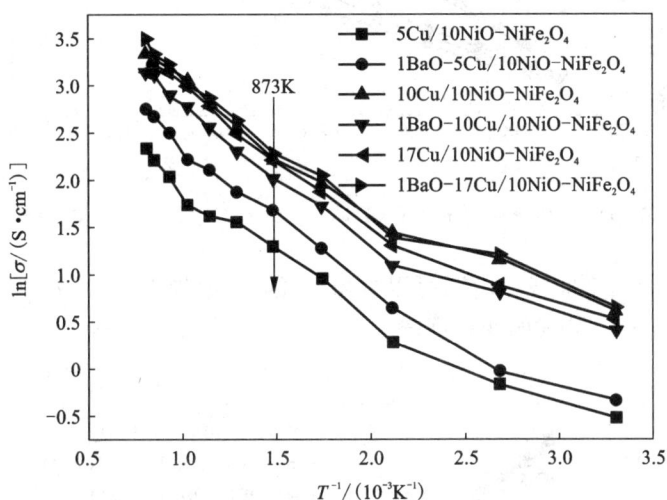

图 4 – 21　BaO 掺杂金属陶瓷的 lnσ – 1/T 关系曲线

中南大学研究团队还研究了 BaO 掺杂对 xNi/(NiFe$_2$O$_4$ – 10NiO)金属陶瓷电导率的影响。对于金属相为 Ni 的金属陶瓷材料,1% BaO 的掺杂对其导电性能的影响规律与 Cu/(NiFe$_2$O$_4$ – 10NiO)金属陶瓷相似。从图 4 – 22 可以看出,金属相 Ni 含量分别为 5%、10% 和 17% 时,1% BaO 掺杂样品 960℃ 时电导率依次为 21.98 S/cm、28.37 S/cm 和 41.92 S/cm,而未掺杂 BaO 金属陶瓷样品的电导率则依次为 18.70 S/cm、22.79 S/cm 和 39.58 S/cm,分别提高了 3.28 S/cm、5.58 S/cm 和 2.34 S/cm,上述数据表明,1% BaO 的掺杂对 xNi/(NiFe$_2$O$_4$ – 10NiO)金属陶瓷的导电性能提高同样有利,但其电导率的提高较 xCu/(NiFe$_2$O$_4$ – 10NiO)金属陶瓷样品小,主要原因可能是 1% BaO 的掺杂对 xNi/(NiFe$_2$O$_4$ – 10NiO)金属陶瓷致密度的提高较 xCu/(NiFe$_2$O$_4$ – 10NiO)金属陶瓷样品小。图 4 – 23 所示为 xNi/(NiFe$_2$O$_4$ – 10NiO)金属陶瓷和 1BaO – xNi/(NiFe$_2$O$_4$ – 10NiO)金属陶瓷样品

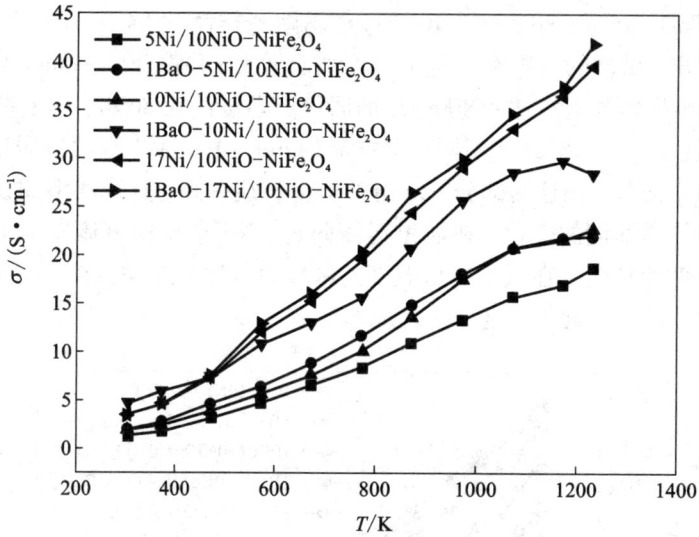

图 4 - 22　1%BaO 掺杂对 xNi/(NiFe$_2$O$_4$ - 10NiO) 金属陶瓷导电性能的影响

的 $\ln\sigma$ - $1/T$ 的关系曲线。由图可以看出，试样的电导率 σ 随 T 的增加而增大，同样符合 Arrhenius 公式的变化规律。

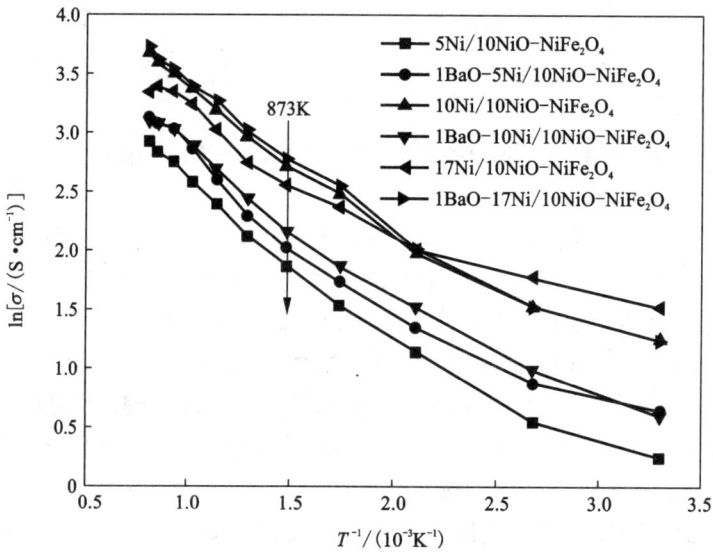

图 4 - 23　BaO 掺杂金属陶瓷的 $\ln\sigma$ - $1/T$ 关系曲线

BaO 加入到金属陶瓷中金属相 Ni 和 Cu 主要以块状或条状存在，近似网络分布，如图 4-24 和图 4-25 所示。因此 BaO 的加入使金属以条状或块状分布，可以提高材料的电导率；另外，BaO 的加入使 $NiFe_2O_4$ 产生 Fe 和 O 空位，使空位浓度梯度提高，提高载流子的迁移速率，从而提高电导率。

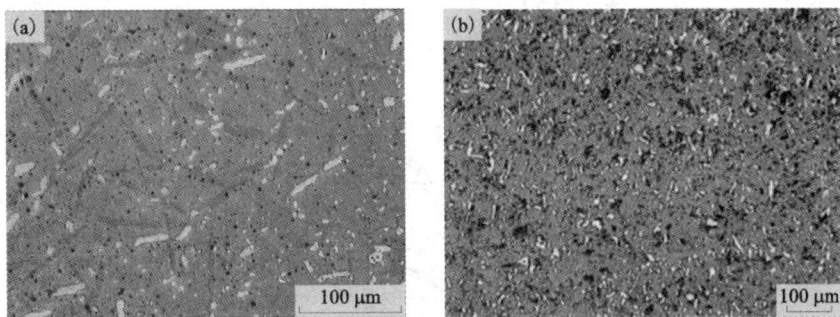

图 4-24　金属相为 Ni 的金属陶瓷的金相照片
（a）$1BaO-17Ni/(NiFe_2O_4-10NiO)$；（b）$17Ni/(NiFe_2O_4-10NiO)$

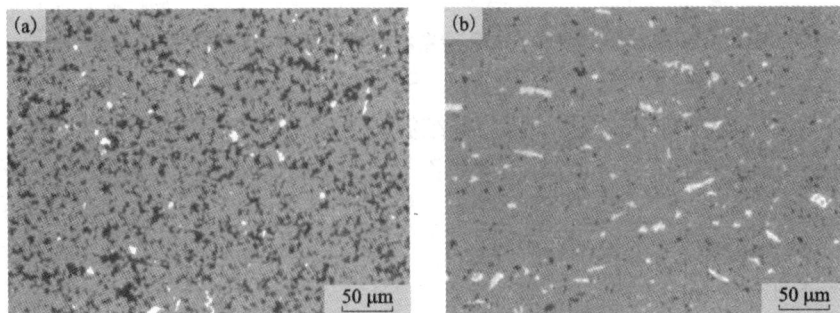

图 4-25　金属相为 Cu 的金属陶瓷的金相照片
（a）$1BaO-5Cu/(NiFe_2O_4-10NiO)$；（b）$5Cu/(NiFe_2O_4-10NiO)$

（4）CoO 对 $NiFe_2O_4$ 基金属陶瓷导电性能的影响

Ba^{2+} 和 Yb^{3+} 等离子的半径远远大于 Ni^{2+} 和 Fe^{3+} 的离子半径，以 BaO 和 Yb_2O_3 作为添加剂，两者并不能与基体中的 $NiFe_2O_4$ 相和 NiO 相形成固溶体，而是在烧结过程中与其反应生成新的物相。相比之下，Co^{2+} 与 Ni^{2+} 的离子半径相近，以 CoO 作为添加剂，能与基体中的陶瓷相形成固溶体，因此，中南大学研究了 CoO 掺杂对 $10NiO-NiFe_2O_4$ 复合陶瓷材料导电性能的影响。图 4-26 所示为 1250℃ 烧结的样品在不同测试温度下的电导率。可以看出，不同成分样品的电导率都随测试温度的提高而逐渐增大。掺杂 CoO 后复合陶瓷的电导率较未掺杂样品有显著提高，随 CoO 含量的增加，电导率增大。在 960℃时测得的未掺杂样品的电导率为 5.71 S/cm，掺杂 1.0%、3.0%、5.0%、10.0% CoO 样品的电导率分别达到 5.98 S/cm、6.40 S/cm、7.94 S/cm、8.21 S/cm。

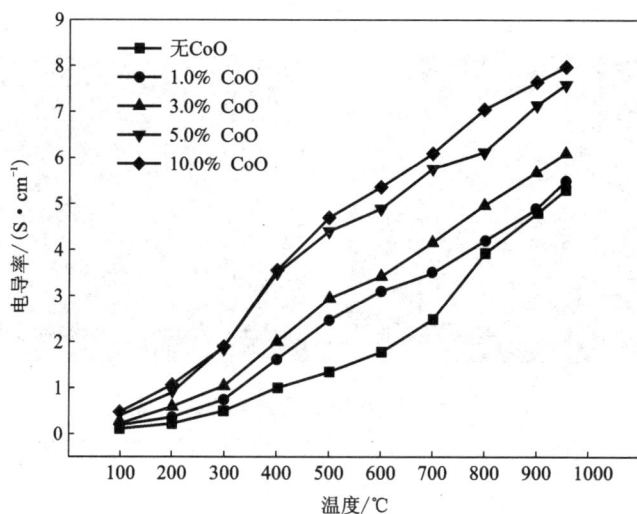

图 4-26　1250℃烧结的 CoO 掺杂样品在不同测试温度下的电导率

对于同一成分的样品而言，提高烧结温度可促进陶瓷晶粒的长大和气孔的减少，有利于其导电性能的提高。图 4-27 所示为 1300℃烧结的样品在不同测试温

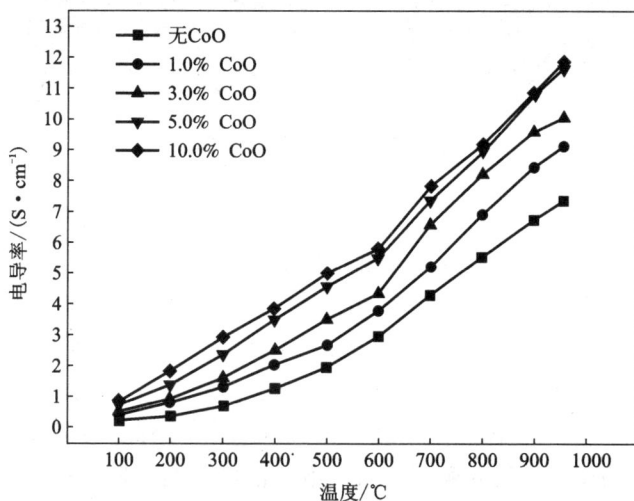

图 4-27　1300℃烧结的 CoO 掺杂样品在不同测试温度下的电导率

度下的电导率。可以看出，1300℃烧结的样品在不同测试温度下的电导率均高于1250℃烧结样品的相应值。1300℃烧结未掺杂样品在960℃时的电导率为7.81 S/cm，比1250℃烧结未掺杂样品高了2.10 S/cm。这可能是因为随着烧结温度的提高，陶瓷晶粒逐渐长大，晶界和相界处的连通气孔减少。一方面晶界面积减少，尤其晶界缺陷（如孔洞）降低，晶界电阻减小，有利于材料的电导率的提高。另一方面相界面面积减少，导致材料导电性提升，这可能与 $NiFe_2O_4$ 相和 NiO 相不同的导电机制有关，前者是 N 型半导体，后者是 P 型半导体，二者的界面处易形成 PN 结[25]，从而一定程度上阻碍了载流子的迁移。与1250℃烧结样品类似，1300℃烧结的样品也随 CoO 掺杂量的增大其电导率增大。掺杂1.0%、3.0%、5.0%、10.0% CoO 样品的电导率分别达到9.59 S/cm、10.38 S/cm、12.24 S/cm、12.56 S/cm、10.0% CoO 掺杂时电导率是未掺杂样品的1.61 倍。

在同一个测试温度下，随着 CoO 掺杂量增大，样品的电导率增大。可能原因是与 Ni^{2+} 相比，由于 Co^{2+} 离子的禁带电子易激发到导带，掺杂 $NiFe_2O_4$ 相的载流子（电子）的形成能有所降低。另一方面，Co^{2+} 离子掺杂引起晶格畸变，可为载流子的迁移提供易扩散通道，在一定程度上降低其迁移能。因此，CoO 掺杂后电导活化能降低是材料电导率提升的主要原因。

（5）CaO 对 $NiFe_2O_4$ 基金属陶瓷导电性能的影响

中南大学研究了 CaO 掺杂对 $NiFe_2O_4$ – 10NiO 基金属陶瓷导电性能影响。图 4 – 28 和图 4 – 29 分别为1200℃下烧结 $2CaO – xCu/(NiFe_2O_4 – 10NiO)$ 以及 $2CaO – xNi/(NiFe_2O_4 – 10NiO)$ 金属陶瓷的高温电导率随温度的变化关系。从

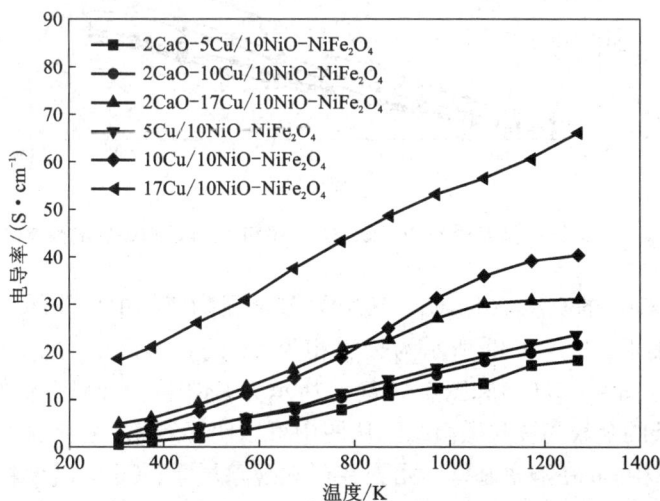

图 4 – 28　2% CaO 掺杂对 $Cu/(NiFe_2O_4 – 10NiO)$ 金属陶瓷导电性能的影响

图 4-28 中可以看出，当金属相 Cu 含量为 5% 时，2% CaO 掺杂金属陶瓷在 1233K 时的电导率为 18.24 S/cm，随着金属相含量的增加，电导率随之提高，当金属相含量为 17% 时，材料电导率达到 31.09 S/cm。xCu/（NiFe$_2$O$_4$ - 10NiO）金属陶瓷的高温电导率与 2CaO - xCu/（NiFe$_2$O$_4$ - 10NiO）相比普遍较高，960℃时，金属相 Cu 含量分别为 5%、10% 和 17% 的 xCu/（NiFe$_2$O$_4$ - 10NiO）金属陶瓷的电导率依次为 21.34 S/cm、33.45 S/cm 和 56.90 S/cm，其中金属相含量为 17% 的样品的电导率比 2% CaO 掺杂金属陶瓷样品高近一倍。说明 2% CaO 的掺杂对 xCu/（NiFe$_2$O$_4$ - 10NiO）金属陶瓷的导电性能不利。对于金属相为 Ni 的金属陶瓷材料，2% CaO 的掺杂对其导电性能的影响规律与 Cu/（NiFe$_2$O$_4$ - 10NiO）金属陶瓷相似，见图 4-29。金属相 Ni 含量分别为 5%、10% 和 17% 时，2% CaO 掺杂样品 960℃时电导率依次为 20.76 S/cm、23.47 S/cm 和 30.41 S/cm，而未掺杂 CaO 金属陶瓷样品电导率则依次为 22.11 S/cm、27.08 S/cm 和 37.59 S/cm，上述数据表明，2% CaO 的掺杂对提高 xNi/（NiFe$_2$O$_4$ - 10NiO）金属陶瓷的导电性能同样不利。

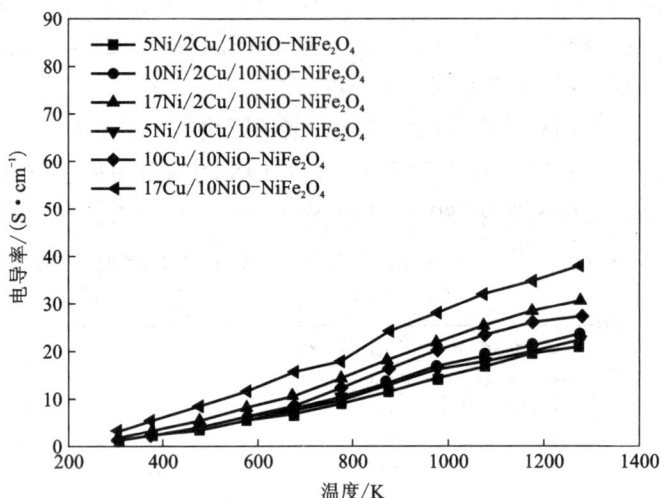

图 4-29　2% CaO 掺杂对 Ni/（NiFe$_2$O$_4$ - 10NiO）金属陶瓷导电性能的影响

掺杂 2% CaO 的 Cu/（NiFe$_2$O$_4$ - 10NiO）基金属陶瓷导电性能却相对较差，究其原因分析如下：图 4-30 所示为金属相为 Cu 的金属陶瓷的金相照片，其中图 4-27（a）、图 4-27（c）和图 4-27（e）所示为 CaO 掺杂金属陶瓷的显微组织，其余为未掺杂的金属陶瓷显微组织。从图中可以明显看出，在掺杂 2% CaO 金属陶瓷中，金属相 Cu 在陶瓷基体中团聚和孤立现象严重，Cu 多以大颗粒存在，而未掺杂的金属陶瓷中 Cu 在基体的团聚现象相对较少，且随着 Cu 含量的增加，金属相 Cu 多呈连续状分布。产生以上现象的原因，是由于在陶瓷基体中有部分

CaO 存在于晶界处，阻止了液体金属相 Cu 在烧结过程中的迁移流动，因而也就阻止了 Cu 的溢出并使得金属相团聚和孤立。CaO 的掺杂改变了 Cu 在陶瓷基体的分布状态，虽然阻止了 Cu 的溢出损失但却使金属相团聚且相互孤立，致使以金属导电为主的金属陶瓷的导电通道严重受阻，从而降低了材料的导电性能。

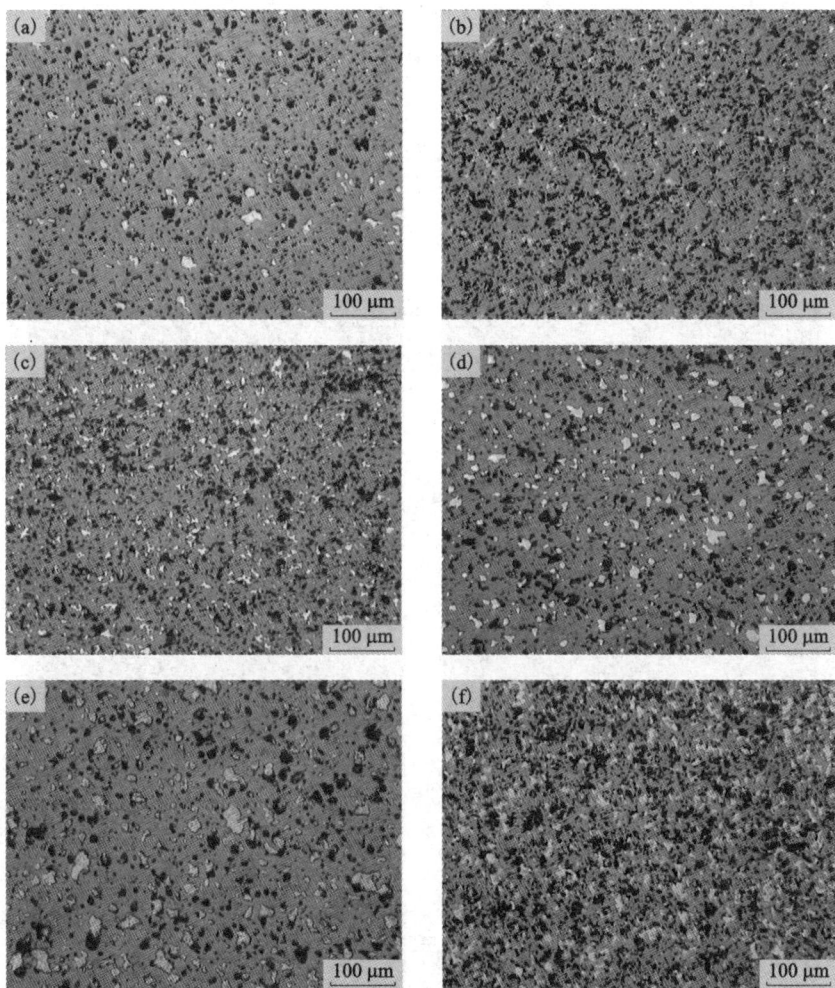

图 4 – 30　金属相为 Cu 的金属陶瓷的金相照片

(a)$2CaO - 5Cu/(NiFe_2O_4 - 10NiO)$；(b)$5Cu/(NiFe_2O_4 - 10NiO)$；

(c)$2CaO - 10Cu/(NiFe_2O_4 - 10NiO))$；(d)$10Cu/(NiFe_2O_4 - 10NiO)$；

(e)$2CaO - 17Cu/(NiFe_2O_4 - 10NiO)$；(f)$17Cu/(NiFe_2O_4 - 10NiO)$

金属相为 Ni 的金属陶瓷金相照片如图 4 – 31 所示，比较图 4 – 31 中各图，同样可以发现 2% CaO 的掺杂使得 Ni 在金属陶瓷基体的分布有所改变。与 xNi/(NiFe$_2$O$_4$ – 10NiO)金属陶瓷中 Ni 的分布状态相比，2% CaO 的掺杂使 Ni 颗粒之间变得更加孤立而团聚现象并不明显，这与 CaO 对 Cu 在金属陶瓷基体分布的影响并不相同。主要是因为金属 Ni 的熔点较高，在烧结过程中仍以固相存在，没有液态 Cu 在陶瓷基体的流动迁移现象，因而较难发生团聚。存在于晶界处的 CaO 颗粒阻碍了金属相 Ni 的连续分布，增加了电荷携带者的有效传递距离分数，使得金属陶瓷的电导率有所降低。

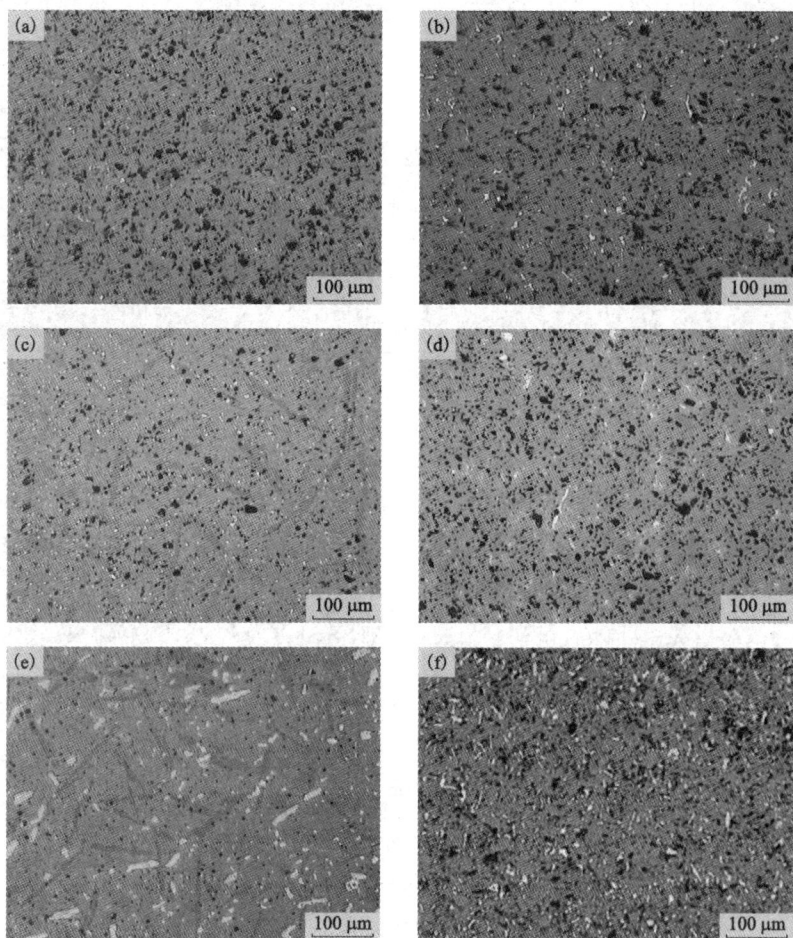

图 4 – 31　金属相为 Ni 的金属陶瓷的金相照片

(a)2CaO – 5Ni/(NiFe$_2$O$_4$ – 10NiO)；(b)5Ni/(NiFe$_2$O$_4$ – 10NiO)；(c)2CaO – 10Ni/(NiFe$_2$O$_4$ – 10NiO)；
(d)10Ni/(NiFe$_2$O$_4$ – 10NiO)；(e)2CaO – 17Ni/(NiFe$_2$O$_4$ – 10NiO)；(f)17Ni/(NiFe$_2$O$_4$ – 10NiO)

$x\mathrm{Cu}/(\mathrm{NiFe_2O_4}-10\mathrm{NiO})$ 金属陶瓷的高温电导率与 $2\mathrm{CaO}-x\mathrm{Cu}/(\mathrm{NiFe_2O_4}-10\mathrm{NiO})$ 相比普遍较高,其中金属相含量为 17% 的样品,其电导率比 2% CaO 掺杂金属陶瓷样品高一倍多,这说明 2% CaO 的掺杂并没有改善 $x\mathrm{Cu}/(\mathrm{NiFe_2O_4}-10\mathrm{NiO})$ 金属陶瓷的导电性能。金属相为 Ni 的金属陶瓷电导率的研究结果同样表明,掺杂 2% CaO 的不能提高 $x\mathrm{Ni}/(\mathrm{NiFe_2O_4}-10\mathrm{NiO})$ 金属陶瓷的导电性能。

4.2.3　金属相对 $\mathrm{NiFe_2O_4}$ 基金属陶瓷导电性能的影响

添加剂是一种有效改善铁酸镍基金属陶瓷导电性能的方法,但这还无法满足惰性阳极对材料电导率的要求。为了进一步提高金属陶瓷的导电性能,人们研究了金属相的含量及种类对铁酸镍基金属陶瓷导电性能的影响。

为提高 $\mathrm{NiFe_2O_4}$ 基陶瓷的导电性能,赖延清等[26]采用传统粉末冶金技术分别制备了 Cu 含量为 5%、10% 和 Ni 含量为 5% 的两类 $\mathrm{NiFe_2O_4}$ 基金属陶瓷惰性阳极,1000℃ 时 3 种材料的电阻率分别为 0.76 Ω·cm、0.41 Ω·cm 和 0.04 Ω·cm,添加金属 Ni 的金属陶瓷阳极电阻率明显低于添加金属 Cu 的电阻率。这主要是由于金属 Ni 具有比 Cu 更高的熔点,对 $\mathrm{NiFe_2O_4}$ 的烧结过程具有助烧作用,致密度较高;另外,添加金属 Cu 的金属陶瓷的致密度过低会导致金属相氧化,这对提高导电性能不利。赖延清等[27]还对不同金属含量的 $\mathrm{Cu-Ni-NiFe_2O_4}$ 金属陶瓷惰性阳极的导电性能进行了研究,其中金属粉末中 Cu 和 Ni 的质量分数分别为 85% 和 15%。$\mathrm{Cu-Ni-NiFe_2O_4}$ 金属陶瓷遵循半导体导电规律,其电导率随温度的升高呈指数规律增加;材料的导电性能随着金属含量的增加而增加,当金属(Cu-Ni)含量从 0 升到 20% 时,在 960℃ 下材料的电导率从 2.00 S/cm 增大到 102.25 S/cm。田忠良等[28]对 $5\mathrm{Ni-NiFe_2O_4}$、$5\mathrm{Cu-NiFe_2O_4}$ 和 $4.25\mathrm{Cu}-0.75\mathrm{Ni-NiFe_2O_4}$ 的 $\mathrm{NiFe_2O_4}$ 基金属陶瓷的电导率进行了研究,发现 $\mathrm{NiFe_2O_4}$ 基金属陶瓷的电导率主要和温度、陶瓷基体的电导率、金属成分及金属相在陶瓷相中的分散度有关。当温度从 573K 升至 1233K 时,$\mathrm{NiFe_2O_4}$ 陶瓷的电导率由 0.099 S/cm 增加到 2.105 S/cm;与 $\mathrm{NiFe_2O_4}$ 陶瓷相比,金属陶瓷的电导率有较大幅度的提高,但二者随温度的变化趋势是一致的;1233K 时,金属含量为 5% Ni、5% Cu 和 4.25% Cu + 0.75% Ni 的 $\mathrm{NiFe_2O_4}$ 基金属陶瓷的电导率分别为 20.576 S/cm、14.970 S/cm 和 18.797 S/cm。

金属陶瓷中金属相的成分和添加方式的不同会导致材料中金属相的形貌和孔隙率产生差异,从而引起导电性能的差异。中南大学分别添加 Cu、95Cu + 5Ni 单质混合粉、95Cu - 5Ni 包覆粉为金属相,制备的 $10\mathrm{NiO}-\mathrm{NiFe_2O_4}$ 金属陶瓷电导率随温度的变化关系如图 4 - 32 所示。从图中可以看出,3 种金属相的 $(10\mathrm{NiO}-\mathrm{NiFe_2O_4})$ 基金属陶瓷的电导率均随温度升高而增大。添加包覆粉的样品在 300℃、600℃ 和 960℃ 的电导率分别为 25 S/cm、53 S/cm 和 78 S/cm,960℃

电导率比添加单质混合粉的样品(65 S/cm)提高了20%。

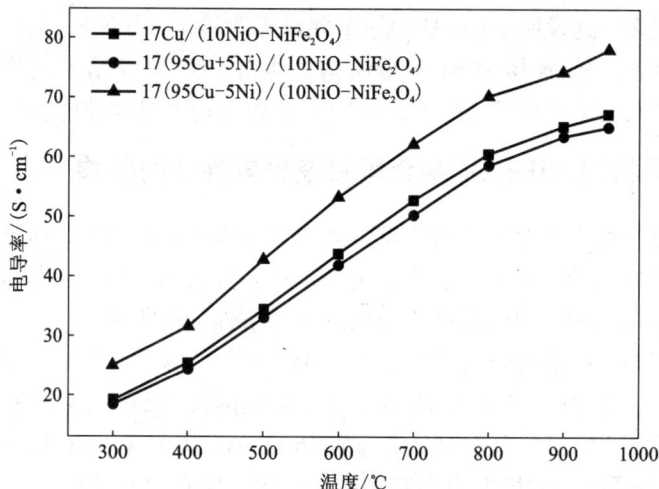

图4-32 17M(10NiO-NiFe$_2$O$_4$)金属陶瓷的电导率-温度关系曲线

对于金属陶瓷的导电现象,可以采用Wang等建立的模型进行解释[29]:

$$\sigma = \sigma_0/(1-x) \tag{4-8}$$

式中:σ_0定义为氧化物陶瓷基体的电导率;x为金属陶瓷中电荷携带者有效传递距离分数。金属陶瓷的电导率主要与以下两点有关:①金属相含量;②金属相在氧化物陶瓷相中的分散度,与金属相的电导率无关。因此,金属陶瓷具有与其陶瓷相相似的高温导电性能,体现出半导体的导电性质,电导率随着温度T的升高而增加。

3种金属相样品的$\ln\sigma - 1/T$的关系曲线如图4-33所示。由图可以看出,试样的电导率σ的对数与$1/T$呈线性关系,符合Arrhenius公式的变化规律,呈现半导体导电特性。

Cu相中加入5%(质量分数)单质Ni后,虽然致密度比单纯添加Cu为金属相的样品有所提高,但电导率反而略有降低。这可能是因为金属陶瓷在N$_2$气氛下烧结时,NiFe$_2$O$_4$发生了微弱分解反应,如下式所示:

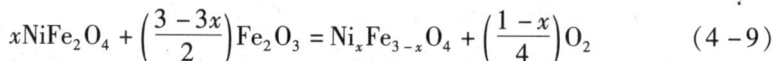

$$x\mathrm{NiFe_2O_4} + \left(\frac{3-3x}{2}\right)\mathrm{Fe_2O_3} = \mathrm{Ni}_x\mathrm{Fe}_{3-x}\mathrm{O_4} + \left(\frac{1-x}{4}\right)\mathrm{O_2} \tag{4-9}$$

NiFe$_2$O$_4$弱分解释放出来的氧能够与金属陶瓷中金属Ni发生氧化反应,并生成NiO,而NiO的导电性远低于NiFe$_2$O$_4$,新生成的NiO使样品电导率下降;而Cu与氧气反应生成Cu$_2$O的导电性较好[30],类似上式反应的存在对材料导电性影响不大。

相同的金属相因添加方式不同也会引起材料微观形貌的变化。图4-34所示

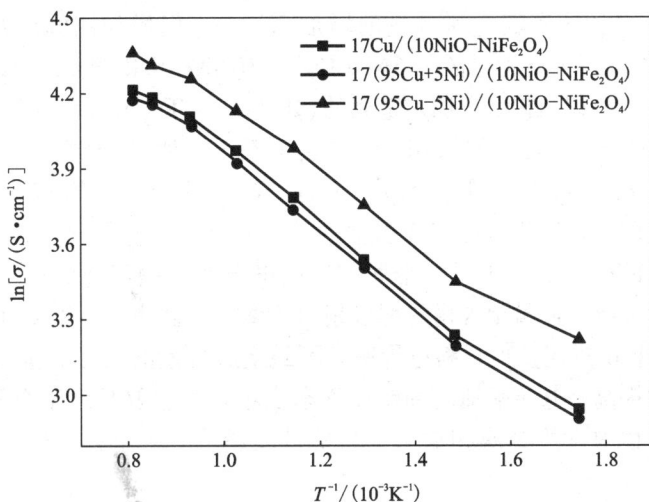

图 4－33　样品的 $\ln\sigma - 1/T$ 关系曲线

分别为添加 95Cu＋5Ni 单质混合粉和 95Cu－5Ni 包覆粉金属相样品的 SEM 照片。从图中可以看出，添加 95Cu＋5Ni 单质混合粉的样品烧结后金属相呈孤立岛状分布，而添加 95Cu－5Ni 包覆粉的样品中金属相形成局部连通。金属陶瓷的导电性能是由金属相导电和陶瓷相导电共同作用的结果。根据金属陶瓷的电导率公式[29]，金属相的局部网络连通可增大电荷在金属相传输的距离 l_c，而电荷总传输距离 $(l_c + l_M)$ 是固定不变的，故而金属陶瓷样品的电导率 σ 提高。另外，添加单质混合粉的样品烧结后不规则大尺寸孔洞较多，且孔洞多位于两相界面或三相的界处，而添加包覆粉的样品中只在陶瓷晶粒内部发现有少量的球形闭孔，孔洞较少分布在相界处或与金属相连通。位于相间的孔洞极大地增大了金属相与陶瓷

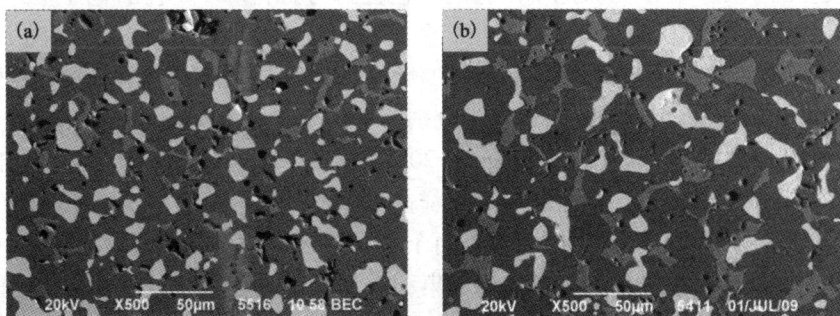

图 4－34　添加 17％（质量分数）不同金属颗粒的 10NiO－NiFe$_2$O$_4$ 金属陶瓷的 SEM 照片

（a）95Cu＋5Ni 混合粉；（b）95Cu－5N 包覆粉

相、陶瓷相与陶瓷相间的相间电阻，降低了样品的电导率。

　　金属陶瓷的电导率随金属含量的增加而增加，但增加的幅度却不断减小。表 4-9 为添加不同金属含量的 $x(5Ni-Cu)/(10NiO-NiFe_2O_4)$ 阳极的电导率测试结果。从表中可以看出，未加入金属的 $(10NiO-NiFe_2O_4)$ 陶瓷样品其 960℃ 电导率仅为 2.1 S/cm，而添加 $(5Ni-Cu)$ 包覆粉，添加量分别为 12.5%、15%、17% 时，其 960℃ 电导率分别为 25.76 S/cm、56.43 S/cm 和 78.37 S/cm，比未添加金属相的纯陶瓷样品提高了一个数量级，且电导率随金属含量的增加而增大。根据金属陶瓷的电导率公式[29]，金属陶瓷的电导率取决于金属相含量和金属在陶瓷基体内的分布，金属相含量的增多相当于增大了公式 (4-8) 中的 l_c，减小了 l_M，材料电导率 σ 提高。但材料电导率并不随金属含量的增加而呈线性增加，随着金属含量的提高，电导率提高的幅度逐渐变小。这主要是由于金属含量越高，材料在烧结过程中发生金属相溢出的可能性就越高，从而影响材料致密度和电导率。

表 4-9　不同金属含量 $x(5Ni-Cu)/(10NiO-NiFe_2O_4)$ 阳极的电导率

w(金属含量) /%	不同测试温度下的电导率/$(S\cdot cm^{-1})$							
	573K	673K	773K	873K	973K	1073K	1173K	1233K
0	0.07	0.23	0.48	0.74	1.15	1.4	1.7	2.1
12.5	5.33	8.05	9.75	13.99	17.55	20.55	22.64	25.76
15	11.73	14.47	20.54	28.77	40.58	50.11	55.63	56.43
17	23.74	29.44	36.54	47.71	59.54	69.11	75.66	78.37

　　由于现行铝电解是在 960℃ 的熔盐中进行，因此样品的 960℃ 电导率具有重要意义。图 4-35 所示为添加不同组成的包覆粉时材料 960℃ 电导率随金属相中 Ni 含量变化曲线。从曲线中可以看出，金属相含量为 12.5% 时，电导率随 Ni 含量的增加而逐渐减小。金属相含量为 15% 和 17% 时，电导率先增大后减小，如金属相含量为 12.5%，包覆粉中 Ni 含量分别为 0%、5% 和 20% 时，样品的 960℃ 电导率分别为 31.13 S/cm、25.77 S/cm 和 20.24 S/cm；金属相含量为 17%，包覆粉中 Ni 含量分别为 0%、5% 和 20% 时，样品的 960℃ 电导率分别为 67.26 S/cm、78.01 S/cm 和 57.02 S/cm。这主要是由于金属相含量较高时（>12.5%），Cu 液相与基体的润湿性差，易发生金属相聚集和溢出，如图 4-36 所示；而以包覆粉的形式往金属相中加入 Ni 后则可改善金属相与基体润湿性，降低金属相聚集和溢出的程度，故而电导率升高。金属含量越高，Ni-Cu 在减少金属相聚集和溢出、提高材料电导率方面的作用就越大。如金属相添加量为 15% 和 17% 时，以

5Ni－Cu 为金属相样品电导率分别为 56.20 S/cm 和 78.01 S/cm，分别比以 Cu 为金属相的样品(49.12 S/cm 和 67.26 S/cm)提高 14% 和 16%。

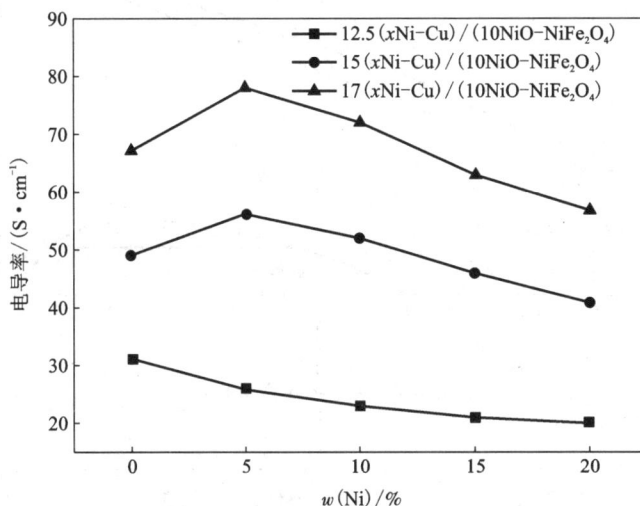

图4-35　金属陶瓷 960℃电导率与金属相中 Ni 含量之间的关系

图4-36　样品溢铜后图片

　　随着包覆粉中 Ni 含量的提高，金属相初始颗粒增大，降低了金属相在基体内的分散均匀性，同时也增大了金属相聚集和溢出的风险，故而电导率又逐渐降低。另外，包覆粉中 Ni 含量的提高，也导致金属相液化温度升高。图4-37所示为 Cu－Ni 平衡相图，从图中可知 Cu－Ni 合金中 Ni 含量由 5%(质量分数)提高到 20% 时，其液相线由 1120℃提高到 1200℃。液相线的提高降低了金属液相在基体内的流动性，使金属相易在材料内部呈大块状分布，而不能形成导电性能更好的局部连通结构。

　　17(xNi－Cu)/(10NiO－NiFe$_2$O$_4$)惰性阳极材料在 1300℃ 和 1350℃ 烧结的样品 960℃ 下电导率随金属相中 Ni 含量变化曲线如图4-38所示。从曲线中不难发现，烧结温度升高后，样品电导率均有不同程度的降低，且随着金属相中 Ni 含量

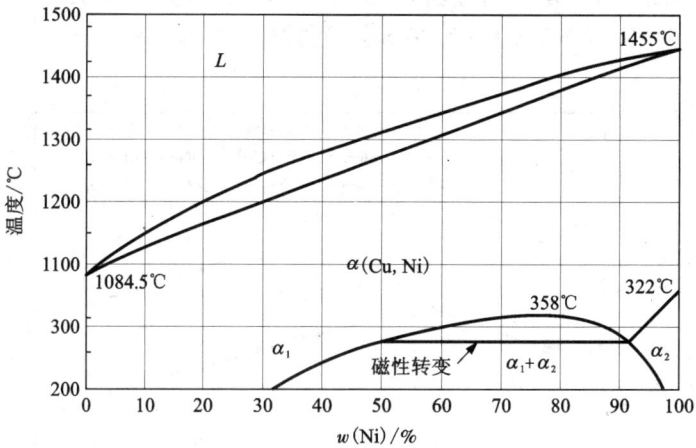

图 4 – 37   Cu – Ni 合金相图

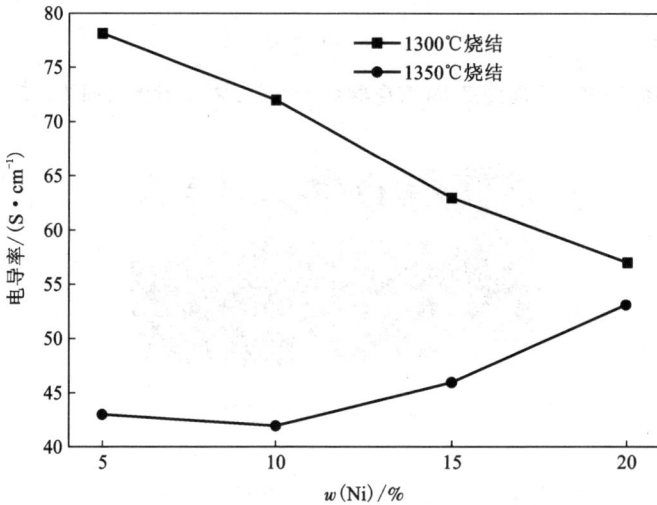

图 4 – 38   不同温度下烧结 17(xNi – Cu)/(10NiO – NiFe$_2$O$_4$)960℃
电导率与金属相中 Ni 含量之间的关系

的提高，电导率降低的幅度减小。由此说明，虽然提高烧结温度可提高陶瓷相的晶界结合，进而提高材料晶界电导率，但金属相的溢出流失显然对电导率的影响更大。

中南大学研究了不同金属相含量和成分对 NiFe$_2$O$_4$ – 10NiO 基金属陶瓷材料导电性能的影响，图 4 – 39 给出了 3 种金属陶瓷材料 xNi/(NiFe$_2$O$_4$ – 10NiO)、xCu/(NiFe$_2$O$_4$ – 10NiO)和 x(80Cu – Ni)/(NiFe$_2$O$_4$ – 10NiO)在 960℃下的电导率

随其金属含量变化的曲线图。从图中可以看出，在纯陶瓷中加入少量金属后，材料的电导率便会大幅度提高，但是随着金属相含量的增加，材料的电导率提高缓慢，主要原因可能是一方面金属相对 $NiFe_2O_4 - 10NiO$ 陶瓷致密化阻碍作用增强，陶瓷相的导电贡献有所降低；另一方面，材料中金属含量较多后，金属相往往发生聚集或互相联通，如图 4 - 40(a)、图 4 - 40(b)所示，金属相的导电贡献加强，材料的电导大幅增加，所以金属相含量增加时，金属陶瓷材料的电导出现上升的现象。加入 5% 金属后电导率得到了较大提高，而继续增加金属含量时电导率提高相对缓慢的原因可以用下面的模型进行解释。

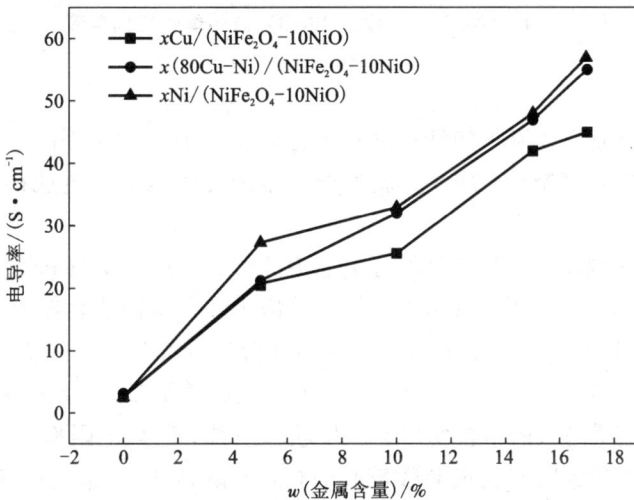

图 4 - 39　不同成分金属陶瓷电导率随金属相含量变化曲线图

在金属陶瓷中，引入的金属 Ni 或 Cu 质量分数分别为 5%、10% 和 17%，通过实验发现，金属陶瓷的电导率随金属加入量的增加而增加。未加入金属的陶瓷样品其 960℃ 时电导率仅为 2.5 S/cm，而当金属 Ni、80Cu - Ni 和 Cu 添加量为 5% 时，相同条件下试样的电导率分别为 27 S/cm、20.8 S/cm 和 21 S/cm，相比未加入金属的陶瓷样品电导率提高近一个数量级。当金属量为 17% 时，相同条件下试样的电导率分别仅为 57 S/cm、45 S/cm 和 55 S/cm，相比加入 5% 金属的陶瓷样品电导率提高仅一倍左右。产生上述现象的原因主要是：未加入金属的陶瓷其电阻由两部分构成，一部分是陶瓷晶粒电阻率，另一部分是陶瓷晶粒之间的晶界电阻率，其中陶瓷晶粒电阻率相对较高，陶瓷之间的晶界电阻率相对较低，因此陶瓷的电阻率主要取决于陶瓷晶粒电阻率。金属与陶瓷所组成的复合材料中，金属电阻率相对较低，陶瓷电阻率相对较高。加入的金属位于陶瓷晶界中，形成陶瓷—晶界—金属—晶界—陶瓷的导电通道，减少了载流子在试样中迁移过程所受

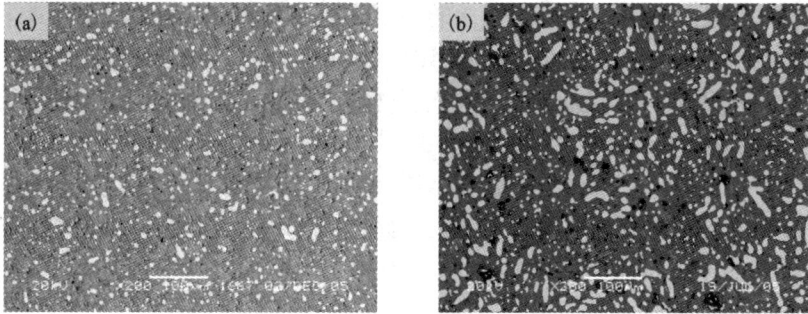

图 4 – 40　$x\mathrm{Ni}/(\mathrm{NiFe_2O_4}-10\mathrm{NiO})$ 烧结体的扫描电镜图

(a)$x=10$；(b)$x=30$

到的阻力，从而提高载流子的迁移速率，且金属的加入不仅提高了载流子浓度，而且使陶瓷产生较多空位，加入金属使载流子浓度和载流子的迁移速率都增大，电导率增大。

样品电阻率减小主要是金属的导电通道的形成和通过调节氧分压使陶瓷释氧产生氧空位的作用。由于金属基本上均匀分散于整个陶瓷的晶界中，当含金属的质量分数较低时(5%)，大量金属比较均匀地分散在晶界上，陶瓷—陶瓷导电通道减少，陶瓷—晶界—金属—晶界—陶瓷的导电通道增多，形成一系列局部的导电通道，而且金属与氧的结合使陶瓷产生较多空位，所以电阻率减小很快，电导率迅速增加；当含金属的质量分数较高时(10% 和 17%)，金属在晶界中趋于饱和，金属便部分分散于陶瓷晶粒中，陶瓷—晶界—金属—晶界—陶瓷的导电通道继续增加就越来越少，且晶界中的金属氧化后会产生一定的致密氧化膜从而阻碍金属的进一步氧化，那么陶瓷继续产生氧空位便受到阻碍。金属量继续增大，形成导电通道的数目并不与金属含量成比例，对电阻率的贡献作用越来越小，电阻率减小缓慢，所以电导率提高相对缓慢。

导电性能的好坏是决定 $\mathrm{NiFe_2O_4}$ 基金属陶瓷惰性阳极材料能否成功进行铝电解应用的核心指标，对电解槽操控工艺、电流效率、节能效果等都有重要影响。中南大学通过研究陶瓷相掺杂和金属相的含量对铁酸镍基金属陶瓷导电性能的影响，发现金属相添加的效果要远远好于氧化物掺杂的情况，而且以单质 Cu 作为金属相时材料电导率要明显高于单质 Ni 的添加，而采用 Cu – Ni 合金作为金属相所得 $\mathrm{NiFe_2O_4}$ 基金属陶瓷惰性阳极材料的导电性能获得了明显的提高，其中 17($5\mathrm{Ni}-\mathrm{Cu}$)/($10\mathrm{NiO}-\mathrm{NiFe_2O_4}$)960℃时的电导率为 78.4 S/cm，900℃时的电导率也达到了 75.7 S/cm，尽管该值较现行铝电解用炭素阳极约 200 S/cm 的电导率还有一定差距，但已基本能满足惰性阳极铝电解的需要。

参 考 文 献

[1] 席锦会，姚广春，刘宜汉. 添加物对镍铁尖晶石惰性阳极微观结构和性能的影响[J]. 东北大学学报，2005，26(6)：574 – 577.

[2] Van Der Meer A B D. Mechanical strength of magnesium zinc ferrites for yokerings [C]// Hiroshi W. Ferrite：Proceedings of International Conference. Tokyo：D Reidel publishing company，1980：301 – 305.

[3] Johnson D W. Recent progress on mechanical properties of ferrites [C]// Hiroshi W. Ferrite：Proceedings of International Conference. Tokyo：D Reidel publishing company，1980：285 – 291.

[4] 张清纯. 陶瓷材料的力学性能[M]. 北京：科学出版社，1987.

[5] 隋万美. 微裂纹复相陶瓷材料的抗热震机制[J]. 材料导报，2000，14(2)：34 – 35.

[6] 穆柏春. 热震对高温结构陶瓷性能的影响[J]. 锦州工学院学报，1991，10(4)：27 – 32.

[7] 丁格尔波夫 J R，克兰道尔 W B. 金属陶瓷[M]. 施今，译. 上海：上海科学技术出版社，1964.

[8] 金格瑞 W D. 陶瓷导论[M]. 清华大学无机非金属材料教研组，译. 北京：中国建设工业出版社，1982.

[9] 席锦会，姚广春，刘宜汉，等. Ag 含量对 $NiFe_2O_4$ 基金属陶瓷惰性阳极性能的影响[J]. 功能材料，2006，37(6)：880 – 882.

[10] 李荫远，李国栋. 铁氧体物理学[M]. 北京：科学出版社，1978.

[11] 马如璋，徐英庭. 穆斯堡尔谱学[M]. 北京：科学出版社，1998.

[12] Balaji S, Kalai Selvan R, John Berchmans L, et al. Combustion synthesis and characterization of Sn^{4+} substituted nanocrystalline $NiFe_2O_4$[J]. Materials Science and Engineering B, 2005, 119：119 – 124.

[13] Lumpkin G R. Crystal chemistry and durability of the spinel structure type in natural systems[J]. Progress in Nuclear Energy, 2001, 38(3 – 4)：441 – 454.

[14] Augustin C O, Hema K, Berchmans L J, et al. Effect of Ce^{4+} substitution on the structural, electrical and dielectric properties of $NiAl_2O_4$ spinel[J]. Physica Status Solidi A, 2005, 202(6)：1017 – 1024.

[15] Bhosale A G, Chougule B K. Electrical conduction in Ni – Al ferrites[J]. Materials Letters, 2006, 60：3912 – 3915.

[16] Snelling E C. Soft ferrites, properties and applications [M]. 2nd ed. London：Butterworth, 1988.

[17] 田忠良，赖延清，段华南，等. 掺杂 SnO_2 对 $NiFe_2O_4$ 陶瓷电导率的影响[J]. 矿产保护与利用，2004(5)：37 – 40.

[18] 罗琨琳，贾贺峰，吴贤熙. 添加纳米 NiO 对 $NiFe_2O_4$ 金属陶瓷电导率的影响[J]. 贵州工业大学学报，2008，37(3)：42 – 45.

[19] 席锦会, 姚广春, 刘宜汉, 等. V_2O_5 对镍铁尖晶石烧结机理及性能的影响[J]. 硅酸盐学报, 2005, 33(6): 683 - 687.

[20] 席锦会, 姚广春, 刘宜汉, 等. 复合添加剂对金属陶瓷惰性阳极导电性的影响[J]. 东北大学学报, 2006, 27(3): 296 - 299.

[21] Pope M C, Birks N. The electrical conductivity of NiO at 1000℃ [J]. Corrosion Science, 1977, 17: 747 - 752.

[22] 傅彦培, 林正雄, 曾建玮. 添加铋的氧化钇掺氧化铈对电子电导率影响[J]. 武汉理工大学学报, 2007, 29(10): 186 - 190.

[23] 林晓敏, 宋文福, 李莉萍, 等. $Ce_{1-x}Eu_xO_2-\delta(x=0.05\sim0.50)$固溶体的溶胶 - 凝胶法合成与性质研究[J]. 化学学报, 2004, 62(10): 951 - 955.

[24] Shora A E, Hiti M A, Nimr M K, et al. Semiconductivity in $Ni_{1+x}Mn_xFe_{2-2x}O_4$ ferrites[J]. Journal of Magnetism and Magnetic Materials, 1999, 204(1): 20 - 28.

[25] Nora V, Nguyen T. Inert anode: challenges from fundamental research to industrial application [C] // Bearne G. Light Metals 2009. Warrendale, Pa: TMS, 2009: 417 - 421.

[26] 赖延清, 秦庆伟, 段华南, 等. $NiFe_2O_4$ 基金属陶瓷材料的制备及其耐腐蚀性能[J]. 中南大学学报: 自然科学版, 2004, 35(6): 885 - 890.

[27] 赖延清, 张刚, 李劼, 等. 金属含量对 $Cu-Ni-NiFe_2O_4$金属陶瓷导电性能的影响[J]. 中南大学学报: 自然科学版, 2004, 35(6): 880 - 884.

[28] 田忠良, 赖延清, 李劼, 等. $NiFe_2O_4$ 基金属陶瓷的电导率[J]. 粉末冶金材料科学与工程, 2005, 10(2): 110 - 115.

[29] Wang C F, Li G X. Influence of metal additives on the electrical conductivities of the oxide ceramics as an electrode material [J]. Rare Metals, 1993, 12(2): 126 - 130.

[30] 邵文柱, 宋磊, 崔玉胜, 等. Cu_2O-Cu 系金属陶瓷制备工艺研究[J]. 材料科学与工艺, 1999, 3(7): 38 - 42.

第 5 章　铁酸镍基金属陶瓷惰性阳极的电解腐蚀

在高温冰晶石电解质熔体中的化学、电化学环境中，惰性阳极可能与电解质熔体发生化学反应，出现化学和电化学腐蚀现象，改变阳极表面的成分和组织结构。惰性阳极的化学和电化学腐蚀，一方面导致阳极电极性能的改变；另一方面也影响原铝的纯度。深入认识惰性阳极电解过程中的腐蚀行为有助于高性能惰性阳极材料的开发、确定抑制阳极腐蚀的工艺途径、奠定惰性阳极工业应用的理论基础。作为惰性阳极体系中工业化应用前景较明朗的材料体系，$NiFe_2O_4$ 基金属陶瓷惰性阳极材料体系的电解腐蚀溶解行为及其与电解质熔体的交互作用一直是材料研究的核心之一。随着对 $NiFe_2O_4$ 基金属陶瓷惰性阳极在氟化盐熔体中腐蚀研究的不断深入，对其腐蚀性能和腐蚀机理也有了一定的了解。

$NiFe_2O_4$ 基金属陶瓷的电解腐蚀溶解及其与电解质反应的可能机制已在前面的章节中进行了阐述，本章重点介绍了中南大学研究团队在金属相 Cu 和 Ni、第二陶瓷相 NiO 以及添加剂 MnO_2、TiO_2、V_2O_5、Yb_2O_3、CeO_2、Y_2O_3、BaO 和 CoO 等对 $NiFe_2O_4$ 基金属陶瓷惰性阳极电解腐蚀性能影响的研究结果。

5.1　金属相的优先溶解与氧化

$NiFe_2O_4$ 基金属陶瓷中金属相的存在有利于提高材料的导电、机械等物理性能，选择对象主要是 Cu、Ni、Fe、Ag 及其合金。考虑的因素侧重在金属的氧化和与电解质熔体的反应热力学，金属电解过程中的腐蚀行为等。基于烧结、耐蚀和价格的因素，$NiFe_2O_4$ 基金属陶瓷中金属相主要选择 Cu、Ni 及其合金，后来倾向于富 Cu 的 Cu – Ni 合金。相对于氧化物陶瓷基体主要发生的缓慢物理溶解和化学溶解，在电解质熔体中，表层金属相更易发生快速的电化学溶解腐蚀，金属相的存在将降低材料耐腐蚀性能。在第 2 章中已经介绍，单质金属及合金组元在电解过程中呈现出不同的腐蚀机制，因此 $NiFe_2O_4$ 基金属陶瓷中金属相种类及含量的选择对金属陶瓷铝电解惰性阳极材料同样具有重要意义。

几乎在所有的金属相腐蚀机理研究中都报道过同一现象，就是存在金属相的优先溶解。但是，对腐蚀机理的认识迄今未能获得一致的结论，而且分歧主要在两个方面，一是除金属 Ag 外，Cu 和 Ni 二者谁更耐腐蚀，二者的最佳配比是多少？二是金属相的腐蚀机制，到底是直接电化学溶解？还是先氧化后化学或电化学溶解?

1986 年，Tarcy 等[1]研究了金属相及含量分别为 20% Ni、30% Ni、20%(80Cu – 20Ni)及 30%(90Cu – 10Ni)的 $NiFe_2O_4$ 基金属陶瓷阳极在高温氟化盐熔体中的耐腐蚀性能，线性扫描伏安法研究发现，金属陶瓷阳极相对陶瓷氧化物和 Pt 阳极都存在残余电流，虽然以 Ni 为金属相的阳极残余电流大于 Cu 为金属相的阳极，但是相对于陶瓷基体，金属相均优先发生腐蚀。电解一段时间后，以 Ni 为金属相的惰性阳极腐蚀严重，电解质大量渗入；而以 Cu 或富 Cu 合金为金属相的阳极中金属相有钝化现象产生，部分 Cu 氧化成 Cu_2O，部分 Cu 氧化后再转变成 $CuAlO_2$，$CuAlO_2$ 的生成进一步减缓阳极腐蚀。由于电解过程中金属 Ni 不能形成类似的氧化物，如 NiO、$NiAlO_2$，裸露的金属相颗粒没有氧化膜的有效保护，因此金属相优先腐蚀。基于金属相 Cu 或富 Cu 合金发生钝化现象，他们建议以 Cu 或富 Cu 的 Cu/Ni 合金为 $NiFe_2O_4$ 基金属陶瓷惰性阳极的金属相。1987 年，Windisch[2]用循环伏安法重点研究金属 Cu 阳极在电解过程中的伏安曲线特征，对各个氧化还原峰作了细致分析，推测腐蚀过程中可能存在 Cu 氧化成 Cu_2O 和 CuO，并存在 CuO 和 Cu_2O 与 Al_2O_3 形成 $CuAlO_2$ 等反应。2000 年，Ray[3, 4]利用组成为 65% $NiFe_2O_4$ –18% NiO –17% Cu 的惰性阳极在饱和 Al_2O_3 浓度，800℃的条件下进行了低温电解研究，推算出腐蚀速率为 14 mm/a。

然而，其他研究者却得出了与之不一致的结论。Olsen[5]等研究了在电解条件下 17% Cu –3% Ni –80%($NiFe_2O_4$ – NiO)金属陶瓷中的组成元素在电解质中向阴极熔融金属 Al 中的迁移现象，发现元素 Ni 向熔融金属 Al 迁移的速率约为 Cu 和 Fe 的 1/2。对实验后阳极进行分析，并未发现 Tarcy[1]所发现的 Cu 氧化物及化合物，因此认为金属 Cu 在电解腐蚀条件下并不发生所谓先氧化后溶解的现象。

Lorentsen 和 Thonstad[6]研究了金属 Ni 的添加对 17% Cu – $NiFe_2O_4$ 为基体的材料的电解腐蚀性能，分析发现，金属相 Cu 可能存在向阳极表面迁移的现象，不存在 Tarcy 所描述的 Ni 在富 Ni 金属相中优先腐蚀现象，且 Cu 在 Cu – Ni 合金中的迁移速率比 Ni 大 2~3 个数量级，并推测可能有 CuF 或 CuF_2 生成。

赖延清等[7, 8]研究了金属相分别为 Cu 或 Ni、含量均为 5% 的两组 $NiFe_2O_4$ 基金属陶瓷惰性阳极在 Na_3AlF_6 – Al_2O_3 熔体中的电解腐蚀行为。研究结果表明，5% Cu – $NiFe_2O_4$ 惰性阳极电解质浸渗严重，出现了肿胀和开裂现象；而成分为 5% Ni – $NiFe_2O_4$ 惰性阳极电解后形状完整，但存在金属 Ni 优先溶解的现象。

王兆文等[9]采用热压烧结的方法制备了成分为 20% CuNi – NiO – $NiFe_2O_4$ 的金属陶瓷，其中 NiO 的含量分别为 16%、18% 和 20%，并对其耐腐蚀性能进行了研究。经过 12 h 的电解后，阳极表面棱角分明，没有明显的腐蚀迹象，阳极表面金属相腐蚀层的厚度为 10~15 μm。但他们的另一研究[10]却发现，电解后发现阳极表面有一剥离层，阳极下部发生了肿胀。

　　造成对金属相腐蚀行为认知差异的主要原因是，目前缺乏一个评价金属陶瓷惰性阳极乃至合金惰性阳极腐蚀性能的统一标准。各研究中金属陶瓷的烧结性能尤其相对密度不尽相同，而采用的电解工艺参数（温度、电解时间、氧化铝浓度等）和腐蚀速率的计量方法也有差异。通过对文献报道的对比和作者近年的研究结果，发现了影响金属相尤其 Cu – Ni 相腐蚀的一些规律。

5.1.1　金属相的优先溶解

　　金属相 Cu、Ni 及其合金在电解初期的优先溶解不可避免，但优先溶解的速率和深度受金属陶瓷的烧结质量、金属相组成与含量、电解条件、阳极表层与电解质熔体和新生氧间的化学反应等诸多因素的影响。

　　Lorentsen 等[6] 在研究 17Cu/NiFe$_2$O$_4$ 金属陶瓷阳极的腐蚀性时，采用的电解质为摩尔分数 CR = 2.29 的饱和冰晶石 – 氧化铝熔盐，并含有 5% 的 CaF$_2$，960℃电解 50 h 后也发现，电解过程中形成了一个厚度 100 ~ 150 μm、较基体更致密的金属损耗层，该层厚度变化与通过阳极的电流有关，阳极表层残留金属相的成分从里向外发生改变。

　　金属陶瓷阳极中的金属相具有相对较强的电化学活性，在阳极极化条件下，阳极上不但发生熔体中含氧配合离子在阳极放电并放出氧气，也有可能发生金属相的阳极氧化并与熔体离子作用，形成相应配合离子进入熔体，从而引起阳极的消耗。以 Ni 为例，当发生电化学溶解时，电解反应可表达为式（5 – 1）：

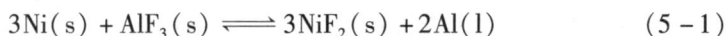

$$3\text{Ni}(\text{s}) + \text{AlF}_3(\text{s}) \rightleftharpoons 3\text{NiF}_2(\text{s}) + 2\text{Al}(\text{l}) \qquad (5-1)$$

　　式（5 – 1）在 1238K 下的 $E^0_{1238\text{K}}$ 为 1.637 V，比正常 Al$_2$O$_3$ 分解反应电位（1223K 下为 2.22 V）低，在电化学测试时引起阳极残余电流。

　　金属相优先溶解的速率和深度与金属陶瓷中金属相的含量相关。尤其当金属陶瓷烧结体中含有一定的开孔时，金属相溶解速率和持续溶解深度随着金属相含量的提高而加剧。中南大学以 NiFe$_2$O$_4$ – 10NiO 为陶瓷基体，分别添加单质 Cu 粉和 Ni 粉，在 1200℃烧结制成相对密度分别约为 90% 和 95% 的两组阳极试样，在常规电解质中进行 960℃电解 10 h 的试验。对于金属相为 Cu 的试样，金属相含量为 5%、10% 和 17% 的试样的金属溶解层厚度分别为 50 ~ 100 μm、300 ~ 400 μm 和 400 ~ 500 μm，如图 5 – 1 所示。

　　高烧结密度可抑制金属相的优先腐蚀溶解。正如众多文献所报道，金属 Ni 相较 Cu 相更易优先溶解，但当金属陶瓷具有较高的烧结密度时，金属相溶解速率和持续溶解深度反而可能降低。图 5 – 2 所示为中南大学的 Ni/（NiFe$_2$O$_4$ – 10NiO）试样的电解后图片。由于烧结体具有较高的烧结密度（相对密度约 95%），金属相的优先腐蚀溶解得到一定的抑制，金属相含量为 5%、10% 和 17% 的试样的金属溶解层厚度分别为 200 μm、300 μm 和 200 ~ 250 μm。不仅高金属相含量的试样

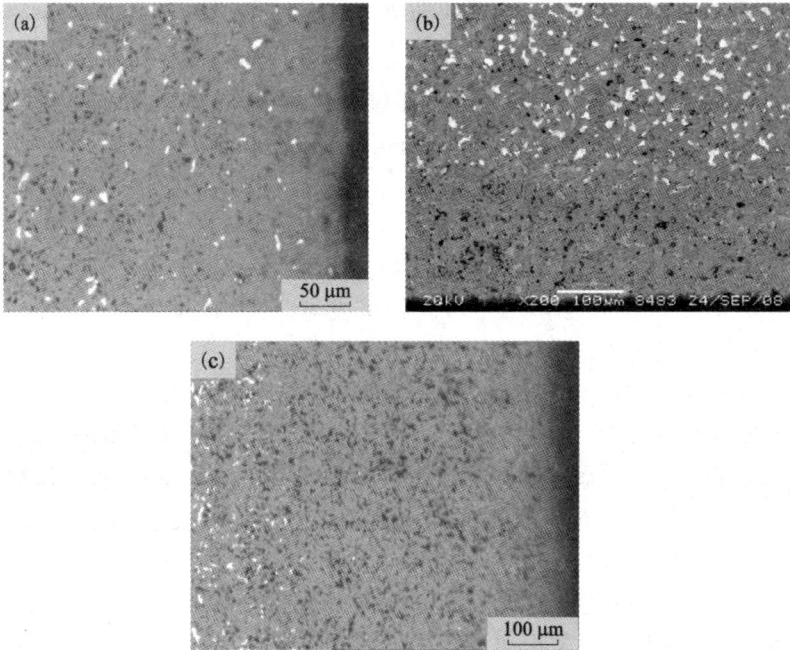

图 5-1　Cu/(NiFe$_2$O$_4$-10NiO) 金属陶瓷 960℃电解 10 h 后的纵向表层组织照片

(a)5Cu/(NiFe$_2$O$_4$-10NiO)；(b)10Cu/(NiFe$_2$O$_4$-10NiO)；(c)17Cu/(NiFe$_2$O$_4$-10NiO)

的金属相溶解层的深度较图 5-1 所示有所降低，而且金属相含量的影响作用也降低。

　　进一步提高金属陶瓷的烧结密度，如采用合适的金属相配比和烧结工艺等，金属相的优先溶解可得到充分的抑制。图 5-3 所示为烧结温度为 1300℃、金属陶瓷配比 17(Cu-20Ni)/(NiFe$_2$O$_4$-10NiO)、相对密度达 98% 的阳极样品电解试验(960℃，10 h)后的 SEM 照片。电解试验后，除表面没有发现裸露的金属相颗粒外，几乎看不到金属相优先腐蚀溶解的迹象。

　　在金属相腐蚀溶解的同时，金属陶瓷组元与电解质熔体的物质交换和反应与阳极新生氧的反应等因素，都可以改变金属陶瓷表层的物质组成、阻塞金属相腐蚀溶解通道，抑制甚至阻止金属相的进一步腐蚀溶解。

　　在阳极极化条件下金属陶瓷惰性阳极与电解质熔体存在多种方式的交互作用。研究显示，金属相表面可能会生成固态的氟化物膜，如 CuF、CuF$_2$ 或 NiF$_2$，抑制金属相的溶解[6]；Cu 或富 Cu 合金有钝化现象的发生，部分 Cu 氧化成Cu$_2$O，部分 Cu 氧化后再转变成 CuAlO$_2$，低溶解速率的表面 Cu$_2$O 和 CuAlO$_2$ 的生成可减缓金属相的电化学腐蚀溶解[1, 2]；陶瓷基体与电解质中氧化铝的反应生成耐腐蚀

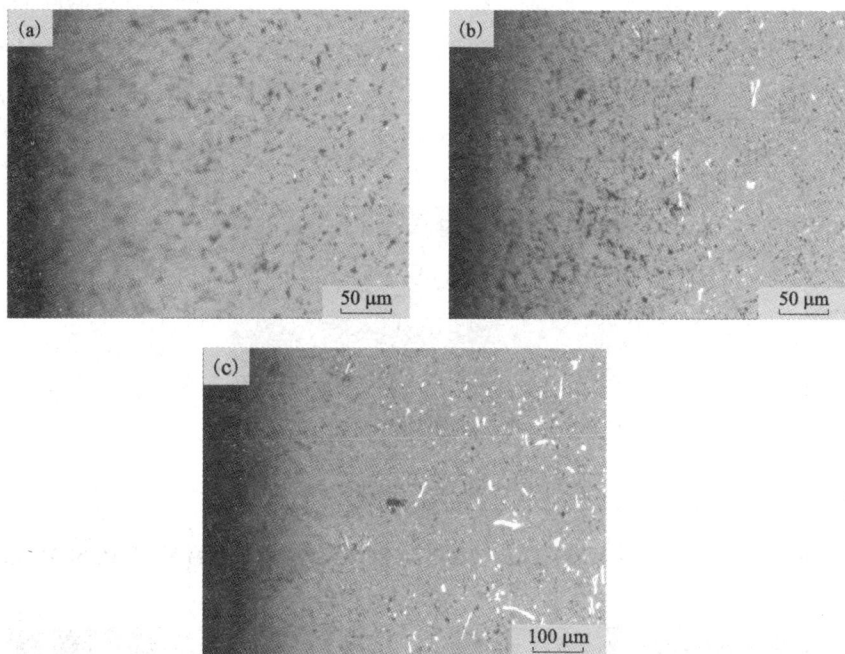

图 5 - 2　Ni／(NiFe$_2$O$_4$ - 10NiO)金属陶瓷 960℃电解 10 h 后表层的金相照片
(a)5Ni／(NiFe$_2$O$_4$ - 10NiO)；(b)10Ni／(NiFe$_2$O$_4$ - 10NiO)；(c)17Ni／(NiFe$_2$O$_4$ - 10NiO)

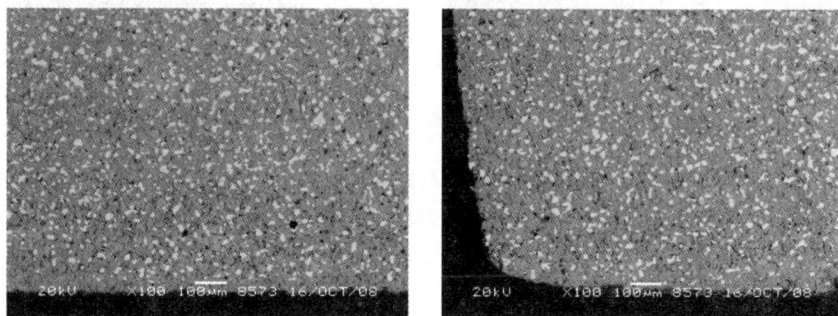

图 5 - 3　17(Cu - 20Ni)／(NiFe$_2$O$_4$ - 10NiO)金属陶瓷电解试验后的 SEM 照片

的铝酸盐，如 NiAlO$_2$ 和 FeAlO$_2$[5]，反应产物的沉积可阻塞电解质渗透通道，避免金属相颗粒与电解质间的直接接触，抑制金属相的腐蚀溶解，等等。

图 5 - 4 所示为相对密度约 96%、成分 17(Cu - 20Ni)／(NiFe$_2$O$_4$ - 10NiO)的金属陶瓷样品 960℃电解试验 5 h 后 SEM 照片，由图中可见，阳极表面出现了约 150 μm 厚的金属相优先腐蚀溶解层。金属相腐蚀溶解后，该层变得疏松多孔，然而在外表面，却出现陶瓷相填充金属相溶解后产生的孔洞、封闭电解质渗透通道

的迹象。随着电解时间进一步延长到 40 h(见图 5 - 5),金属相优先腐蚀溶解层的厚度不仅没有明显的变化,而且该层转变为致密的纯陶瓷层,其致密度比烧结基体更高,类似现象在文献[5]中也有报道。关于该致密陶瓷层形成的可能机制随后将重点阐述。

图 5 - 4　17(10Ni - Cu)/(NiFe$_2$O$_4$ - 10NiO)金属陶瓷 960℃下电解 5 h 后的 SEM 照片

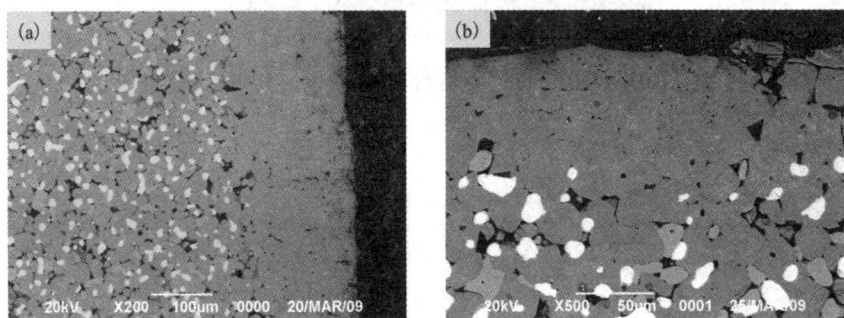

图 5 - 5　17(10Ni - Cu)/(NiFe$_2$O$_4$ - 10NiO)金属陶瓷 960℃下电解 40 h 后的 SEM 照片
(a)阳极电解工作底面;(b)侧面

5.1.2　金属相的氧化

金属相可以直接电化学溶解或先被氧化后溶解,该两种机制也可能同时存在,但到底是哪种机制起主导作用,取决于金属陶瓷的烧结质量、电解条件(如电流密度、氧化铝浓度等)、阳极表层组成和结构在电解过程中的转变等诸多因素。

电解过程中金属相氧化的报道已在前面的章节中进行了介绍,由于阳极反应新生态氧的存在,金属相的氧化在热力学上是可能的。只是由于金属相的电化学溶解和氧化这两种机制竞争的影响因素太多,以至于带来对金属相腐蚀溶解机制认知的偏差。

电解过程中金属相尤其是以 Cu 为主的金属相,在发生腐蚀溶解的同时,也发生氧化反应。图 5 - 6 所示是 $10NiO - NiFe_2O_4$ 为陶瓷基体、添加 10% 质量分数的金属 Cu 粉末的金属陶瓷试样电解前后材料的微观形貌及 EDS 分析。电解试验前材料的晶粒间结合紧密，只存在少量圆形气孔，NiO、$NiFe_2O_4$ 及 Cu 各相清晰可辨；电解后试样底部的金属相基本消失、陶瓷晶界已被严重腐蚀，并形成连通

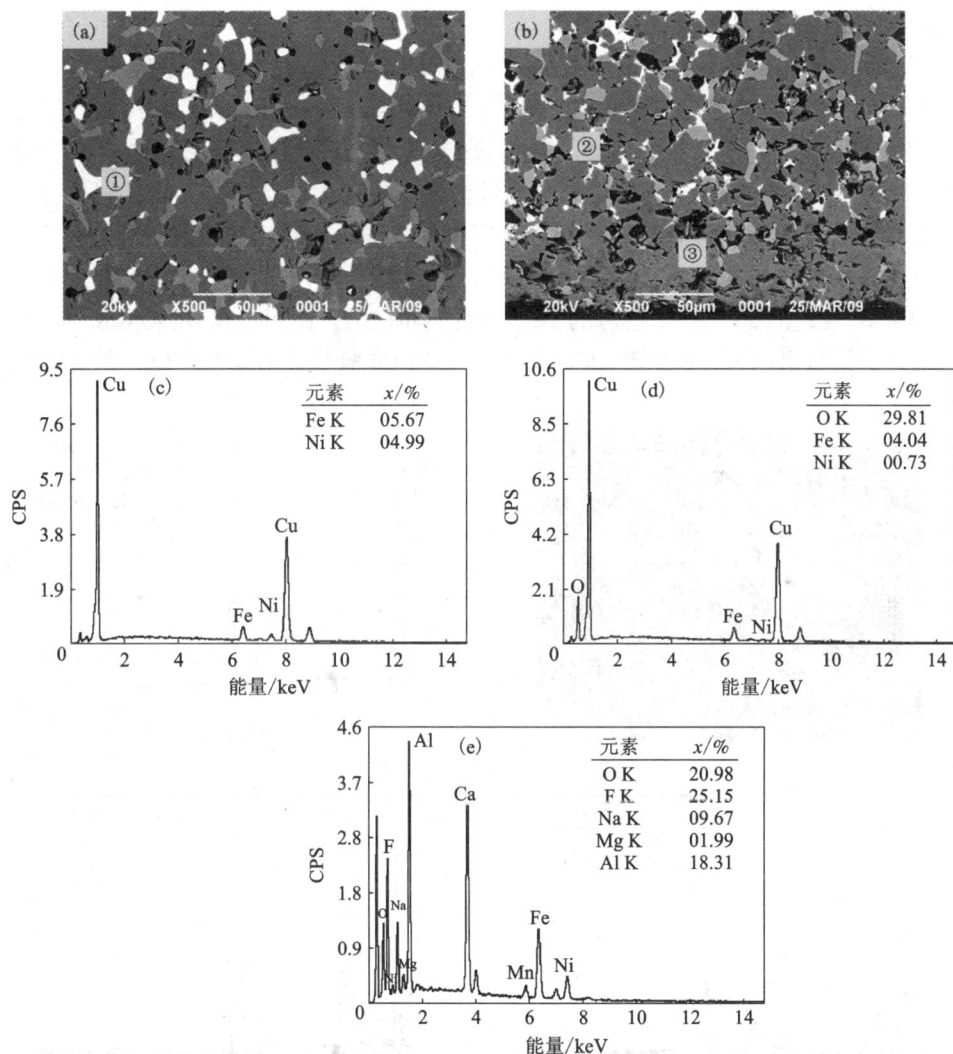

图 5 - 6　$10Cu/(NiFe_2O_4 - 10NiO)$ 金属陶瓷 960℃ 下电解前后的 SEM 像和金属相成分

(a)电解前的 SEM 形貌；(b)电解 10 h 后的 SEM 形貌；(c)烧结态金属相的 EDS 分析[图(a)中位置 1]；
(d)电解试验后金属相的 EDS 分析[图(b)图位置 2]；(e)孔洞电解质的 EDS 分析[图(b)图位置 3]

的孔洞。在晶界腐蚀的连通孔洞内发现有大量电解质成分，但未检测出 Cu 元素存在，说明电解质已渗入阳极，并将 Cu 元素排出了金属陶瓷。底部区域残余的金属相电解前后的形貌及 Cu 中的氧含量变化显著，Cu 相形状变得极不规则且体积明显变小；能谱分析显示，该区域的金属相内含有原子数分数为 30% 的氧元素，而电解前金属相内基本没有氧元素的存在，这说明金属 Cu 已被氧化成为 CuO 或 Cu_2O。

电解过程中氧化也出现在富 Cu 的 Cu－Ni 合金中，并存在 Ni、Fe 等合金元素的优先氧化现象。960℃下电解 24 h 后 17(Cu－20Ni)/(10NiO－NiFe$_2$O$_4$)试样底面放大形貌和能谱分析如图 5－7 所示；电解 40 h 前后的金属相能谱成分见表 5－1，Ni/Cu 比明显下降。金属相腐蚀溶解产生较大的孔洞，一些孔洞的旁边可发现有灰色 NiO 相存在。在对两处金属相的能谱分析对比时发现，有灰色 NiO 相外层包覆的金属相中 Ni 含量为 26.58%(原子数分数)，明显低于无灰色外层的金属中 Ni 含量的 38.15%，前者的 Fe 元素含量也较低。由于金属 Ni 氧化成 NiO 的标准吉布斯自由能为 －133.19 kJ/mol，低于金属 Cu 氧化成 Cu_2O 和 CuO 的吉布斯

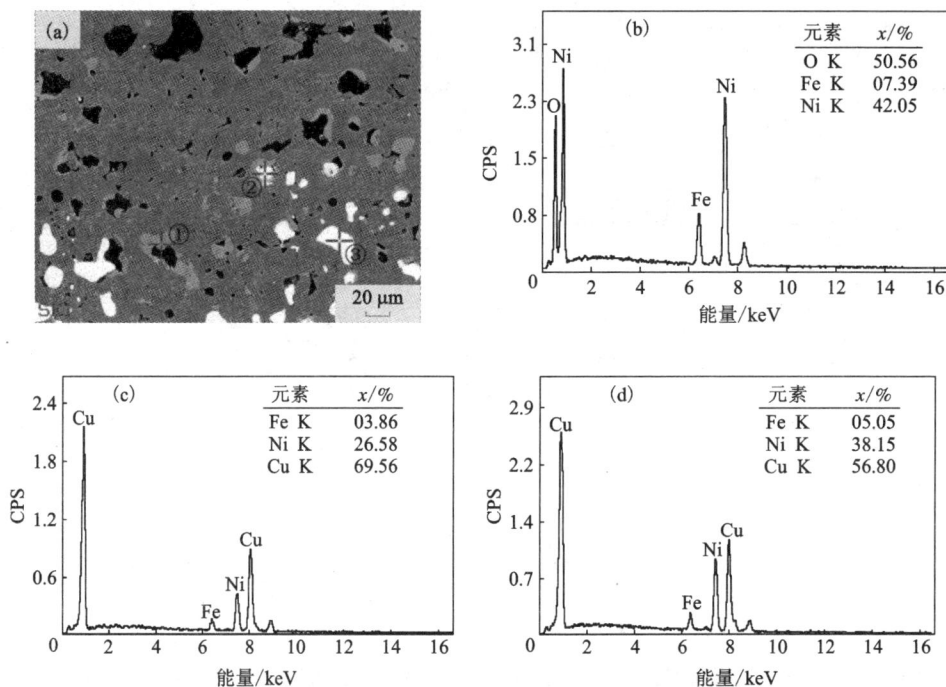

图 5－7　17(Cu－20Ni)/(10NiO－NiFe$_4$O$_4$)

试样电解后底部的 SEM 形貌与能谱分析(960℃ 电解 24 h)

(a)底部 SEM 形貌；(b)NiO 相①的 EDS 分析；(c)金属相②的 EDS 分析；(d)金属相③的 EDS 分析

自由能 -44.70 kJ/mol 和 -78.40 kJ/mol(均指在 1200K),因此金属相在氧化时先在金属外层发生 Ni 氧化生成 NiO。孔洞边缘残余灰色 NiO 相的存在且不含 Cu 元素的事实表明,金属相氧化形成的 NiO 具有较 Cu 的氧化物更高的抑制熔盐腐蚀的能力。

表 5 - 1 17(Cu - 20Ni)/(10NiO - NiFe$_2$O$_4$)在 960℃
电解 40 h 后与烧结态中的金属相的 EDS 成分分析(x/%)

与金属消耗层的距离/μm	Cu	Ni	Fe	O	Ni/Cu
约 30	68.18	10.41	6.00	15.41	0.147
>500	61.61	29.14	5.54	3.71	0.473
烧结态	66.68	25.10	4.29	3.93	0.376

金属相腐蚀溶解层中出现致密的陶瓷层,为金属相的氧化创造更有利的条件。但金属相氧化的同时,也可能发生氧化后金属相的组元向电解质扩散溶解的现象,如 Lorentsen[6] 对 17% Cu - NiFe$_2$O$_4$ 进行电解试验发现,金属相 Cu 存在向阳极表面迁移的迹象。

在高氧化铝浓度的电解条件下,以 Cu 或 Cu - Ni 合金为金属相的金属陶瓷电解时在金属相腐蚀溶解层中出现致密陶瓷层。图 5 - 8 所示为 17Cu/(10NiO - NiFe$_2$O$_4$)和 17(Cu - 20Ni)/(10NiO - NiFe$_2$O$_4$)960℃下电解 24 h 后阳极剖面底面形貌,底面均形成约 380 μm 的金属消失层。阳极底面的金属消失区域,可划分为多孔陶瓷层和致密陶瓷层。EDS 显示该致密陶瓷层的主要元素为 Fe、Ni、O,并含有少量的 Al 元素,但没有其他电解质元素,如图 5 - 9 所示。这说明,该致密陶瓷层的形成可阻止电解质熔体的渗透,同时也阻止金属相的电化学溶解,使金属相的扩散型氧化更有可能。一方面,阳极反应新生态氧可穿过致密陶瓷层,向内扩散,使金属相发生原位氧化;另一方面,金属相元素可通过某些扩散通道,到达致密层边缘,与氧结合,转变成氧化物。

在合适的电解条件下,随着电解时间的延长,表面的致密陶瓷层可变得更致密更厚,如图 5 - 10 所示。中南大学的研究表明,在合适的电解条件下,组成表面致密陶瓷层的物质是含有少量铝、铜等元素的尖晶石相,没有电解质的成分(如图 5 - 10 所示),由此表明电解质不再向阳极内部渗透。阳极表面形成一定厚度的致密陶瓷层,使得金属相的溶解和氧化速率大幅降低。一方面,由于该致密陶瓷层的优异耐蚀性能,且其厚度通常可达到 150 μm 左右,金属相与电解质熔体的连接通道被完全隔断,因此金属相难以再继续电化学溶解;另一方面,由于致密陶瓷层的阻隔,需要氧元素或金属相组成元素通过固态扩散穿过该致密尖晶

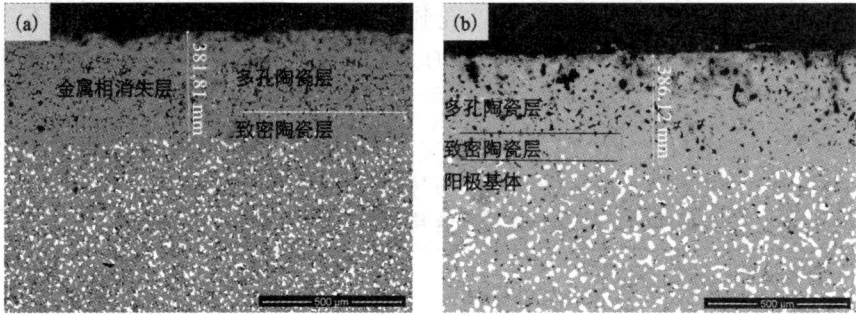

图 5 - 8　NiFe₂O₄ 基金属陶瓷试样 960℃下电解 24 h 后的阳极底面形貌

（a）17Cu/（10NiO - NiFe₂O₄）；（b）17（Cu - 20Ni）/（10NiO - NiFe₂O₄）

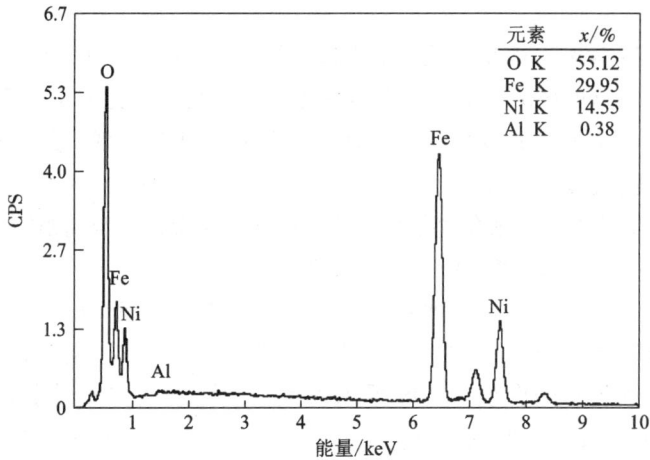

元素	$x/\%$
O K	55.12
Fe K	29.95
Ni K	14.55
Al K	0.38

图 5 - 9　图 5 - 8（a）金属相消失层的 EDS 分析

石相陶瓷层，才能实现金属相的氧化，因此金属相的氧化反应也受到抑制。

上述研究表明，可以将金属陶瓷的金属相优先溶解控制在电解的初期阶段，并可随后实现金属相的先氧化再溶解的缓慢腐蚀模式。实现这种模式的关键在于，金属陶瓷电解过程中阳极表面能够形成一定厚度的致密耐蚀陶瓷层，这需要高耐蚀的金属陶瓷材料与适宜的电解工艺相配合，为致密耐蚀陶瓷层的形成与修复创造条件。

对于金属陶瓷材料而言，需要选择耐蚀性能优异的陶瓷基体和合适含量与组成的金属相，并在烧结体中实现陶瓷晶粒的高强界面结合、非连续网络分布的金属相形貌、非连通的晶界孔洞结构。晶界连通孔洞的消除，可抑制电解质熔体向金属陶瓷基体的渗透，避免金属相的持续电化学溶解和陶瓷相的晶界溶解以及阳极可能的肿胀开裂。非连续或孤立分布的金属相由于受到陶瓷基体的阻隔，避免了金属相颗粒与电解质熔体的直接接触，只有当陶瓷相预先溶解，金属相的电化学溶解才能断断续续地进行，且溶解速率降低，有利于金属相的氧化反应所需的扩散过程。由于陶瓷基体具有高强的界面结合，金属相电解初期的优先溶解不至于引起陶瓷颗粒的脱落，表面可以形成一定厚度的纯陶瓷层，从而抑制金属相优先溶解的速率，并有助于致密陶瓷保护层的形成。

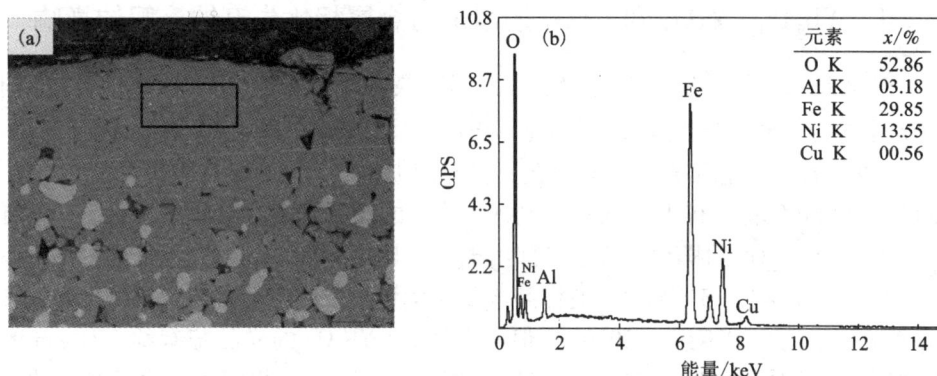

图 5 – 10　17(Cu – 20Ni)/(NiFe$_2$O$_4$ – 10NiO) 金属陶瓷
960℃下电解 40 h 后的 SEM 形貌及 EDS 分析
(a)SEM 形貌；(b)EDS 分析

　　在电解工艺方面，低温、高氧化铝浓度的工作环境可降低金属陶瓷的腐蚀速率，降低金属相优先溶解的深度，尤其当电解质熔体中某些参与致密陶瓷层形成的物质(如氧化铝)具有高的浓度和阳极富集特性时，能够加快金属优先溶解层的致密化，并促使致密陶瓷层变厚。表面致密陶瓷层的形成和变厚的可能机制将随后重点阐述。

5.2　陶瓷添加剂对 NiFe$_2$O$_4$ 基金属陶瓷电解腐蚀性能的影响

　　少量添加其他氧化物的目的是为了提高材料的烧结致密度、导电、力学和耐腐蚀等性能。研究过的添加剂有 MnO$_2$、TiO$_2$、V$_2$O$_5$、Yb$_2$O$_3$、CeO$_2$、Y$_2$O$_3$、BaO、CoO 等。

　　东北大学的焦万丽[11]和席锦会等[12]采用失重法评估了添加 MnO$_2$ 对 15NiO – NiFe$_2$O$_4$ 陶瓷的静态热腐蚀速率的影响。随着 MnO$_2$ 粉末添加量的增加，试样的静态热腐蚀速率先减小后增大，当 MnO$_2$ 粉末添加量为 2% 或 1% 时，腐蚀速率最小。当在合成尖晶石过程中添加 MnO$_2$ 时，1% 的添加量可使试样的失重率降至纯镍铁尖晶石的 1/7。他们认为这主要是由于掺杂的 MnO_2 在晶界处富集，熔盐腐蚀晶界的同时，晶界处 MnO_2 与熔体中的氧化铝发生反应生成耐蚀的 Mn_2AlO_4 相，减慢了 $NiFe_2O_4$ 和 NiO 相向冰晶石熔盐的溶解速率。为进一步提高耐腐蚀性能，他们[13]还向 $15NiO-NiFe_2O_4$ 陶瓷材料添加 V_2O_5，发现添加 V_2O_5 能明显降低样品在熔融冰晶石中的静态热腐蚀速率，当 V_2O_5 的添加量为 1.5% 时，样品的腐蚀速率最低，约为无添加剂样品的 1/80。他们认为由于 V_2O_5 在烧结过程中与 Fe_2O_3 和 NiO 反应生成的复合氧化物 Ni_2FeVO_6 具有很好的耐冰晶石融盐腐蚀能力。

5.2.1 Yb_2O_3、Y_2O_3 和 CeO_2 的添加对金属相优先腐蚀溶解的影响

中南大学选取 $10NiO-NiFe_2O_4$ 为金属陶瓷的陶瓷基体，10%（质量分数）的 Cu 粉末为金属相，分别添加 0.5%、1.0%、1.5%、2.0% 和 3.0% 的稀土 Yb_2O_3 粉末，采用冷压 - 烧结技术制备出金属陶瓷阳极试样，并选取相对密度约 95% 的试样进行 960℃ 电解 10 h 的试验。电解实验后的样品底部腐蚀情况如图 5-11 所示。未掺杂 Yb_2O_3 的样品电解后底部出现一个厚度约 200 μm 的金属流失层，掺杂 0.5%、1.0%、1.5% Yb_2O_3 的样品金属相优先腐蚀溶解的程度大幅降低，金属 Cu 相流失层的深度不超过 30 μm，但掺杂 2.0% Yb_2O_3 的样品却有约 100 μm 的 Cu 损失及孔洞的出现，且底部出现了与未掺杂样品中 Cu 相似的氧化或腐蚀的迹象。由此说明掺杂适量 Yb_2O_3 可以减缓金属相的腐蚀溶解速率。

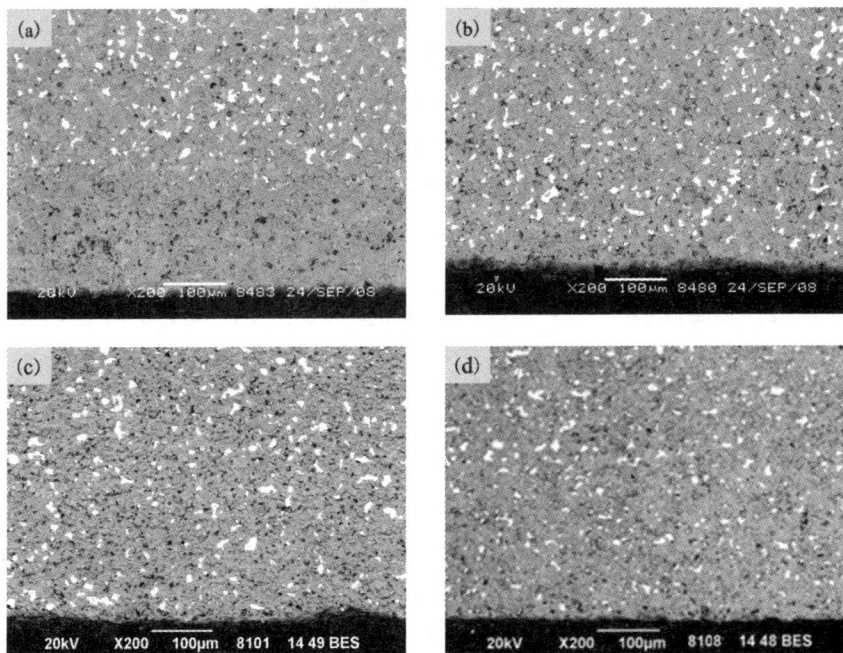

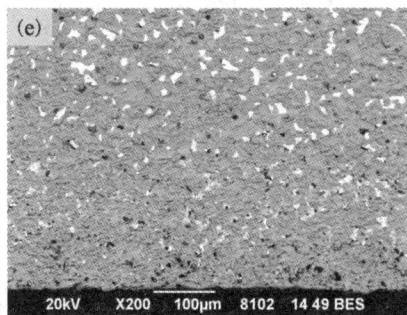

图 5 – 11　电解样品底部腐蚀区域 SEM 形貌

(a)无 Yb_2O_3；(b)0.5% Yb_2O_3；(c)1.0% Yb_2O_3；

(d)1.5% Yb_2O_3；(e)2.0% Yb_2O_3

　　适量 Yb_2O_3 的掺杂能减缓金属相的腐蚀溶解速率的主要原因是它促进了陶瓷基体的烧结。对烧结体的相对密度分析发现，Yb_2O_3 的掺杂可以加速金属陶瓷的烧结进程、促进陶瓷晶粒的粗化，强化晶界结合。对烧结体显微组织分析发现，掺杂的 Yb_2O_3 和陶瓷基体中的 $NiFe_2O_4$ 相反应，生成了富 Yb 化合物 $YbFeO_3$，SEM 照片显示该富 Yb 物质在烧结过程中富集在陶瓷相的晶界区，并呈条带状均匀分布(如图 5 – 12 所示)。$YbFeO_3$ 相的生成通过消耗 $NiFe_2O_4$ 相中的部分 Fe 元素，提高基体中阳离子空位的浓度，加速晶界扩散和传质速度，从而促进陶瓷基体晶粒烧结，消除晶界处连通的气孔，并使晶界平直化，达到强化烧结的作用。强化陶瓷基体的晶界结构，既可阻止电解质的渗透，又可抑制金属相的溶解腐蚀，有利于降低材料的晶界腐蚀速率，也在一定程度上减缓了金属相的氧化速率。

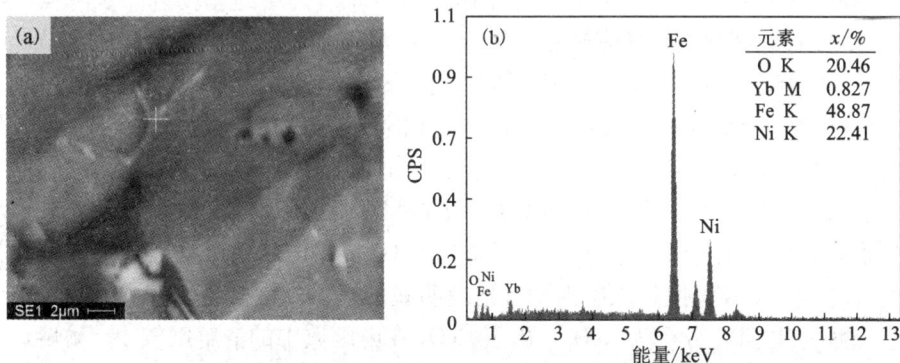

元素	x/%
O K	20.46
Yb M	0.827
Fe K	48.87
Ni K	22.41

图 5 – 12　1300℃烧结掺杂 2.0% Yb_2O_3 金属陶瓷的 SEM 形貌与 EDS 分析

(a)SEM 形貌；(b)EDS 分析

适量掺杂 Yb_2O_3 对电解过程金属相的优先溶解和氧化的抑制，在试样的侧部（承载较低的电流密度）更为明显。图 5 – 13 分别为未掺杂与掺杂 2.0% Yb_2O_3 样品电解后试样底部侧面的 SEM 形貌图，由图可见，尽管表面的金属相均已消失，但是未掺杂样品金属相的流失和陶瓷相的晶界腐蚀较为严重，晶界处产生了疏松的孔洞，未掺杂样品近表面的金属相颗粒已发生严重的氧化、破碎现象；而掺杂样品表层仍然致密，晶粒结合紧密，表面没有形成明显的孔洞，金属相颗粒形貌仍然规整。

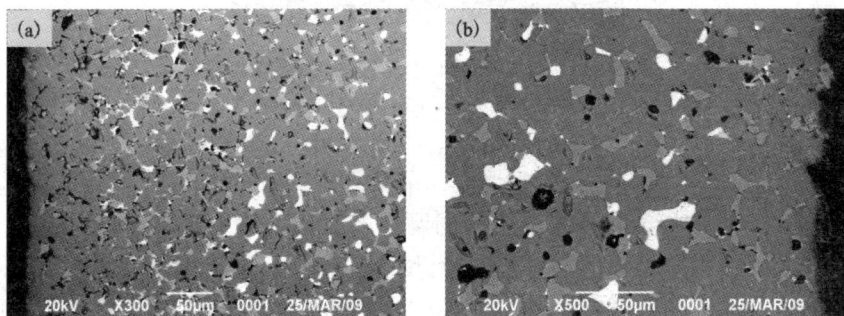

图 5 – 13 样品电解后底部侧面的 SEM 形貌
(a)未掺杂 Yb_2O_3；(b)2.0% Yb_2O_3

与添加 Yb_2O_3 相似，添加适量的 Y_2O_3 也可抑制 $10Cu/(10NiO – NiFe_2O_4)$ 金属陶瓷中金属相的优先腐蚀溶解。电解实验后添加 Y_2O_3 样品的底部腐蚀情况如图 5 – 14 所示。未掺杂试样的底部产生了一个厚度约 200 μm 的 Cu 流失层，掺杂 0.5% Y_2O_3 样品底部无 Cu 层降低到约 100 μm，陶瓷晶粒也出现了溶解腐蚀的迹象，掺杂 1.0% Y_2O_3 与 2.0% Y_2O_3 样品的底部 Cu 消失层的厚度进一步降低到约 50 μm，而且底部致密、腐蚀界面平整。Y_2O_3 对该金属陶瓷的烧结影响与 Yb_2O_3 相似，与陶瓷基体中的 $NiFe_2O_4$ 相反应，在晶界区生成了复合氧化物 $YFeO_3$。

CeO_2 的适量添加同样也可抑制 $10Cu/(10NiO – NiFe_2O_4)$ 金属陶瓷中金属相的流失。图 5 – 15 所示为不同 CeO_2 掺杂量的样品经过 960℃ 电解 10 h 试验后样品底部腐蚀状况的 SEM 图。添加 0.5% CeO_2 的样品底部腐蚀层厚度降至约 100 μm，腐蚀层也有孔洞产生；添加 1.0% 或 1.5% 的 CeO_2 样品电解后虽出现一个厚度约为 150 μm 的无 Cu 层，但是该层内没有出现明显的孔洞，材料仍然较致密；该层内白色点状物质 EDS 分析为 CeO_2。由于 CeO_2 在电解质中的溶解度较小、耐熔盐腐蚀性能较好[14, 15]，使材料晶界耐腐蚀能力得到加强。晶界腐蚀溶解速率的降低也可减缓金属相颗粒与电解质熔体的直接接触，抑制金属相的电化学溶解，有利于金属相的氧化反应，氧化反应产物仍可保留在材料内部。因此，表层金属相消

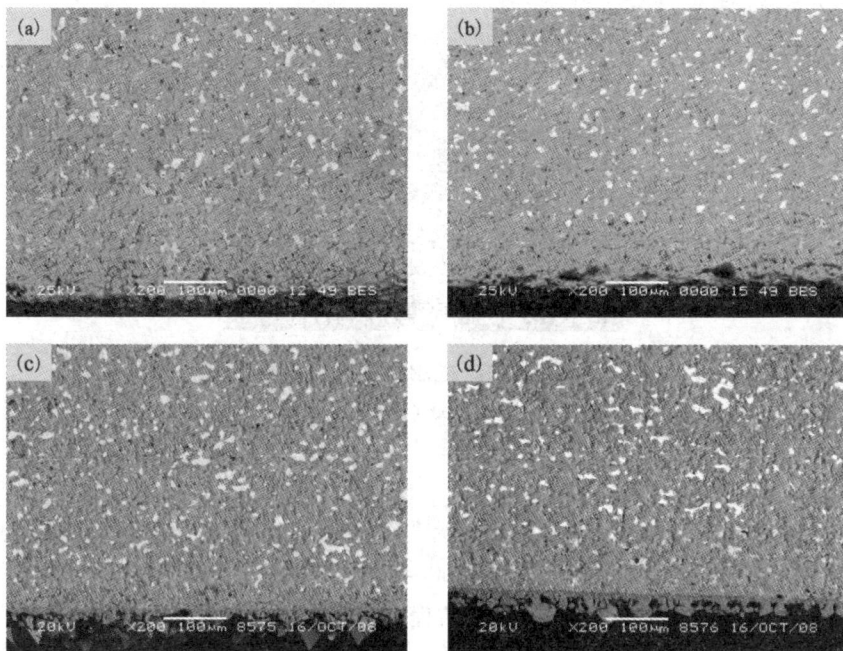

图 5 – 14　电解样品底部腐蚀区域的 SEM 形貌

（a）无 Y_2O_3；（b）0.5% Y_2O_3；（c）1.0% Y_2O_3；（d）2.0% Y_2O_3

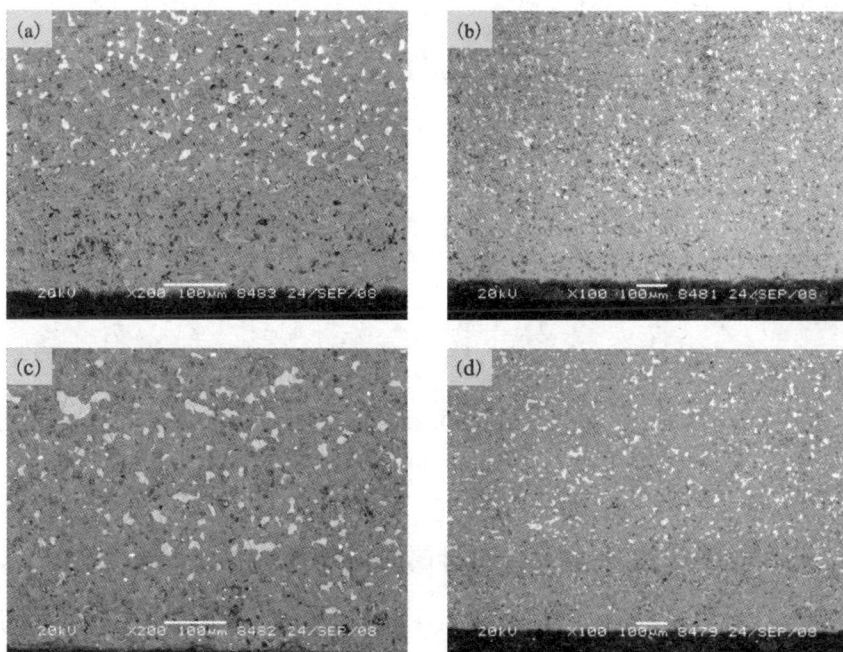

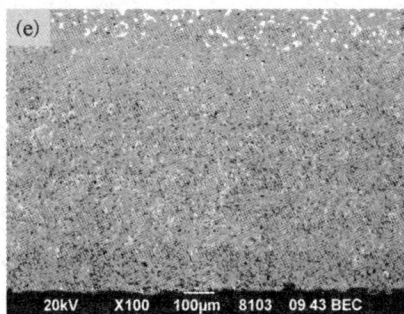

图5－15　电解样品底部腐蚀区域的 SEM 形貌

(a)无 CeO$_2$；(b)0.5% CeO$_2$；(c)1.0% CeO$_2$；(d)1.5% CeO$_2$；(e)2.0% CeO$_2$

失后，仍然不会出现孔洞。

　　然而，当 CeO$_2$ 的添加量达到 2.0% 时，材料中金属相的氧化流失及晶界腐蚀反而加重，试样底部存在一个厚度为 700～800 μm 的金属相损耗层。造成金属相流失加剧的主要原因是陶瓷基体的烧结程度降低。由于 CeO$_2$ 不与基体反应，仍以颗粒形式分布在基体晶粒的晶界，阻碍了晶界的烧结，导致烧结体出现开放、连通的孔隙结构，如图 5－16(a)所示。在电解过程中，电解质熔体的渗透加剧了金属相的电化学溶解。因此 CeO$_2$ 添加需综合考虑它的耐蚀和不利金属陶瓷烧结两方面的因素。

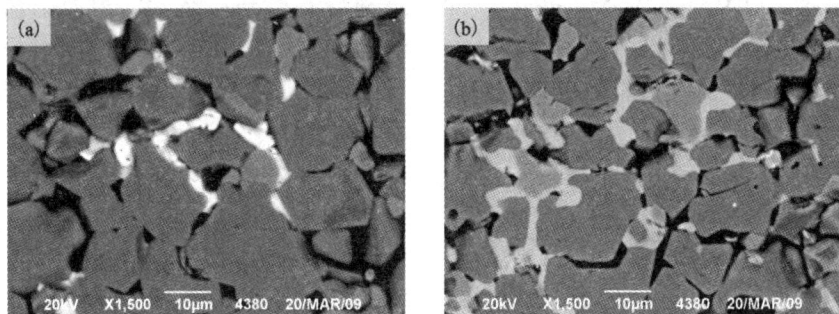

图5－16　掺杂 2.0% CeO$_2$ 样品电解前后的 SEM 形貌

(a)烧结态；(b)电解试验后

5.2.2　添加 BaO 对 NiFe$_2$O$_4$ 基金属陶瓷电解腐蚀性能的影响

　　已有研究证实，添加适量 CaO 或 BaO 可实现陶瓷基体的活化烧结，大幅度提高金属陶瓷的烧结密度。陶瓷基体烧结性能的提高有利于降低金属陶瓷的电解腐蚀,但 Ca 和 Ba 元素在冰晶石熔体中的高溶解度和溶解速率可能会对金属陶瓷的耐蚀性能带来负面影响。

中南大学分别制备了含 0.5%、1.0%、2.0% 和 4.0% BaO 的复合陶瓷 $NiFe_2O_4 - 10NiO$,选取配比为 78.07% Na_3AlF_6 - 9.5% AlF_3 - 5.0% CaF_2 - 7.43% Al_2O_3 电解质,进行电解腐蚀试验,考察 BaO 掺杂对 $NiFe_2O_4 - 10NiO$ 复合陶瓷耐腐蚀性能的影响。

从电解质中的杂质含量、铝液中的杂质含量和总杂质增量三个方面进行评价,电解 5～10 h 电解质中的平均杂质含量见表 5 - 2(每小时取一个数据)。$NiFe_2O_4 - 10NiO$ 在 5～10 h 之间 Fe 元素的平均含量为 353×10^{-6},随着 BaO 掺杂量增大,Fe 元素的平均含量逐步降低;而 $NiFe_2O_4 - 10NiO$ 在 5～10 h 之间 Ni 平均含量为 68×10^{-6},Ni 含量先增大后减小,但电解质中 Ba 含量是随 BaO 掺杂量增加先减小后增大。

表 5 - 2　BaO 掺杂 $NiFe_2O_4 - 10NiO$ 陶瓷在电解质中的元素浓度(5～10 h 平均值)($\times 10^{-6}$)

BaO 添加量/%	Fe	Ni	Ba
—	353	68	
0.5	206	70	615
1.0	230	106	489
2.0	150	79	668
4.0	95	59	847

注:电解质配比为 78.07% Na_3AlF_6 - 9.5% AlF_3 - 5.0% CaF_2 - 7.43% Al_2O_3;电解温度 960℃;电流密度 1.0 A/cm^2;柱状阳极试样直径约 17.2 mm。

表 5 - 3 列出了电解 10 h 后电解质和阴极铝中阳极腐蚀元素增加量。由于 Ba 元素在电解质中的溶解度高、含量高,掺杂 BaO 的 $NiFe_2O_4 - 10NiO$ 陶瓷在电解质中的总杂质含量均大于 $NiFe_2O_4 - 10NiO$ 陶瓷,但 Fe 的增加量却大幅降低。在阴极铝液中,对比分析掺杂和未掺杂 BaO 的 $NiFe_2O_4 - 10NiO$ 复合陶瓷阳极腐蚀所带来的 Fe 和 Ni 的含量,不难发现掺杂 BaO 后,阴极铝中杂质含量成倍降低。而且,随着掺杂量的增多,杂质 Fe 量先减少后增大,杂质 Ni 量基本保持不变。电解质和铝液中的 Fe/Ni 比基本都大于 2,这表明电解过程中存在 Fe 元素的优先腐蚀。综上所述,掺杂 1.0% BaO 可显著提高 $NiFe_2O_4 - 10NiO$ 复合陶瓷阳极耐腐蚀性能。

表5-3　NiFe₂O₄-10NiO 基陶瓷电解10 h 后电解质和阴极铝中阳极腐蚀元素的增加量

BaO 添加量/%	电解质中的杂质增量/g				阴极铝中的杂质增量/g			
	Ba	Fe	Ni	总量	Ba	Fe	Ni	总量
—	—	0.11	0.02	0.13	—	0.21	0.24	0.45
0.5	0.18	0.06	0.02	0.26	<0.006	0.13	0.03	0.16
1.0	0.15	0.07	0.03	0.25	<0.006	0.08	0.03	0.11
2.0	0.20	0.05	0.02	0.27	<0.006	0.10	0.03	0.14
4.0	0.25	0.03	0.02	0.30	<0.006	0.12	0.03	0.15

注：电解质配比为 78.07% Na_3AlF_6 -9.5% AlF_3 -5.0% CaF_2 -7.43% Al_2O_3；电解温度 960℃；电流密度 1.0 A/cm²；柱状阳极试样直径约 17.2 mm。

掺杂 1.0% BaO 的 Cu/($NiFe_2O_4$ -10NiO) 金属陶瓷 960℃电解 10 h，电解质中阳极腐蚀元素变化情况见表 5-4。对于添加 1.0% BaO 的金属陶瓷材料，在电解时间 5~10 h 区间，电解质中 Ba 含量持续升高。虽然电解质中的 Cu 含量随着金属陶瓷中铜含量的增加而不断增大，但电解质中的 Ni 和 Fe 含量却随着金属陶瓷中铜含量的增加而不断减小。

表 5-5 和表 5-6 列出了电解 10 h 后电解质和阴极铝中阳极腐蚀元素增加量和总含量(XRF 分析结果)。对于 Cu/($NiFe_2O_4$ -10NiO) 金属陶瓷，随着金属相含量的提高，电解 10 h 后电解质中阳极腐蚀元素都明显增加，而且阴极铝中的 Fe、Ni 和 Cu 含量也逐渐增大。阳极腐蚀元素从电解质传输到阴极铝液中的质量大小顺序依次为 Cu>Fe>Ni。

表5-4　1.0%BaO 掺杂金属陶瓷(金属相 Cu) 电解过程中电解质内的腐蚀元素浓度(5~10 h)(×10⁻⁶)

材料组成	Ba	Fe	Ni	Cu
5Cu/($NiFe_2O_4$ -10NiO)	—	272	176	191
1BaO -5Cu/($NiFe_2O_4$ -10NiO)	316~504	360	156	67
10Cu/($NiFe_2O_4$ -10NiO)	—	234	252	263
1BaO -10Cu/($NiFe_2O_4$ -10NiO)	309~592	237	139	433
17Cu/($NiFe_2O_4$ -10NiO)	—	402	387	284
1BaO -17Cu/($NiFe_2O_4$ -10NiO)	302~680	114	122	799

注：电解质配比为 78.07% Na_3AlF_6 -9.5% AlF_3 -5.0% CaF_2 -7.43% Al_2O_3；电解温度 960℃；电流密度 1.0 A/cm²；柱状阳极试样直径约 17.2 mm。

表 5 – 5　Cu/(NiFe$_2$O$_4$ – 10NiO) 基金属陶瓷电解后电解质和阴极铝中阳极腐蚀元素的增加量

材料组成	电解质中的杂质增量/g				阴极铝中的杂质增量/g			
	Ba	Cu	Fe	Ni	Ba	Cu	Fe	Ni
5Cu/(NiFe$_2$O$_4$ – 10NiO)	—	0.057	0.082	0.053	—	0.162	0.094	0.033
1BaO – 5Cu/(NiFe$_2$O$_4$ – 10NiO)	0.129	0.020	0.108	0.047	<0.006	0.022	0.108	0.041
10Cu/(NiFe$_2$O$_4$ – 10NiO)	—	0.079	0.070	0.076	—	0.281	0.136	0.030
1BaO – 10Cu/(NiFe$_2$O$_4$ – 10NiO)	0.136	0.130	0.070	0.042	<0.006	0.016	0.075	0.024
17Cu/(NiFe$_2$O$_4$ – 10NiO)	—	0.085	0.121	0.116	—	0.292	0.202	0.055
1BaO – 17Cu/(NiFe$_2$O$_4$ – 10NiO)	0.143	0.240	0.034	0.037	<0.006	0.015	0.068	0.010

注：电解质配比为 78.07% Na$_3$AlF$_6$ – 9.5% AlF$_3$ – 5.0% CaF$_2$ – 7.43% Al$_2$O$_3$；电解温度 960℃；电流密度 1.0 A/cm^2；柱状阳极试样直径约 17.2 mm。

表 5 – 6　Cu/(NiFe$_2$O$_4$ – 10NiO) 基金属陶瓷阳极电解后电解质和铝液中的杂质总量

材料组成	电解质杂质增量/g	阴极铝杂质增量/g	总杂质增量/g
5Cu/(NiFe$_2$O$_4$ – 10NiO)	0.192	0.289	0.481
1BaO – 5Cu/(NiFe$_2$O$_4$ – 10NiO)	0.304	0.171	0.475
10Cu/(NiFe$_2$O$_4$ – 10NiO)	0.225	0.447	0.672
1BaO – 10Cu/(NiFe$_2$O$_4$ – 10NiO)	0.378	0.115	0.493
17Cu/(NiFe$_2$O$_4$ – 10NiO)	0.322	0.549	0.871
1BaO – 17Cu/(NiFe$_2$O$_4$ – 10NiO)	0.454	0.093	0.547

注：电解质配比为 78.07% Na$_3$AlF$_6$ – 9.5% AlF$_3$ – 5.0% CaF$_2$ – 7.43% Al$_2$O$_3$；电解温度 960℃；电流密度 1.0 A/cm^2；柱状阳极试样直径约 17.2 mm。

　　然而，在 Cu/(NiFe$_2$O$_4$ – 10NiO) 中掺杂 BaO 后，阴极铝液中的 Fe、Ni 和 Cu 等元素的相对质量将发生变化。当 Cu 含量(质量分数)分别为 5%、10% 和 17% 时，由于 Ba 元素的溶解，尽管电解质中元素增加总量有所提高，但阴极中 Fe、Ni 和 Cu 元素的含量却降低，而且从电解质传输到阴极铝液中的质量大小顺序变为 Fe > Ni > Cu，同时 Fe、Ni 和 Cu 含量都是随着金属陶瓷中金属量的增大而逐渐减小。从阴极铝中杂质总增加含量来看，对于添加 BaO 的惰性阳极，当 Cu 含量分别为 5%、10% 和 17% 时，掺杂 BaO 后的金属陶瓷具有较低的阴极铝液杂质含量。电解质和阴极中的总杂质含量较未添加材料均有所降低，说明适量掺杂 BaO 可抑制 Cu/(NiFe$_2$O$_4$ – 10NiO) 金属陶瓷的电解腐蚀速率。

　　电解试验后金属陶瓷阳极底部的显微结构分析显示，掺杂 1.0% 的 BaO 抑制了金属相的流失。金属相含量分别为 5%、10% 和 17% 且未掺杂的试样，金属流失层厚度分别为 50~100 μm、300~400 μm 和 400~500 μm，而相应掺杂试样的金属相流失层的厚度降低到 50 ~ 100 μm、100 ~ 200 μm 和 300 ~ 400 μm，如图 5 - 17 所示。

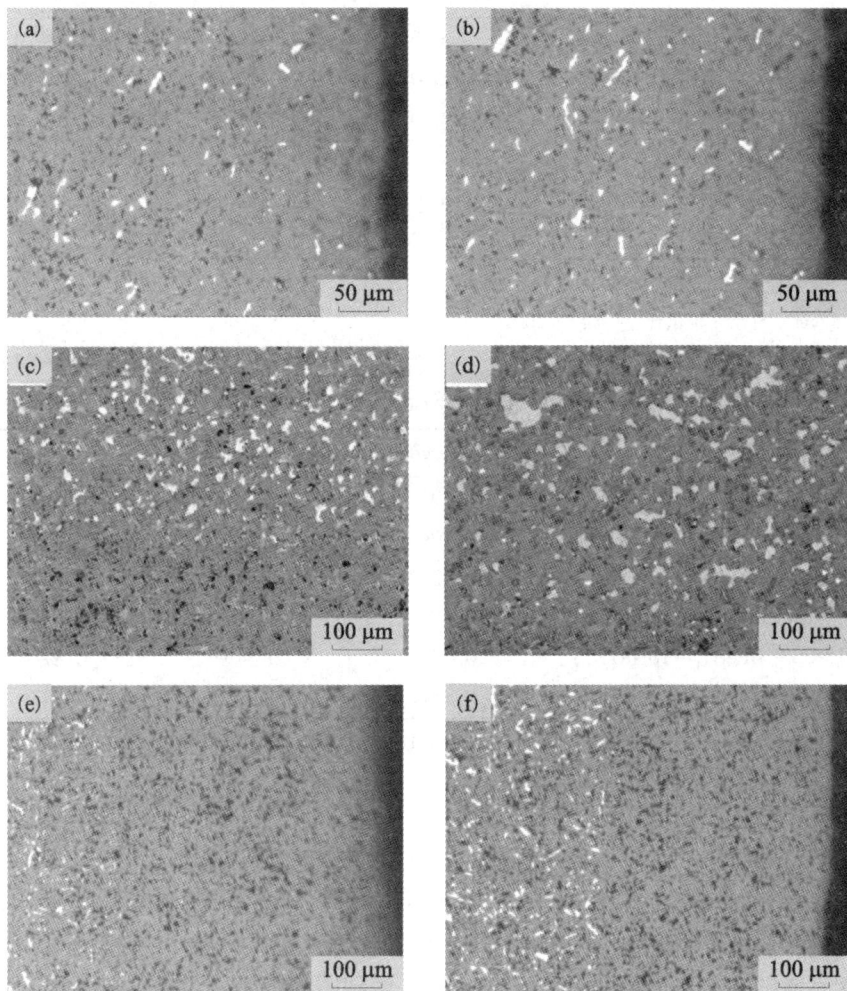

图 5 - 17 Cu/(NiFe$_2$O$_4$ - 10NiO)金属陶瓷 960℃电解 10 h 后的纵向金相照片

(a)5Cu/(NiFe$_2$O$_4$ - 10NiO)；(b)1BaO - 5Cu/(NiFe$_2$O$_4$ - 10NiO)；

(c)10Cu/(NiFe$_2$O$_4$ - 10NiO)；(d)1BaO - 10Cu/(NiFe$_2$O$_4$ - 10NiO)；

(e)17Cu/(NiFe$_2$O$_4$ - 10NiO)；(f)1BaO - 17Cu/(NiFe$_2$O$_4$ - 10NiO)

掺杂 1.0% BaO 且以 Ni 为金属相的 Ni/(NiFe$_2$O$_4$ - 10NiO)金属陶瓷 960℃，经过电解 10 h 之后，电解质中阳极腐蚀元素变化情况见表 5 - 7。与 Cu 为金属相的材料不同，BaO 掺杂不仅在电解质中带入了 Ba 元素，而且显著提高了 Fe、Ni

元素在电解质中的含量。进入阴极铝液中的 Fe、Ni 元素也有不同程度的增加，见表 5 - 8。

表 5 - 7　1.0% BaO 掺杂金属陶瓷(Ni 为金属相)电解过程中
电解质中的腐蚀元素的平均浓度(5 ~ 10 h)(× 10^{-6})

材料组成	Ba	Fe	Ni
5Ni/(NiFe$_2$O$_4$ - 10NiO)	—	152	105
1BaO - 5Ni/(NiFe$_2$O$_4$ - 10NiO)	40	265	147
10Ni/(NiFe$_2$O$_4$ - 10NiO)	—	196	113
1BaO - 10Ni/(NiFe$_2$O$_4$ - 10NiO)	218	347	192
17Ni/(NiFe$_2$O$_4$ - 10NiO)	—	112	153
1BaO - 17Ni/(NiFe$_2$O$_4$ - 10NiO)	209	429	236

注：电解质配比为 78.07% Na$_3$AlF$_6$ - 9.5% AlF$_3$ - 5.0% CaF$_2$ - 7.43% Al$_2$O$_3$；电解温度 960℃；电流密度 1.0 A/cm^2；柱状阳极试样直径约 17.2 mm。

对电解试验后金属陶瓷阳极底部进行显微结构分析，发现掺杂 1.0% BaO 加速了金属 Ni 相流失速率。金属相含量为 5%、10% 和 17% 未掺杂试样的金属流失层厚度分别为 200 μm、300 μm 和 200 ~ 250 μm；而相应掺杂试样的金属相流失层的厚度提高到 300 μm、400 ~ 500 μm 和 300 μm。

表 5 - 8　Ni/(NiFe$_2$O$_4$ - 10NiO)金属陶瓷电解 10 h 后
电解质和阴极铝中阳极腐蚀元素的增加量

材料组成	电解质中的杂质增量/g			阴极中的杂质增量/g		
	Ba	Fe	Ni	Ba	Fe	Ni
5Ni/(NiFe$_2$O$_4$ - 10NiO)	—	0.046	0.032	—	0.053	0.018
1BaO - 5Ni/(NiFe$_2$O$_4$ - 10NiO)	0.121	0.080	0.044	<0.006	0.076	0.034
10Ni/(NiFe$_2$O$_4$ - 10NiO)	—	0.059	0.034	—	0.074	0.028
1BaO - 10Ni/(NiFe$_2$O$_4$ - 10NiO)	0.065	0.104	0.058	<0.006	0.118	0.037
17Ni/(NiFe$_2$O$_4$ - 10NiO)	—	0.034	0.046	—	0.095	0.037
1BaO - 17Ni/(NiFe$_2$O$_4$ - 10NiO)	0.06	0.129	0.071	<0.006	0.129	0.045

注：电解质配比为 78.07% Na$_3$AlF$_6$ - 9.5% AlF$_3$ - 5.0% CaF$_2$ - 7.43% Al$_2$O$_3$；电解温度 960℃；电流密度 1.0 A/cm^2；柱状阳极试样直径约 17.2 mm。

由此可见，虽然添加 BaO 和 CaO 等氧化物可以促进 NiFe$_2$O$_4$ 基金属陶瓷的烧结，但是由于它们在冰晶石熔体中具有较高的溶解活性，其对金属陶瓷电解腐蚀性能同时存在有利和不利的影响：有利的是通过强化金属陶瓷烧结，消除晶界连通孔洞，抑制了电解质熔体的渗透；不利的是这些氧化物及其与陶瓷基体的反应物易在晶界富集，抗熔盐腐蚀性能不及 $NiFe_2O_4$ 和 NiO 相，反而加剧材料的晶界腐蚀。不过，长时间电解试验使其在电解质中的浓度达到饱和后，金属陶瓷的进一步腐蚀行为仍有待进一步研究。

5.2.3　添加 CoO 对 $NiFe_2O_4$ 基金属陶瓷腐蚀性能的影响

在铝电解温度下，由于 CoO 比 NiO、$CoFe_2O_4$ 比 $NiFe_2O_4$ 均具有高的电导率，适量的 CoO 取代 NiO 既可提高陶瓷基体的导电能力，又有利于降低阳极欧姆压降，还可一定程度地抑制陶瓷基体的电解腐蚀。中南大学研究了烧结温度为 1300℃，名义配比为 $10NiO - NiFe_2O_4$、$(1CoO - 9NiO) - NiFe_2O_4$、$(5CoO - 5NiO) - NiFe_2O_4$、$10CoO - NiFe_2O_4$ 等 4 种组分的复合陶瓷，并在 960℃ 下进行 12 h 电解实验，试验后的样品底部腐蚀情况如图 5 - 18 所示。不难发现，未掺杂 CoO 的样品底部出现一个厚度 50 ~ 80 μm、NiO 相(浅灰色)含量减少甚至消失的区域，该

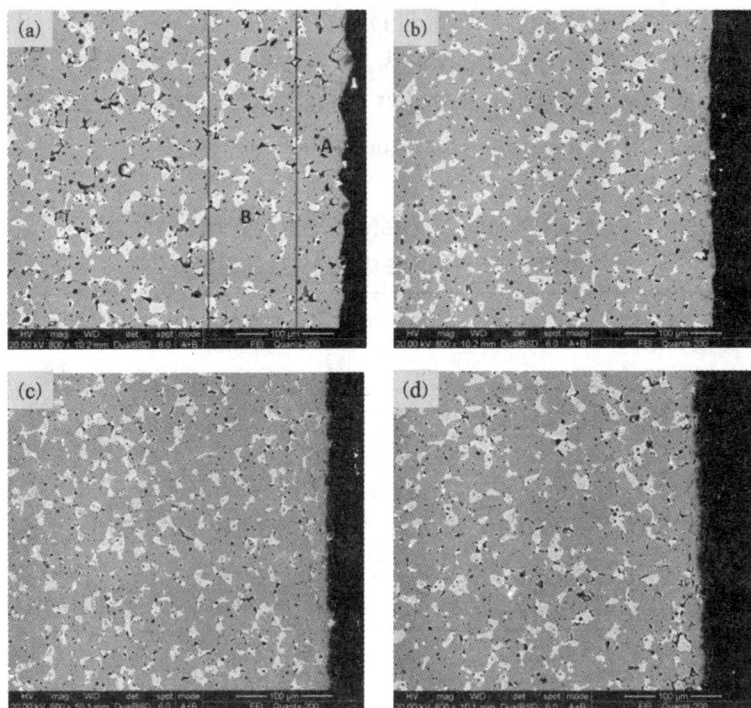

图 5 - 18　复合陶瓷电解试样底部腐蚀区域的 SEM 形貌(960℃电解 12 h)

(a)$10NiO - NiFe_2O_4$；(b)$(1CoO - 9NiO) - NiFe_2O_4$；

(c)$(5CoO - 5NiO) - NiFe_2O_4$；(d)$10CoO - NiFe_2O_4$

区域存在明显的晶界腐蚀迹象,实验前经打磨抛光的外表面也变得不太平整。在掺杂 1.0% 和 5.0% CoO 的样品中,该区域的厚度变薄,结构致密,外表面相对平整,呈现均匀溶解腐蚀的迹象,表明晶界腐蚀得到一定程度的抑制。CoO 掺杂量增加到 10.0% 时,晶界腐蚀的现象反而更明显,并出现晶界裂纹。

类似的现象也出现在 $(20Ni - Cu)$ 为金属相、掺杂不同含量 CoO 的 $(xNiO - NiFe_2O_4)$ 金属陶瓷中,如图 5 - 19 所示。未掺杂 CoO 样品的底部出现了一个约 100 μm 的金属相(白色块状体)腐蚀层,并含有较多孔洞。掺杂 1.0% CoO 的样品中金属相腐蚀层厚度稍有降低,而掺杂 5.0% CoO 的样品电解后金属相损失层的厚度显著降低,几乎只有外表面的金属相颗粒消失。然而,当掺杂量增加到 10.0% 时,试样底部的金属相损失层的厚度又增加到约为 130 μm,而且疏松多孔,外表面极不平整,能谱分析表明电解质通过这些孔洞已渗入阳极内部。

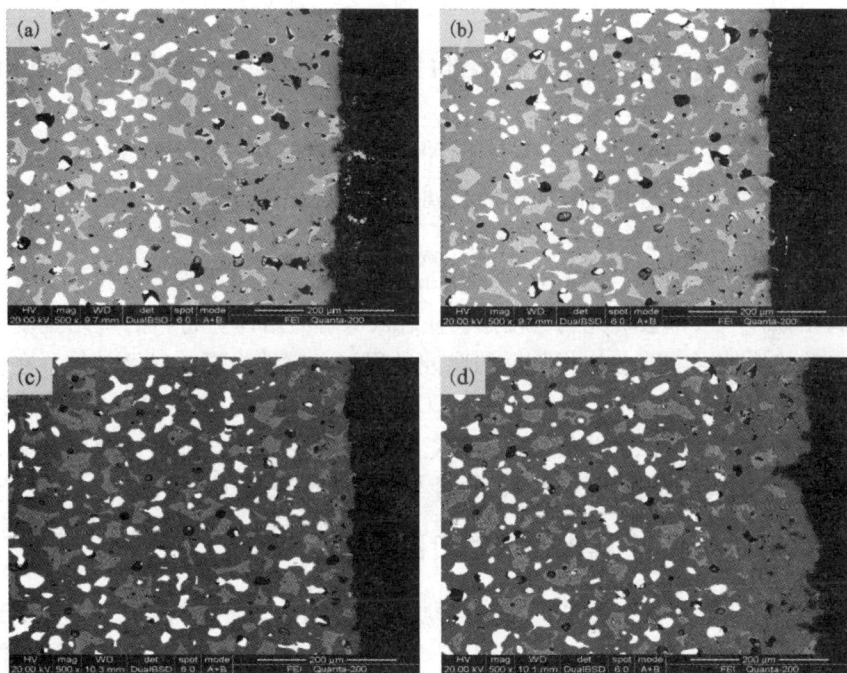

图 5 - 19　金属陶瓷电解试样底部腐蚀区域的 SEM 形貌(960℃电解 12 h)
(a)$15(20Ni - Cu)/(10NiO - NiFe_2O_4)$;　(b)$15(20Ni - Cu)/(1CoO - 9NiO) - NiFe_2O_4$;
(c)$15(20Ni - Cu)/(5CoO - 5NiO) - NiFe_2O_4$;　(d)$15(20Ni - Cu)/(10CoO - NiFe_2O_4)$

通过分析电解质和阴极铝中金属陶瓷阳极腐蚀元素的增加量进一步表明,添加适量的 CoO 可以有效抑制金属陶瓷中各物相的电解腐蚀。表 5 - 9 列出了未掺杂试样和掺杂 5.0% CoO 试样电解 12 h 后电解质和阴极铝中阳极腐蚀元素的增加量，发现掺杂 5.0% CoO 试样电解后电解质和阴极铝中的 Cu、Ni、Fe 杂质含量均明显降低。

表 5 - 9　电解 10 h 后电解质和阴极铝中金属陶瓷阳极腐蚀元素的增加量

CoO 含量/%	电解质中的杂质增量/g				阴极铝中的杂质增量/g			
	Cu	Fe	Ni	Co	Cu	Fe	Ni	Co
—	0.0212	0.0768	0.0996	—	0.0414	0.345	0.069	—
5.0	0.0152	0.0279	0.0616	< .004	0.0069	0.0897	0.0207	< 0.002

注：电解质配比为 78.07% Na_3AlF_6 - 9.5% AlF_3 - 5.0% CaF_2 - 7.43% Al_2O_3；电解温度 960℃；电流密度 1.0 A/cm^2；材料组成分别为 15(20Ni - Cu)/(10NiO - $NiFe_2O_4$) 和 15(20Ni - Cu)/(5CoO - 5NiO) - $NiFe_2O_4$；柱状阳极试样直径约 17.2 mm。

5.3　$NiFe_2O_4$ 基金属陶瓷表面致密陶瓷层的形成及腐蚀行为

$NiFe_2O_4$ 基金属陶瓷通常由基体相 $NiFe_2O_4$、第二陶瓷相 NiO 和 Cu、Ni 等金属相组成，金属陶瓷的电解腐蚀包括金属相的腐蚀溶解与氧化、NiO 相的溶解与演变、基体 $NiFe_2O_4$ 的腐蚀溶解等过程。

无论金属相是纯 Cu 或纯 Ni，还是 Cu - Ni 合金，是否添加烧结助剂，电解初期金属相颗粒一般都会优先腐蚀溶解，并进入电解质熔体。材料的烧结程度和金属相颗粒的形貌影响着各物相随后的腐蚀进程和金属消失层的显微结构。在合适的电解条件下，金属消失层向致密 $NiFe_2O_4$ 相陶瓷层转变，这是保证材料耐蚀性能的关键因素。因此，阐明表面致密陶瓷层的形成机制及其随后腐蚀行为，对 $NiFe_2O_4$ 基金属陶瓷惰性阳极材料的设计与制备尤为重要。

5.3.1　$NiFe_2O_4$ 基金属陶瓷惰性阳极的静态腐蚀

金属陶瓷在电解腐蚀条件下，除电解质对阳极的化学腐蚀与反应外，还受到电解质的电化学腐蚀、电解时产生的新生态氧对阳极的氧化。表面致密陶瓷层只能在阳极极化条件下形成，非阳极极化条件下只出现该金属陶瓷的非均匀腐蚀溶解。

电解过程可形成表面致密陶瓷层的金属陶瓷 17(Cu - 20Ni)/(10NiO - $NiFe_2O_4$) 在电解质配比为 78.07% Na_3AlF_6 - 9.5% AlF_3 - 5.0% CaF_2 - 7.43% Al_2O_3、温度 960℃、静态腐蚀 36 h 后的剖面形貌如图 5 - 20 所示。样品表面出现厚为 160 ~ 200 μm 的金属消失层。与电解腐蚀条件下不同的是，静态腐蚀条件下金属消失层由 NiO 和 $NiFe_2O_4$ 共同构成，并未形成电解条件下的致密 $NiFe_2O_4$ 层，而且此腐蚀层表面不平整，有多处凹陷。由此可见，致密陶瓷层是在电解过程中动态形成的，换句话说, 通电进行铝电解是金属陶瓷阳极形成致密 $NiFe_2O_4$ 的必要条件之一。

　　静态腐蚀过程中电解质中杂质浓度随腐蚀时间变化情况如表 5 - 10 所示(容器底部加入少量金属铝)。电解质中的 Ni、Cu 杂质浓度随时间逐渐降低并最终分别稳定在 47×10^{-6} 和 25×10^{-6} 左右, Fe 杂质浓度则先降低, 后又略有升高。电解 1 h 时电解质杂质浓度最高, 说明金属陶瓷刚浸入电解质中时就发生了剧烈的化学腐蚀, 并且静态腐蚀条件下没有电场的作用, 腐蚀离子在熔体中扩散较慢, 杂质浓度迅速升高。随着时间的延长, 阳极表层易腐蚀物质被完全腐蚀掉, 元素溶解速率减慢。由于静态腐蚀实验中加入的金属态 Al 在冰晶石熔盐中具有一定的溶解度, 通过逐渐在熔盐中扩散并与溶解于电解质中的杂质发生还原反应, 使杂质在底部沉淀, 从而降低电解质中杂质的浓度。同时熔盐中的 Al_2O_3 会与阳极基体发生反应, 生成 $NiAl_2O_4$ 或 $FeAl_2O_4$ 并沉积在阳极表面, 阻止了熔盐对阳极基体的进一步溶解。在这两种机制作用下, 电解质中的杂质浓度逐渐降低并稳定, 最终实现动态平衡。

　　静态腐蚀条件下金属陶瓷以 Fe 元素的腐蚀溶解为主。36 h 静态腐蚀后容器底部铝中的 Fe、Ni、Cu 杂质增加量分别为 0.178 g、0.018 g 和 0.009 g, Fe 元素含量较高, Ni、Cu 含量较低, Fe/Ni 原子比远大于 2。

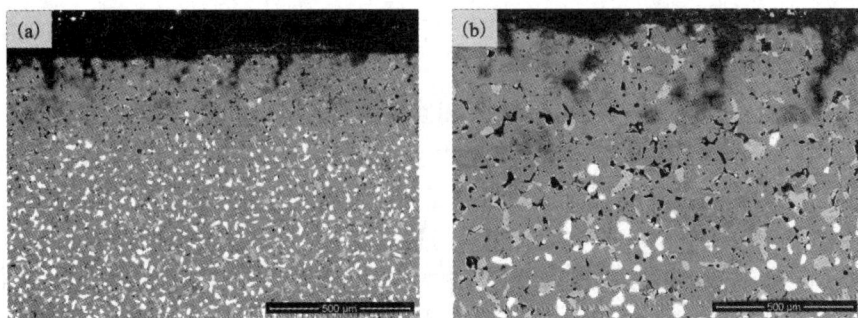

图 5 - 20　$17(Cu - 20Ni)/(10NiO - NiFe_2O_4)$ 静态腐蚀后底部的 SEM 形貌(960℃、36 h)

表 5 - 10　$17(Cu - 20Ni)/(10NiO - NiFe_2O_4)$ 静态腐蚀过程中电解质中杂质的浓度($\times 10^{-6}$)

时间/h	Fe	Ni	Cu	总计
1	363	64	113	540
12	115	55	32	202
24	136	45	21	168
36	177	47	25	249

注: 电解质配比为 $78.07\% Na_3AlF_6 - 9.5\% AlF_3 - 5.0\% CaF_2 - 7.43\% Al_2O_3$; 温度960℃; 容器底部加入少量金属铝。

5.3.2 NiFe₂O₄ 基金属陶瓷表面致密陶瓷层的形成

致密尖 $NiFe_2O_4$ 晶石层是通过金属相的氧化、NiO 相的转变以及阳极与熔体中 Al_2O_3 反应物沉积的共同作用而形成的。在新生氧的作用下，NiO 相内部细小尖晶石颗粒的长大、基体尖晶石相向 NiO 方向的扩展，使得 NiO 相消失并转化为尖晶石相。金属相的减少有利于降低电解初期金属相优先腐蚀溶解而残留的孔洞体积分数，有助于致密 $NiFe_2O_4$ 层的形成。

（1）NiO 相向 $NiFe_2O_4$ 相的转变

NiO 相是 $NiFe_2O_4$ 基金属陶瓷惰性阳极材料最普遍的第二陶瓷相。NiO 的引入主要有两条途径：一是在原料中混入过量的 NiO；二是调控金属陶瓷的脱脂和烧结气氛，如保留一定含量有机成形剂热分解的残碳，或采用低氧分压烧结气氛。NiO 的加入不仅使金属陶瓷在电解质中的饱和溶解度有一定程度的降低，而且可以降低材料在电解过程中的腐蚀溶解速率。

国内外的研究机构和学者对 NiO 过量的 $NiFe_2O_4$ 基金属陶瓷做了大量的电解腐蚀实验研究。Alcoa[16] 对 $NiFe_2O_4$ 基金属陶瓷进行的研究发现，含有质量分数 18% NiO 的金属陶瓷表现出良好导电性和耐腐蚀性，而且 2001 年的一份研究报告报道，在高 Al_2O_3 浓度的电解质中进行铝电解时，NiO 能与电解质中的 Al_2O_3 反应形成 $NiAl_2O_4$，并沉积在阳极表面，起到保护阳极的作用，使阳极的腐蚀溶解速率降低，进而降低铝中总的杂质含量[17]。

田忠良等[18] 在 5Ni - $NiFe_2O_4$ 基金属陶瓷惰性阳极陶瓷相中添加了不同含量的 NiO，发现 NiO 含量的变化对电解质中杂质元素 Ni 平衡浓度的影响较小，而杂质元素 Ni 和 Fe 的总浓度随 NiO 含量的变化而发生变化，陶瓷相中 NiO 的适量添加，能够极大地降低电解质中杂质元素的总浓度，最佳值出现在 10% NiO 附近。

然而，Olsen 和 Thonstad[5] 对陶瓷相中 NiO 含量分别为 17%、23% 的 $NiFe_2O_4$ 基金属陶瓷在 71% Na_3AlF_6 - 11% AlF_3 - 8% Al_2O_3 - 10% CaF_2 熔体中进行电解腐蚀研究，却未能有效区分何种阳极组成材料有较好的耐腐蚀性能。

由此可见，引入 NiO 相来抑制金属陶瓷的电解腐蚀，需要合理调控烧结态阳极材料的微结构并优化电解工艺才能实现。

图 5 - 21 所示为 17(Cu - 20Ni)/(10NiO - $NiFe_2O_4$) 试样电解前和 960℃ 电解 10 h 后表层的 SEM 图。由图 5 - 21(a) 可见，电解前试样中的 NiO 相[准确地说，应为(Ni、Fe)O 相] 颗粒以块状形态分布于 $NiFe_2O_4$ 相之间，两相界面清晰，NiO 相晶粒内部出现十字架状的 Ni - Fe - O 析出物（$NiFe_2O_4$）。经 10 h 电解后，阳极试样表层出现约 30 μm 的金属相消失层，该层的(Ni, Fe)O 相颗粒形貌变得更不规则，如图 5 - 21(c) 所示。与电解前相比，(Ni, Fe)O 相颗粒与 $NiFe_2O_4$ 尖晶石相的边界结合变得更紧密，颗粒内部的析出物也变得更清晰。NiO 相中析出物由

十字架状演变成粒状，两相界面变模糊，即出现了 $NiFe_2O_4$ "吞噬" NiO 相的现象。此外，NiO 和金属相均被 $NiFe_2O_4$ 相包裹。这表明电解质熔体直接接触的 NiO 和金属相在电解过程中优先腐蚀溶解。经过 24 h 电解后阳极底面陶瓷层（金属消失层）增厚，由 30 μm 增至 380 μm 左右。

图 5-21　17(Cu-20Ni)/(10NiO-NiFe$_2$O$_4$) 电解前后底面的 SEM 形貌
(a)烧结态；(b)960℃电解 10 h 后的芯部；(c)(d)960℃电解 10 h 后表面

Rhamdhani 等[19]研究了 Fc-Ni-O 体系在 800~1600℃区间、不同氧分压下的相平衡关系发现在 Fe_2O_3-NiO 体系中，NiO 相中 Fe 的溶解度随氧分压的降低和温度的升高而升高，如图 5-22 所示。例如，1200℃、lgp_{O_2} 为 -3（即氧含量约 100×10^{-6}，与本研究和 Alcoa 报道的最利于 $NiFe_2O_4$ 基金属陶瓷烧结致密化的氧分压接近）条件下，(Ni, Fe)O 相中 Fe/(Ni+Fe) 比值达 0.2（大气下该比值稍有降低）。因此，复合陶瓷粉末 1200℃焙烧处理以及金属陶瓷 1300℃气氛烧结过程中，NiO 相固溶了相当高的 Fe 元素，在冷却过程中 Ni-Fe-O 化合物（$NiFe_2O_4$ 尖晶石相）若析出不充分或析出物弥散分布在 NiO 相颗粒内部，将出现烧结组织中 NiO 相含量高于理论值。微成分分析结果证明了 NiO 相中 Fe 含量较高。长时间退火处理可使(Ni, Fe)O 相颗粒内部的 Ni-Fe-O 析出物充分析出并长大（见图 5-21）。

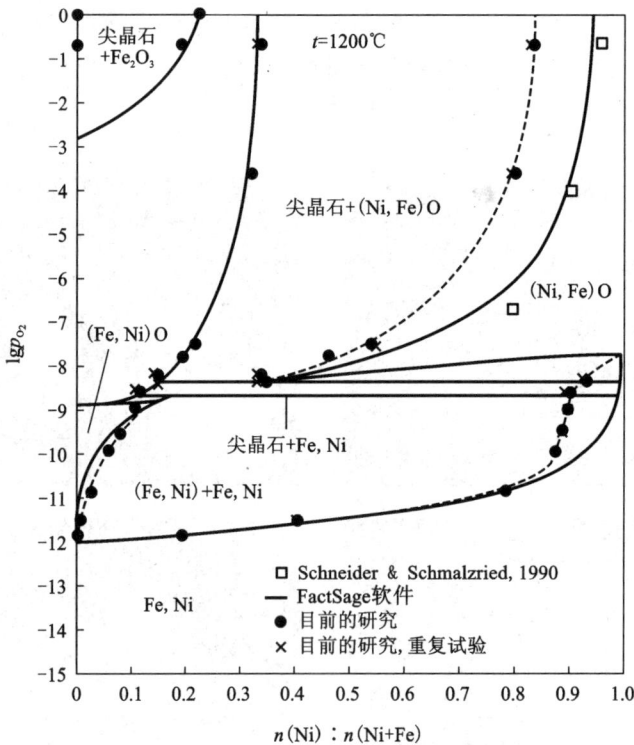

图 5-22 Fe-Ni-O 1200℃等温相图[19]

低氧含量的烧结气氛是导致 (Ni，Fe)O 相体积分数提高和高 Fe 含量的主要原因之一。在氧含量约为 100 MPa 的静止氮气中烧结，可得到相对密度大于 98% 的纯 NiFe$_2$O$_4$ 陶瓷，其中也出现了 NiO 相（通常在大气中烧结时不会出现），如图 5-23 所示。EDS 结果表明 NiFe$_2$O$_4$ 相中 Fe/Ni 原子比高于名义值，约为 2.84，与同气氛下制备的金属陶瓷中 NiFe$_2$O$_4$ 相中 Fe/Ni 原子相近。

表 5-11 为试样在 960℃电解 10 h 后，试样芯部和表层（金属相消失层）中的 NiO 和 NiFe$_2$O$_4$ 相的成分统计（EDS 分析，5 点平均值，下同）。与芯部相比，表层 NiO 相的 Ni 元素上升，O 和 Fe 元素下降，表层 NiFe$_2$O$_4$ 相的氧含量和 Fe/Ni 比下降。表 5-12 为试样在 960℃电解 24 h 后，试样芯部和表层（金属相消失层）的 NiO 和 NiFe$_2$O$_4$ 相的成分统计结果作为对比，表 5-13 列出了未进行电解的试样中 NiO 和 NiFe$_2$O$_4$ 相的成分。24 h 电解后表层（金属相消失层）NiO 和 NiFe$_2$O$_4$ 相 Fe/Ni 原子比平均值分别为 0.138 和 2.07，与 10 h 时的 0.147 和 2.46（见表 5-10）相比进一步降低，二者均比电解前烧结试样的 NiO 和 NiFe$_2$O$_4$ 相 Fe/Ni 原子比低。这表明，在表面尖晶石相致密层的形成过程中，NiO 相和 NiFe$_2$O$_4$ 相之间存

在原子的扩散。而试样电解前和电解后阳极芯部 NiO 和 NiFe$_2$O$_4$ 相 Fe/Ni 原子比基体一致,表明阳极芯部在电解过程中未受到影响,成分未发生变化。

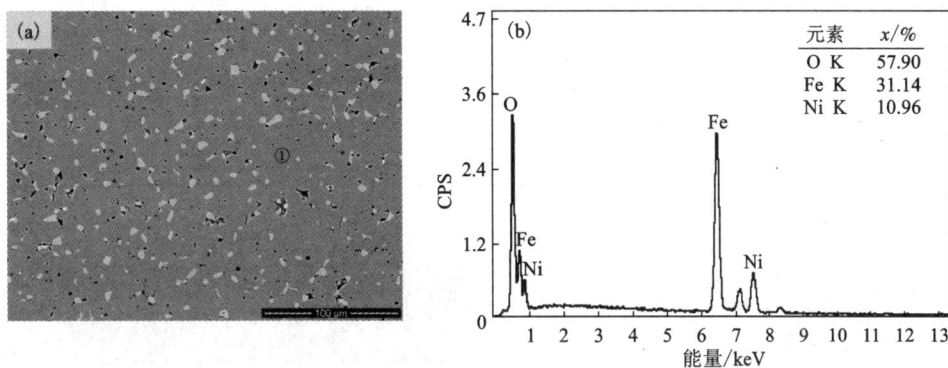

图 5 - 23　纯 NiFe$_2$O$_4$ 陶瓷烧结后的 SEM 形貌和 EDS 分析

(a)SEM 形貌;(b)EDS 能谱

表 5 - 11　17(Cu - 20Ni)/(10NiO - NiFe$_2$O$_4$)电解 10 h 后 NiFe$_2$O$_4$ 和 NiO 相元素分析

物相(与样品表面距离)	元素含量 $x/\%$			
	O	Fe	Ni	Fe/Ni
(Ni, Fe)O(>500 μm)	44.89	8.94	45.51	0.196
(Ni, Fe)O(30 ~ 40 μm)	42.79	7.26	49.36	0.147
NiFe$_2$O$_4$(>500 μm)	51.96	35.24	12.45	2.83
NiFe$_2$O$_4$(10 ~ 20 μm)	49.88	35.31	14.33	2.46

注:电解质配比为 78.07% Na$_3$AlF$_6$ - 9.5% AlF$_3$ - 5.0% CaF$_2$ - 7.43% Al$_2$O$_3$;电解温度 960℃;电流密度 1.0 A/cm^2。

表 5 - 12　17(Cu - 20Ni)/(10NiO - NiFe$_2$O$_4$)电解 24 h 后 NiFe$_2$O$_4$ 和 NiO 相元素分析

物相(与样品表面距离)	元素含量 $x/\%$			
	O	Fe	Ni	Fe/Ni
(Ni, Fe)O(>500 μm)	49.74	9.29	40.96	0.227
(Ni, Fe)O(300 ~ 380 μm)	48.96	6.18	4.86	0.138
NiFe$_2$O$_4$(>500 μm)	55.69	32.81	11.50	2.85
NiFe$_2$O$_4$(10 ~ 300 μm)	53.98	30.46	14.40	2.07

注:电解质配比为 78.07% Na$_3$AlF$_6$ - 9.5% AlF$_3$ - 5.0% CaF$_2$ - 7.43% Al$_2$O$_3$;电解温度 960℃;电流密度 1.0 A/cm^2。

表 5 – 13　17(Cu – 20Ni)/(10NiO – NiFe$_2$O$_4$)烧结体 NiFe$_2$O$_4$ 和 NiO 相元素分析

物相（与样品表面距离）	元素含量 $x/\%$			
	O	Fe	Ni	Fe/Ni
(Ni, Fe)O(>500 μm)	45.63	10.08	41.62	0.242
(Ni, Fe)O(300 ~ 380 μm)	46.33	9.97	41.74	0.239
NiFe$_2$O$_4$(>500 μm)	50.92	35.17	12.17	2.89
NiFe$_2$O$_4$(10 ~ 300 μm)	52.87	34.79	12.34	2.82

NiO 相向 NiFe$_2$O$_4$ 相的转变现象也出现在纯陶瓷试样。图 5 – 24 所示为氮气气氛下烧结的 n(Ni)：n(Fe) =1：2 的纯 NiFe$_2$O$_4$ 相陶瓷，在 960℃下电解 24 h 后底面腐蚀形貌。电解后阳极底部形成平整、致密的尖晶石相陶瓷层，厚度约 80 μm，致密度远远高于添加了金属的样品电解后底面尖晶石相陶瓷层。可见，金属相的减少有利于致密尖晶石相陶瓷层的形成。但(10NiO – NiFe$_2$O$_4$)基

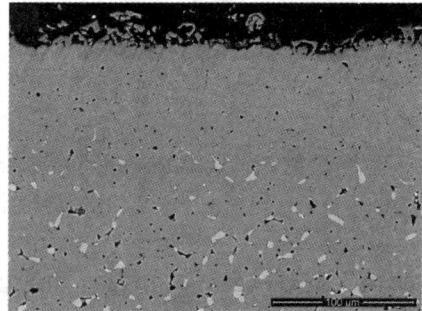

图 5 – 24　纯 NiFe$_2$O$_4$ 试样 960℃
电解 24 h 后底面的 SEM 形貌

金属陶瓷的电导率对金属相含量十分敏感，为了综合考虑，材料导电性能与耐腐蚀性，需在其中找到一个平衡点，确定合适的金属添加量。

电解过程中 NiO 相和 NiFe$_2$O$_4$ 相之间发生反应、金属相和 NiO 相消失层的致密化，可能与烧结态材料中含有一定的 Fe^{2+}、阳极新生氧与陶瓷相的反应以及 Ni 元素与 Fe 元素腐蚀溶解的摩尔分数值大于材料中计量比相关。该类金属陶瓷材料在热脱脂过程中，有机成形剂和残留的有机溶剂分解产生的还原性气相产物与残炭部分还原了陶瓷相，出现了一定含量的 Fe^{2+}；在随后的低氧含量的惰性气氛中烧结时，氧元素未得到补充，使得 NiO 相和 NiFe$_2$O$_4$ 相均含 Fe^{2+}，其化学计量式为 Ni(Ⅱ)$_x$Fe(Ⅱ)$_{1-x}$O 和 Ni(Ⅱ)$_y$Fe(Ⅱ)$_{1-y}$Fe(Ⅲ)$_2$O$_4$。

在阳极新生氧的作用下，Fe^{2+}氧化成 Fe^{3+}的同时，这两种氧化物也发生结构转变，反应式如式(5-2)和式(5-3)所示。

$$\text{Ni(Ⅱ)}_x\text{Fe(Ⅱ)}_{1-x}\text{O} + \text{O}_2 \longrightarrow \text{NiFe}_2\text{O}_4 + \text{NiO} \qquad (5-2)$$

$$\text{Ni(Ⅱ)}_y\text{Fe(Ⅱ)}_{1-y}\text{Fe(Ⅲ)}_2\text{O}_4 + \text{NiO} + \text{O}_2 \longrightarrow \text{NiFe}_2\text{O}_4 \qquad (5-3)$$

对于烧结态中 NiO 相内部的细小 NiFe$_2$O$_4$ 相析出物而言，反应式(5-2)可促使其长大。(Ni, Fe)O 相的氧化产物以 NiFe$_2$O$_4$ 的形式在 NiO 相原有的十字状

$NiFe_2O_4$ 相上析出时，可导致十字状 $NiFe_2O_4$ 相的扩展以及逐步与附近的 $NiFe_2O_4$ 相粒子连通(如图 5 – 21(d)所示)，(Ni，Fe)O 相中的 Fe 含量也随之降低。反应 (5 – 2)和反应(5 – 3)在 NiO 相和 $NiFe_2O_4$ 相界面进行将导致界面向 NiO 相扩展、NiO 相颗粒尺寸减小。高体积密度 NiO 相($6.81\ g/cm^3$)向低体积密度 $NiFe_2O_4$ 相 ($5.37\ g/cm^3$)转变以及新生态氧和 Al_2O_3 等物质向阳极内部的扩散、反应与沉积，均可导致体积膨胀，从而填充了烧结态中原有的孔洞、金属相阳极溶解及其氧化产物向阳极表面扩散与溶解所产生的二次孔洞，使得金属相消失层变得更致密。

(2)电解质熔体与金属陶瓷的反应

高 Al_2O_3 浓度的冰晶石熔体中，Al_2O_3 或以 $Al_2O_2F_4^{2-}$ 为主的含氧配合阴离子放电时可与 NiO 或 FeO 发生反应，生成 $NiAl_2O_4$ 或 $FeAl_2O_4$。反应产物先在阳极与熔体接触的浅表层或孔洞处生成，继而向 $NiFe_2O_4$ 内部扩散。

无论是纯陶瓷还是金属陶瓷，电解试验后在阳极腐蚀层中都发现 Al 元素。图 5 – 25 为试样底面腐蚀层形貌，EDS 分析结果见表 5 – 14。从阳极表层到芯部，腐蚀层中 Al 含量逐渐减少，Fe、Ni 含量逐渐升高。图 5 – 26 所示为试样底面放

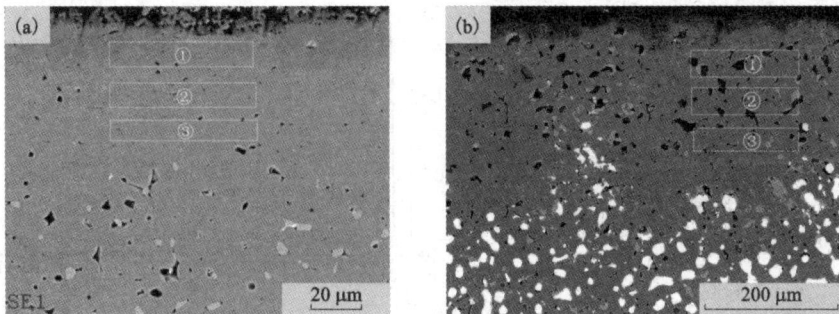

图 5 – 25　阳极电解后底部陶瓷层的 SEM 形貌

(a)$NiFe_2O_4$ 陶瓷；(b)17(Cu – 20Ni)/(10NiO – $NiFe_2O_4$)金属陶瓷

大形貌及能谱分析。出现主要元素组成为 Al、Fe、Ni、O 的高铝含量的陶瓷相。该相生成于阳极与电解质界面处以及阳极孔洞周围，并向 $NiFe_2O_4$ 扩散，与 $NiFe_2O_4$ 界面模糊。即使阳极腐蚀区最外层支离破碎，但也由相同元素构成，Al 元素含量显著增大，其原子比例在 19% 左右，如图 5 – 26(d)、图 5 – 26(e) 所示，说明新生成的含 Al 陶瓷相的成分随电解的进行而发生变化，且形貌随 Al 含量变化也不同。从长时间电解后的阳极底部形貌来看，当电解条件下致密 $NiFe_2O_4$ 层形成后，只在底部外沿发现高 Al 含量的破碎陶瓷相。但对于致密层中 $NiFe_2O_4$ 相内部的孔洞周围形成的含 Al 陶瓷相，Al 含量相对较低，与基体结

合紧密，无明显界面[见图5-26(a)]。

表5-14　电解后试样底部陶瓷层元素分析

检测区域	元素含量 x/%			
	O	Al	Fe	Ni
图5-25(a)中1区	61.81	1.38	25.03	11.78
图5-25(a)中2区	58.83	0.62	28.66	11.89
图5-25(a)中3区	57.77	0.11	29.94	12.19
图5-25(b)中1区	55.43	2.20	28.83	13.54
图5-25(b)中2区	54.96	0.72	30.01	14.31
图5-25(b)中3区	55.12	0.38	29.95	14.55

注：电解质配比为 $78.07\% Na_3AlF_6 - 9.5\% AlF_3 - 5.0\% CaF_2 - 7.43\% Al_2O_3$ ；电解温度960℃；电流密度 $1.0 A/cm^2$ 。

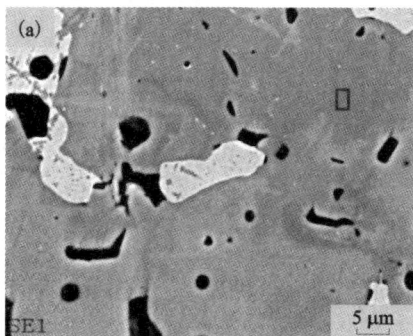

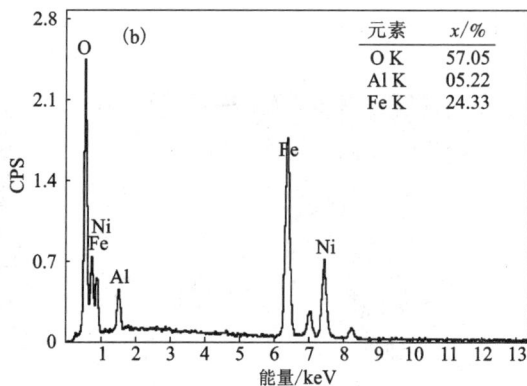

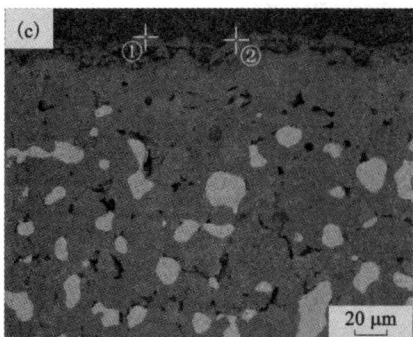

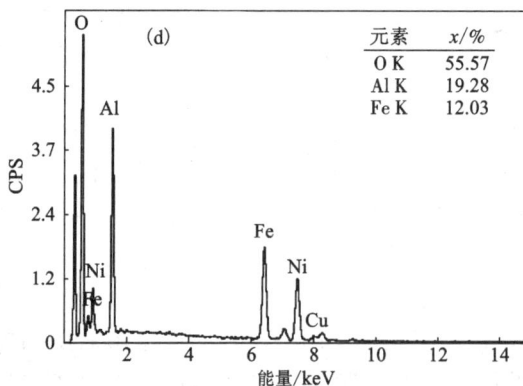

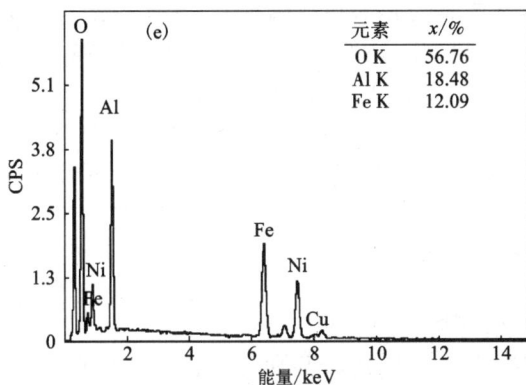

图 5 – 26　试样电解后底面的 SEM 形貌及能谱分析

(a) $NiFe_2O_4$ 的 SEM 形貌；(b) 图 (a) 的 EDS 分析；

(c) $17(Cu - 20Ni)/(10NiO - NiFe_2O_4)$ 的 SEM 形貌；(d)、(e) 分别为图 (c) 中①和②的 EDS 分析

图 5 – 27 所示为 $17(Cu - 20Ni)/(10NiO - NiFe_2O_4)$ 阳极底面腐蚀层 XRD 图谱，阳极电解后底面腐蚀产物主要由 $FeAl_2O_4$、$NiFe_2O_4$ 和富镍氧化物构成。由于 $FeAl_2O_4$ 与 $NiAlO_4$ 峰相近，其底面腐蚀产物中可能为 $FeAl_2O_4$ 与 $NiAl_2O_4$ 的复合物。

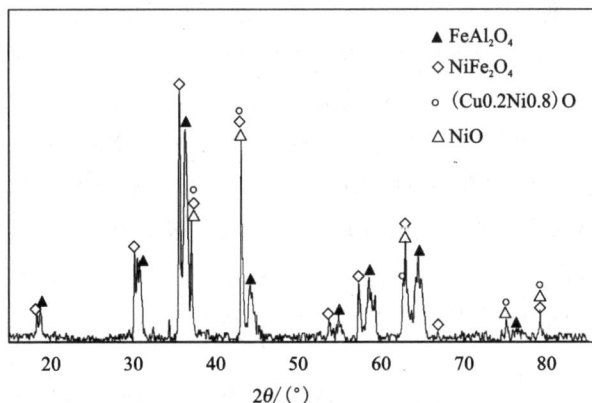

图 5 – 27　$17(Cu - 20Ni)/(10NiO - NiFe_2O_4)$ 电解后表面的 XRD 图谱

通常认为 $FeAl_2O_4$ 与 $NiAl_2O_4$ 的生成，是由于 NiO 相与电解质中的 Al_2O_3 反应或 $NiFe_2O_4$ 相的腐蚀残留物与 Al_2O_3 反应的结果。在高 Al_2O_3 浓度的冰晶石熔体中，陶瓷相的溶解速率较低，尤其是 $NiFe_2O_4$ 相中 Fe 元素的优先溶解既可抑制烧结态中 NiO 相的溶解，也可产生富镍的残留物，为铝酸盐尖晶石相的生成提供

了条件。经电解 10 h 样品的芯部和金属相消失层(陶瓷致密层)中 $NiFe_2O_4$ 相和 NiO 相的 Fe/Ni 原子比的能谱分析数据见表 5 – 15，电解反应层中两相的 Fe/Ni 比值均比未反应区的低，表明 Fe 元素的优先腐蚀。

表 5 – 15　960℃ 电解 10 h 后试样芯部和表层的 $NiFe_2O_4$ 和 NiO 相的 Fe/Ni 原子比

材料组成	芯部		表层	
	$NiFe_2O_4$	NiO	$NiFe_2O_4$	NiO
15(20Ni – Cu)/(NiFe$_2$O$_4$ – 10NiO)	2.81	0.18	2.46	0.16
0.25Yb$_2$O$_3$ – 15(20Ni – Cu)/(NiFe$_2$O$_4$ – 10NiO)	2.80	0.23	2.49	0.16
0.50Yb$_2$O$_3$ – 15(20Ni – Cu)/(NiFe$_2$O$_4$ – 10NiO)	2.71	0.16	2.41	0.12
0.75Yb$_2$O$_3$ – 15(20Ni – Cu)/(NiFe$_2$O$_4$ – 10NiO)	2.78	0.20	2.45	0.12
1.0 Yb$_2$O$_3$ – 15(20Ni – Cu)/(NiFe$_2$O$_4$ – 10NiO)	2.35	0.41	2.20	0.28

注：电解质配比为 78.07% Na_3AlF_6 – 9.5% AlF_3 – 5.0% CaF_2 – 7.43% Al_2O_3；电解温度 960℃；电流密度 1.0 A/cm²。

$NiFe_2O_4$ 相中 Fe 元素的优先腐蚀溶解是化学腐蚀和电化学腐蚀共同作用的结果。在化学溶解腐蚀方面，在高 Al_2O_3 浓度的电解质熔体中较稳定存在的 $NiAl_2O_4$ 形成及其对 NiO 相颗粒的包裹，抑制了耐蚀性能不及 $NiFe_2O_4$ 相的 NiO 相的溶解，使得电解质中 Fe、Ni 离子浓度的动态平衡只能通过 $NiFe_2O_4$ 相中 Fe、Ni 的溶解来实现。从热力学角度分析，$NiFe_2O_4$ 相中的 Fe 在电解质熔体的饱和溶解度是 Ni 的 3 ~ 8 倍[20]，Fe、Ni 的溶解不以化学计量比 2∶1 进行；从动力学方面分析，电解过程中溶解于电解质中的 Fe 元素比 Ni 元素易阴极放电而进入阴极铝液。因此，电解过程中 $NiFe_2O_4$ 相中 Fe 元素化学溶解趋势始终高于 Ni 元素。

$FeAl_2O_4$ 与 $NiAl_2O_4$ 的生成或许还有另外的途径。在高 Al_2O_3 浓度的冰晶石熔体中，以 $Al_2O_2F_4^{2-}$ 为主($Al_2OF_6^{2-}$ 和 $Al_3O_3F_6^{3-}$ 次之)的含氧配合阴离子阳极放电的同时，也可与 NiO 或 FeO 发生反应，生成 $NiAl_2O_4$ 或 $FeAl_2O_4$，其反应式如式(5 – 4)与式(5 – 5)所示。

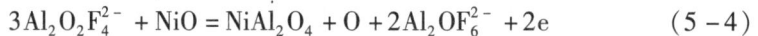
$$3Al_2O_2F_4^{2-} + NiO = NiAl_2O_4 + O + 2Al_2OF_6^{2-} + 2e \qquad (5-4)$$

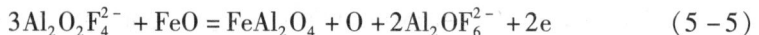
$$3Al_2O_2F_4^{2-} + FeO = FeAl_2O_4 + O + 2Al_2OF_6^{2-} + 2e \qquad (5-5)$$

$NiAl_2O_4$ 或 $FeAl_2O_4$ 与 $NiFe_2O_4$ 具有相似的晶体结构，相互之间可能存在一定的固溶度。反应式(5 – 4)与式(5 – 5)实际上也是 Al_2O_3 在阳极表面的沉积与化合过程，结果是将高密度的 NiO 相转变为低密度的 $NiAl_2O_4$ 或 $FeAl_2O_4$ 相，导致固相物质体积膨胀。该膨胀效应也可弥补金属相颗粒流失所引起的疏松，有助于表面 $NiFe_2O_4$ 相致密层的形成。

5.3.3　表面 $NiFe_2O_4$ 相致密层的腐蚀溶解机理

由于 FeO 在电解质中的溶解度高于 Fe_2O_3[20]，$NiFe_2O_4$ 相中的 Fe^{2+} 可能较 Fe^{3+} 更易溶解，它们的溶解反应见式(5-6)和式(5-7)。在 $NiFe_2O_4$ 相不发生分解的条件下，Fe^{2+} 的溶解反应可提高尖晶石结构的 B 位和氧位的空位浓度，Fe^{3+} 的溶解反应可同时提高 A 位、B 位和氧位的空位浓度，从而均降低晶体的热力学稳定性。

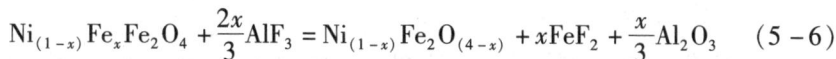

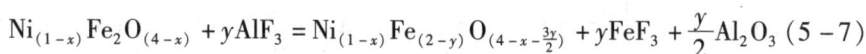

$$Ni_{(1-x)}Fe_xFe_2O_4 + \frac{2x}{3}AlF_3 = Ni_{(1-x)}Fe_2O_{(4-x)} + xFeF_2 + \frac{x}{3}Al_2O_3 \quad (5-6)$$

$$Ni_{(1-x)}Fe_2O_{(4-x)} + yAlF_3 = Ni_{(1-x)}Fe_{(2-y)}O_{(4-x-\frac{3y}{2})} + yFeF_3 + \frac{y}{2}Al_2O_3 \quad (5-7)$$

大量研究证实 $NiFe_2O_4$ 相的电化学溶解速率与电解质中的 Al_2O_3 浓度密切相关。Al_2O_3 浓度(阳极附近含氧配合阴离子浓度)越低，$NiFe_2O_4$ 相的腐蚀速率越大，即 $NiFe_2O_4$ 相的电化学腐蚀溶解速率与阳极极化程度成正比。$NiFe_2O_4$ 相中的 Fe^{2+}、Fe^{3+} 和 Ni^{2+} 选择性电化学溶解反应式如式(5-8)、式(5-9)和式(5-10)所示。$NiFe_2O_4$ 相选择性电化学溶解同样也提高了晶体的空位浓度。

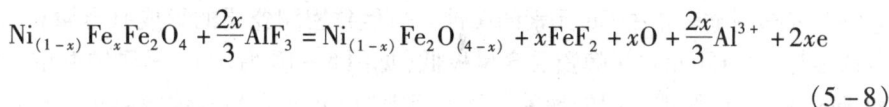

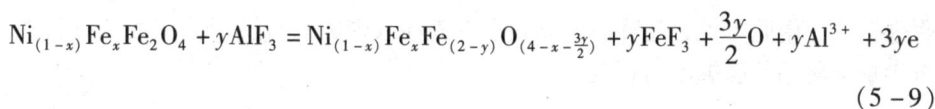

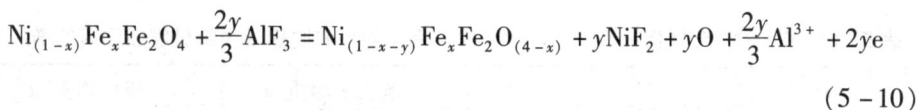

$$Ni_{(1-x)}Fe_xFe_2O_4 + \frac{2x}{3}AlF_3 = Ni_{(1-x)}Fe_2O_{(4-x)} + xFeF_2 + xO + \frac{2x}{3}Al^{3+} + 2xe$$
$$(5-8)$$

$$Ni_{(1-x)}Fe_xFe_2O_4 + yAlF_3 = Ni_{(1-x)}Fe_xFe_{(2-y)}O_{(4-x-\frac{3y}{2})} + yFeF_3 + \frac{3y}{2}O + yAl^{3+} + 3ye$$
$$(5-9)$$

$$Ni_{(1-x)}Fe_xFe_2O_4 + \frac{2y}{3}AlF_3 = Ni_{(1-x-y)}Fe_xFe_2O_{(4-x)} + yNiF_2 + yO + \frac{2y}{3}Al^{3+} + 2ye$$
$$(5-10)$$

无论是化学溶解还是电化学溶解，只有 $NiFe_2O_4$ 相各元素的流出比例与其原有的化学计量比不相等，才会使晶体中生成新空位，当空位的形成与湮灭相对平衡时，晶粒表面或内部便出现由空位湮灭所产生的孔洞(空位阱)。由于与电解质接触界面区的空位浓度高、结构稳定性差，该区是孔洞易形成与易扩展的区域。另一方面，孔洞的出现为 $NiFe_2O_4$ 相元素向电解质的流出提供了易扩散通道，促使元素加快流失和孔洞的长大，孔洞的长大与连通使表面出现支离破碎的形貌。

(1)表面致密尖晶石层的形成可能会抑制 Fe 元素的优先溶解

虽然大量的电解实验研究证实，相对于 Ni 元素，$NiFe_2O_4$ 相中的 Fe 元素存在优先溶解的现象，但是这一结论几乎是在电解时间较短、金属陶瓷表面没有出现致密陶瓷层或不够明显的状态下得出的。可以肯定的是，如果阳极表面形成致密陶瓷层，尽管阳极表面出现腐蚀碎片，但阳极与电解质接触的表面却变得相对平整,阳极选择性腐蚀溶解的区域减少。表 5 − 16 列出了 18.75(Cu − 20Ni)/ (10NiO − NiFe$_2$O$_4$)金属陶瓷在 960℃下电解 40 h 后形成约 100 μm 的致密陶瓷层的 EDS 成分(原子数分数),Fe 元素在致密陶瓷层中的变化并不明显。类似的现象也出现在纯陶瓷和其他金属陶瓷材料(见表 5 − 14)。

表 5 − 16　18.75(Cu − 20Ni)/(10NiO − NiFe$_2$O$_4$)金属陶瓷表面
陶瓷层的 EDS 成分(960℃电解 40 h)($x/\%$)

与样品表面距离/μm	O	Fe	Ni	Cu	Al	Fe/Ni
>500	52.87	34.89	12.24	—	—	2.85
40 ~ 60	50.64	32.92	14.84	0.67	0.92	2.22
10 ~ 20	50.00	32.21	14.18	0.67	2.67	2.27

(2)表面致密尖晶石层的形成可能会改变金属相的溶解行为

表 5 − 17 和表 5 − 18 分别列出在 960℃电解 10 h 和 40 h 后电解质和阴极铝中阳极腐蚀元素的增加量。尽管电解 10 h 后表面已初步形成致密陶瓷层,但随后的电解并未抑制金属相中 Cu 元素的腐蚀。虽然致密陶瓷层的形成有金属相氧化反应的参与,但 Cu 元素在陶瓷层含量极低(见图 5 − 10 所示),易腐蚀溶解。Olsen 和 Thonstad[5]也发现相同的现象,金属相中的 Cu 元素易腐蚀溶解进入电解质和阴极铝液。由此可见,金属相组成元素在表面致密尖晶石层中的扩散迁移特性也将影响金属相的腐蚀溶解行为。

表 5 −17　Cu − Ni 金属相样品 960℃电解 10 h 后电解质和阴极铝中阳极腐蚀元素的增加量

样品组成	电解质中增重/g			阳极中增重/g		
	Cu	Fe	Ni	Cu	Fe	Ni
12.5(20Ni − Cu)/(10NiO − NiFe$_2$O$_4$)	0.021	0.052	0.057	<0.001	0.041	0.002
12.5(20Ni − Cu)/(10NiO − NiFe$_2$O$_4$) +1Yb$_2$O$_3$	0.071	0.060	0.088	<0.001	0.051	0.002
12.5(20Ni − Cu)/(10NiO − NiFe$_2$O$_4$) +1Cu$_2$O	0.085	0.040	0.031	<0.001	0.125	0.004
18.75(20Ni − Cu)/(10NiO − NiFe$_2$O$_4$)	0.038	—	0.018	0.003	0.058	0.004

注:电解质配比为 78.07% Na$_3$AlF$_6$ − 9.5% AlF$_3$ − 5.0% CaF$_2$ − 7.43% Al$_2$O$_3$;电流密度 1.0 A/cm^2;柱状阳极试样直径约 17.2 mm。

表 5 - 18　18.75(Cu - 20Ni)/(10NiO - NiFe$_2$O$_4$)960℃电解

40 h 后电解质和阴极铝中阳极腐蚀元素的增加量

元素增重/g	Fe	Ni	Cu	Ni/(Fe + Ni + Cu)	Cu/(Fe + Ni + Cu)
电解质	0.038	0.049	0.054	0.35	0.38
阴极	0.091	0.046	0.063	0.23	0.32
总含量	0.129	0.095	0.117	0.28	0.34

注：电解质配比为 78.07% Na$_3$AlF$_6$ - 9.5% AlF$_3$ - 5.0% CaF$_2$ - 7.43% Al$_2$O$_3$；电流密度 1.0 A/cm^2；柱状阳极试样直径约 17.2 mm。

上述研究结果表明，电解过程中 NiFe$_2$O$_4$ 基金属陶瓷表面致密尖晶石层的形成，是由于金属相的氧化、NiO 相的转变以及阳极与熔体中 Al$_2$O$_3$ 反应物沉积等多因素共同作用的结果。然而，表面致密尖晶石陶瓷层形成以后，金属陶瓷的电解腐蚀以及该陶瓷层腐蚀溶解过程仍有待深入研究。

参 考 文 献

[1] Tracy G P. Corrosion and passivation of cermet inert anodes in cryolite - type electrolyte[C] // Miller R E. Light Metals 1986. Warreudale, Pa: TMS, 1986: 309 - 320.

[2] Windisch C F, Marschman S C. Electrochemical polarization studies on Cu and Cu - containing cermet anodes for the aluminum industry [C] // Zabreznik R D. Light Metals 1987. Warrendale, Pa: TMS, 1987: 351 - 355.

[3] Ray S P, Weirauch D A, Liu X. Inert anode containing oxides of nickel, iron and zinc useful for the electrolytic production of metals[P]. US, 6423195, 2000.

[4] Ray S P, Liu X H, Weirauch D A, et al. Electrolytic production of high purity aluminium using ceramic inert anodes[P]. US, 6416649, 2002.

[5] Olsen E, Thonstad J. Nickel ferrite as inert anodes in aluminum electrolysis: part Ⅰ material fabrication and preliminary testing [J]. Journal of Applied Electrochemistry, 1999, 29(3): 293 - 299.

[6] Lorentsen O A, Thonstad J. Electrolysis and post - testing of inert cermet anodes[C] // Schneider W. Light Metals 2002. Warreudale, Pa: TMS, 2002: 457 - 462.

[7] 赖延清, 田忠良, 秦庆伟, 等. 复合氧化物陶瓷在 Na$_3$AlF$_6$ - Al$_2$O$_3$ 熔体中的溶解性[J]. 中南大学学报: 自然科学版, 2003, 34(3): 245 - 248.

[8] 赖延清, 秦庆伟, 段华南, 等. NiFe$_2$O$_4$ 基金属陶瓷材料的制备及其耐腐蚀性能[J]. 中南大学学报: 自然科学版, 2004, 35(6): 885 - 890.

[9] 王兆文, 罗涛, 高炳亮, 等. 镍铁尖晶石基金属陶瓷惰性阳极的研制[J]. 稀有金属材料与工程, 2005, 34(1): 158 - 161.

[10] 王兆文, 罗涛, 高炳亮, 等. 大型铁酸镍基金属陶瓷惰性电极电解腐蚀研究[J]. 东北大学学报, 2004, 25(10): 991-993.

[11] 焦万丽, 张磊, 姚广春. MnO_2 添加剂对镍铁尖晶石基惰性阳极耐腐蚀性的影响[J]. 过程工程学报, 2005, 15(3): 309-312.

[12] 席锦会, 刘宜汉, 姚广春. MnO_2 对镍铁尖晶石惰性阳极材料性能的影响[J]. 功能材料, 2005, 36(3): 374-376.

[13] 席锦会, 姚广春, 刘宜汉, 等. V_2O_5 对镍铁尖晶石烧结机理及性能的影响[J]. 硅酸盐学报, 2005, 33(6): 683-687.

[14] Dewing E W, Thonstad J. Solutions of CeO_2 in cryolite melts [J]. Metallurgical and Materials Transactions B, 1997, 28B(6): 1257.

[15] Yang J H, Liu Y X, Wang H Z. The behavior and improvement of SnO_2 - based inert anodes in aluminium electrolysis [C] //Das S K. Light metals 1993. Warreudale, Pa: TMS, 1993: 493-495.

[16] Weyand J D, DeYoung D H, Ray S P, et al. Inert anodes for aluminium smelting (final report) [R]. Washington D C: Aluminum Company of America, 1986.

[17] Christini R A, Dawless R K, Ray S P, et al. Phase III advanced anodes and cathodes utilized in energy efficient aluminum production cells [R]. Washington D C: Aluminum Company of America, 2001.

[18] 田忠良. 铝电解 $NiFe_2O_4$ 基金属陶瓷惰性阳极及其相关工程技术研究[D]. 长沙: 中南大学, 2005.

[19] Rhamdhani M A, Hayes P C, Jak E. Subsolidus phase equilibria of the Fe - Ni - O system [J]. Metallurgical and Materials Transactions B, 2008, 39(5): 690-701.

[20] DeYoung D H. Solubilities of oxides for inert anode in cryolite - based melts[C] // Miller R E. Light Metals 1986. Warrendale, Pa: TMS, 1986: 299-307.

第6章　铝酸盐和氧化亚铜基金属陶瓷惰性阳极材料

金属陶瓷惰性阳极材料的选择多倾向于尖晶石与金属的复合材料，其中陶瓷相中研究最多的是具有尖晶石结构的铁酸镍（$NiFe_2O_4$），主要是因为尖晶石结构化合物在电解质体系熔盐中具有较小的溶解度[1]，且该氧化物呈半导体性质，在电解温度下具有一定的导电性，通过添加一定量的金属相能够进一步提高其导电性、强度和抗热震性能，如目前制备的 $NiFe_2O_4$ 基金属陶瓷在金属相未形成连通网状结构时的电导率可达 90 S/cm。由于 $NiFe_2O_4$ 溶解到电解质中后，Fe 离子析出电位较低，容易在阴极析出，直接污染电解产物铝，降低铝的纯度，成为目前惰性阳极电解实验中存在的主要杂质，且 Fe 较难从 Al 中去除。尽管通过添加过量的 NiO 相能降低电解铝中的 Fe 元素杂质，但其杂质含量仍难以满足原铝的要求。在不引进新的其他杂质或降低材料的耐腐蚀性能的前提条件下，人们不断探索新的惰性阳极材料，或者通过优化制备工艺和铝电解工艺来避免或降低电解铝中 Fe 杂质的含量。

作为铝电解原料，Al_2O_3 也可与 NiO 生成具有尖晶石结构的复合氧化物——$NiAl_2O_4$。$NiAl_2O_4$ 在冰晶石熔盐中的溶解度较低，能够有效避免惰性阳极本身带来的 Fe 杂质元素，降低铝液中 Fe 杂质含量，除 Ni 外不引入其他杂质，因此不少研究者探索了采用 Al_2O_3 或铝酸盐为陶瓷基体相制备金属陶瓷作为惰性阳极的可行性。目前铝酸盐基金属陶瓷已成为 $NiFe_2O_4$ 基金属陶瓷外的另一具有较大发展前景的惰性阳极候选材料，它存在的主要问题是铝酸盐的导电性和耐冰晶石熔盐腐蚀的能力要比 $NiFe_2O_4$ 低。

另外，俄罗斯和我国研究人员曾提出部分惰性阳极的概念，其基本思路是允许阳极在电解过程中存在一定量的消耗，且阳极的溶解并不对电解铝造成污染，而是用来生产具有一定程度预合金化的 Al 合金制品。由于 Cu 具有较好的导电性，Cu 的氧化物均具有半导体性质，且可与熔盐中的 Al_2O_3 反应形成较耐蚀的 $CuAlO_2$，在电解过程中对 Cu 进行保护，降低电解过程中 Cu 的溶解，Al – Cu 合金还具有一定的市场，这些特点使得以 Cu 氧化物为基体的金属陶瓷备受研究者的关注，目前研究较多的主要是 Cu_2O 基金属陶瓷。

本章重点介绍铝酸盐和氧化亚铜基金属陶瓷惰性阳极材料的研发现状，评述上述两类材料作为铝电解用惰性阳极材料的应用前景。

6.1 铝酸盐基金属陶瓷

铝酸盐可用 MAl_2O_4 表示,其中 M 为 Ni、Fe、Cu、Zn、Co、Mg 等,它们都具有尖晶石晶体结构,熔点较高,高温下具有较高的化学稳定性,常用于制备催化剂等。近几年来,随着人们不断开发探索新的铝电解惰性阳极材料,发现部分铝酸盐在冰晶石熔盐中具有较低的溶解度,从而将它们作为铝电解惰性阳极候选材料,尤其是 $NiAl_2O_4$。其中 $NiAl_2O_4$ 和 $FeAl_2O_4$ 在 Al_2O_3 饱和的冰晶石熔盐中的溶解度如表 6 - 1 所示。

表 6 - 1　1023℃时 $NiAl_2O_4$ 和 $FeAl_2O_4$ 在 Al_2O_3 饱和的冰晶石熔盐中的溶解度[2]

$n(NaF):n(AlF_3)$	$w(NiAl_2O_4)/\%$	$w(FeAl_2O_4)/\%$
1.5		0.418
2		0.314
2.05	0.0047	
2.5		0.304
2.96	0.0069	
3		0.354
5		0.551
8.22	0.0089	
12.36	0.0077	

与 $NiFe_2O_4$ 相比,铝酸盐的导电性要低很多,如 $NiAl_2O_4$ 在 950℃时的电导率为 0.014 S/cm[3],而 $NiFe_2O_4$ 在 960℃时的电导率为 2.105 S/cm[4]。一般需要通过添加一定量的金属相来提高其导电性以满足惰性阳极的需求。目前研究比较多的有 $NiAl_2O_4$ 和 $FeAl_2O_4$ 基金属陶瓷。

6.1.1 $NiAl_2O_4$ 基金属陶瓷

目前研究比较多的 $NiAl_2O_4$ 基金属陶瓷的基体相为 $NiAl_2O_4$,同时含有适量的 NiO 或 CeO,金属相主要为导电性较好的 Cu,Ni 或 Cu - Ni 合金。

由于材料的致密度对阳极的耐腐蚀性能影响较大,在低致密度下,电解质容易渗进阳极基体,增加与样品的接触面积,加快阳极的腐蚀,同时引起阳极肿胀和脱落,缩短阳极的使用寿命,因此一般需要制备高致密度的阳极。对于 $NiAl_2O_4$ 基金属陶瓷,由于其基体相 $NiAl_2O_4$ 的熔点较高,达 2110℃,自扩散系数较低为

$(2 \sim 4) \times 10^{-4} \, cm^2/s$，比 $NiFe_2O_4$ 更难烧结致密化。$NiAl_2O_4$ 基金属陶瓷通常采用两步烧结法制备，首先在空气气氛中煅烧 NiO 与 Al_2O_3 混合粉末，生成 $NiAl_2O_4$ 粉末，然后再加入一定量的金属进行混匀、压制、烧结。因为采用冷压烧结时样品的致密度较低，如在 1300℃，Ar 气氛下烧结 4 h 所得阳极的孔隙率高达 4.1%[2]，因此采用热压工艺获得具有较高致密度的材料。$NiAl_2O_4$ 基金属陶瓷的热压温度一般为 1300 ~ 1400℃，压制压力 25 MPa，表 6 - 2 为不同温度下进行热压时样品的致密度[5-7]。热压法制备的阳极金属相分布不均匀，一般情况下，样品芯部较样品表面的金属相要少，在电解初期，容易导致电解过程中金属相的快速电化学溶解，形成一个多孔的外层，电解质易渗透进入，从而发生肿胀和开裂。另外阳极外层金属在电解过程中也会被氧化，使得样品内部金属相，NiO 相的相对含量发生变化而变得不均匀，表面处 NiO 相较芯部多，而金属相则相反，从而引起表面与芯部膨胀系数差别较大，最终导致表层氧化物从基体剥离。

表 6 - 2　不同温度下热压的 $NiAl_2O_4$ 基金属陶瓷阳极的致密度[6, 7]

烧结温度/℃	密度/$(g \cdot cm^{-3})$	理论密度/$(g \cdot cm^{-3})$	相对密度/%
1300	4.825	4.86	99.3
1350	4.852	4.86	99.8
1400	4.692	4.86	96.5

金属陶瓷的高电导率有利于降低能耗，提高电流效率，是阳极工业应用所需考虑的重要因素之一。金属陶瓷阳极的电导率主要受样品的致密度，金属相种类和含量，添加第二相等因素的影响，其中金属相含量影响较大。对于低电导率的 $NiAl_2O_4$ 陶瓷，主要是通过提高其金属相含量和致密度来提高电导率。加入适量金属相后其在 900℃时的电导率可大于 80 S/cm，通过进一步提高其致密度，可以高达 140 S/cm[6]，超过 $NiFe_2O_4$ 基金属陶瓷的。

$NiAl_2O_4$ 在熔盐中的稳定性与熔盐温度、$n(NaF):n(AlF_3)$ 和 Al_2O_3 浓度相关。在 1 atm① 氧分压的条件下，1020℃时 $NiAl_2O_4$ 在 Al_2O_3 饱和熔盐中的溶解度与 $n(NaF):n(AlF_3)$ 的关系如图 6 - 1 所示，该图表明 $NiAl_2O_4$ 的溶解度受摩尔分数影响较大。另外它在高氧化铝浓度电解质中的稳定性较好，当氧化铝浓度低于 3.0%（质量分数）时主要以 NiO 和 Al_2O_3 形式存在[8]。因此 $NiAl_2O_4$ 基金属陶瓷一般是在低 $n(NaF):n(AlF_3)$，高 Al_2O_3 浓度的电解质中进行电解。

$NiAl_2O_4$ 基金属陶瓷阳极在电解时较稳定且杂质含量较低。王兆文等[5]对相

---

① 1 atm = 101325 Pa

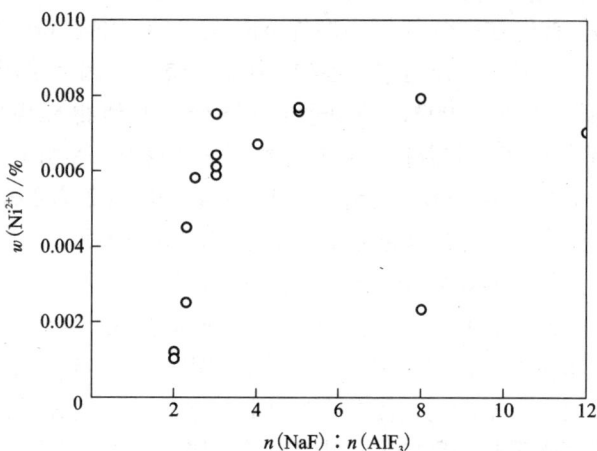

图 6-1   NiAl$_2$O$_4$ 在 Al$_2$O$_3$ 饱和熔盐中的溶解度与 n(NaF)∶n(AlF$_3$)的关系[9]（1020℃）

对密度为 99.8%，电导率达 140 S/cm 的 NiAl$_2$O$_4$ 基金属陶瓷阳极在 900℃下电解 24 h，电解质成分为 $CR=1.8$，含 5% Al$_2$O$_3$，5% LiF 和 3% CaF$_2$，阳极电流密度为 0.7 A/cm^2。在电解初期，槽电压不稳定，但电解 5 h 后，槽电压处于稳定状态。电解铝中的杂质主要为 Ni 和 Cu，它们在电解铝中的含量分别为 0.251% 和 0.483%。

NiAl$_2$O$_4$ 在熔盐中的溶解度比 NiFe$_2$O$_4$ 的大一些[5]，但使用此材料作为电极不会使铝液带来难以除去的 Fe 杂质，因此具有一定的发展前景。目前该类阳极存在的主要问题是热压过程中金属相分布不均匀，导致电解初期由于金属相的快速电化学溶解而引起的电解质中金属杂质含量较高。同时还存在因金属相氧化而引起内外层物相分布不均匀，表面氧化层与内部之间存在较大热膨胀系数差而引起的分层和脱落等问题，这些问题都直接影响它在工业上的应用。为了提高其电导率，就要求金属相含量较高，这又降低了它的耐蚀性能，导致电解铝的纯度达不到商业铝锭的要求。对于该类阳极，还需进一步优化热压工艺或采取新的制备方法，调整阳极的成分，进一步提高材料的耐蚀性能。

6.1.2   FeAl$_2$O$_4$ 基金属陶瓷

FeAl$_2$O$_4$ 的结构与 NiAl$_2$O$_4$ 同为尖晶石结构，它在冰晶石熔体中的溶解度较低且具有半导体性质。目前 FeAl$_2$O$_4$ 基金属陶瓷已被研究者作为惰性阳极候选材料进行研究，它主要以 Ni$_3$Fe-FeAl$_2$O$_4$ 金属陶瓷为主[10, 11]。该类惰性阳极通常采用传统粉末冶金法制备，原料为 Ni、Fe 和 Al$_2$O$_3$。为了获得较高的致密度，初始加入金属相含量高达 50%，但烧结后样品中金属相含量由于部分氧化及与 Al_2O_3 反应而降低，烧结后样品主要由 $FeAl_2O_4$ 和 Ni_3Fe 两相组成。

$FeAl_2O_4$ 基金属陶瓷的导电性与工业用炭素电极还有很大差距，为了进一步提高材料的性能，进行适量掺杂是一种常用的有效手段。目前报道的 $FeAl_2O_4$ 基金属陶瓷掺杂物主要有 $MnO_2^{[10]}$ 或 $Sm_2O_3^{[11]}$，它们的掺杂一般不会破坏 $FeAl_2O_4$ 的尖晶石结构。掺杂 2% MnO_2 后，材料在 850℃时的电导率由未掺杂的 47 S/cm 升至 67 S/cm[10]。掺杂还对该材料烧结致密化、耐蚀性能和力学性能均有大幅度的提高。由于 Mn 离子价位较高，能提高 $FeAl_2O_4$ 中的阳离子空位浓度，促进材料的烧结，掺杂 2%时，材料的密度从 4.06 g/cm^3 提高到 4.41 g/cm^3。掺杂 MnO_2 试样晶粒生长完整，晶界减少，样品的断裂方式不仅仅是沿晶断裂，还存在穿晶断裂，材料的强度得到了提高。掺杂 MnO_2 后，材料在静态无极化条件下的腐蚀速率从 23.68 mm/a 降至 12.32 mm/a。在进行 Sm_2O_3 掺杂时存在同样的效果[11]：Sm_2O_3 主要偏析于晶界，提高了晶界处的缺陷浓度，从而促进烧结[11]。1000℃时试样电导率提高 34.0%；烧成的阳极结构致密，气孔率低，表观密度提高 17.3%；平均腐蚀速率降低 48.2%[11]。

$FeAl_2O_4$ 在冰晶石熔盐中的溶解度同样受 $n(NaF):n(AlF_3)$、Al_2O_3 浓度、电解温度、电流密度、氧分压等因素的影响。图 6-2 所示为 $FeAl_2O_4$ 在不同 CR 值的冰晶石熔盐中的溶解度，从图中可以看出，当 $CR<3$ 时其溶解度较低，当 $CR>4$ 时其溶解度较大。$FeAl_2O_4$ 与现行常用的电解质组元间不发生化学反应，但其稳定性受 Al_2O_3 浓度影响，只有当 Al_2O_3 浓度高于 5%（质量分数）时，$FeAl_2O_4$ 在 1020℃熔盐中才能稳定存在[8]。因此对于 $FeAl_2O_4$ 基金属陶瓷阳极，需在低 CR 和高 Al_2O_3 浓度的熔盐中进行电解，才具有较好的耐腐蚀性能。

目前关于 $FeAl_2O_4$ 基金属陶瓷在极化状态下的电解腐蚀报道较少。由于金属相含量较高，金属相的腐蚀又以电化学溶解为主，因此，极化条件对材料的耐蚀性能有较大的影响。同时，Ni_3Fe 在电解过程中会发生钝化，形成更耐蚀的 $NiFe_2O_4$、Fe_3O_4、NiO，腐蚀由电化学腐蚀转变为化学腐蚀，有利于提高材料的耐蚀性能。但是还需进一步验证 $FeAl_2O_4$ 基金属陶瓷阳极在极化条件下的耐蚀性能及电解铝的纯度。

6.2　Al_2O_3 基金属陶瓷

Al_2O_3 作为复合材料的陶瓷相有 3 个优势：①在溶解时不会对电解铝造成污染；②在新生氧的条件下能与金属相反应形成各种具有半导体性质的尖晶石相；③将各尖晶石相连接起来，提高材料的耐腐蚀性能。由于 Al_2O_3 为绝缘体，需加

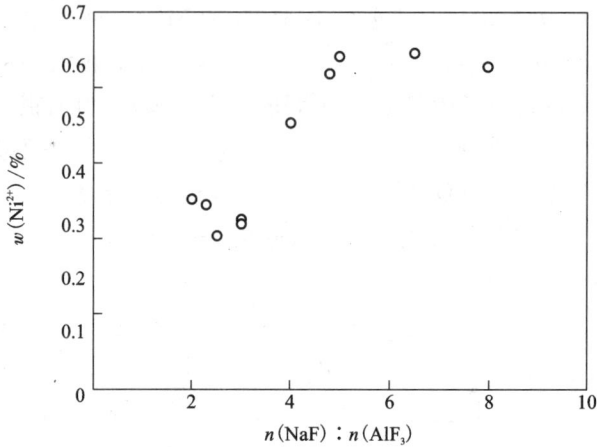

图 6 – 2 $FeAl_2O_4$ 在 Al_2O_3 饱和熔盐中的溶解度与 $n(NaF):n(AlF_3)$ 的关系[9]（1020℃）

入足够高含量的金属相才能保证 Al_2O_3 基金属陶瓷电导率满足惰性阳极的要求。设计高金属含量的金属陶瓷时主要需考虑它的抗氧化性和耐冰晶石腐蚀性，即需在电解过程中可形成黏附性好且导电耐蚀的氧化物致密保护薄膜，同时也要考虑其对电解铝的污染。

对于高金属相含量的金属陶瓷，由于金属相呈网状形貌，金属相或其氧化物必须耐蚀，目前熔盐中耐蚀性能较好的金属主要是 Pt 等贵金属，由于 Pt 较贵，制备成本太高，不利于实现工业化。因此主要考虑一些价格合适的活性金属，它们的氧化物在冰晶石中溶解度较低，这些氧化物主要包含 SnO_2、Fe_2O_3、Cr_2O_3、NiO、Mn_2O_3 和 TiO_2 等。另外在制备高金属含量的金属陶瓷惰性阳极时，还需保证陶瓷相能形成骨架结构，防止金属相腐蚀后陶瓷相以颗粒的形式脱落进入电解质。为使陶瓷相形成骨架结构，须在陶瓷相能够形成烧结颈以上的温度下进行烧结。根据烧结理论可知，由于 Al_2O_3 熔点较高，其烧结温度也较高。对于高金属相含量的金属陶瓷，若其金属相熔点相对 Al_2O_3 来说较低，样品在烧结过程中因金属相优先熔化而变形，导致 Al_2O_3 难以形成骨架结构。因此，所选择的金属相的熔点也应较高，一般不采用熔点较低的 Cu 作金属相。

由于 Fe、Ni 均为活性元素，且熔点较高，在高温氧化气氛下会氧化成 Fe_2O_3（或 FeO、Fe_3O_4）和 NiO，它们的氧化物均为半导体，且在冰晶石熔盐中溶解度低，Fe、Ni 的氧化物在电解过程中还可反应生成更耐蚀的 $NiFe_2O_4$ 相，或与 Al_2O_3 形成 $NiAl_2O_4$、$FeAl_2O_4$ 尖晶石相。同时 Co 也是一种活性元素，形成的 CoO 在冰晶石中溶解度也较低，因此 Fe、Ni 和 Co 常被作为具有高金属含量的 Al_2O_3 基金属陶瓷的金属相。结合 Fe、Ni、Co 及 Al_2O_3 这些特点，Fe – Ni（ – Co） – Al_2O_3 金属陶瓷阳极也是一种比较有前景的阳极，目前国内东北大学对该类阳极进行了比较系统的研究[12 - 14]。

6.2.1　Al_2O_3 基金属陶瓷的制备

Fe – Ni（ – Co） – Al_2O_3 金属陶瓷主要采用烧结法制备，即原料 Fe、Ni、Co 与 Al_2O_3 混匀后直接压制烧结。采用固相烧结时样品的孔隙率较高，如 50%（70Fe – 30Ni）/Al_2O_3 在 Ar 气氛下经 1500℃ 烧结 2 h 后的孔隙率高达 25.85%[14]，高孔隙率对材料的导电性和耐蚀性能均不利。为了获得较高的致密度，一般采用液相烧结，常用烧结温度为 1600℃[12]。当烧结气氛中氧分压高于 Fe 的平衡氧分压时，金属 Fe 会发生氧化并与 Al_2O_3 反应而生成 $FeAl_2O_4$ 新相，由于 $FeAl_2O_4$ 新相在冰晶石熔盐中的溶解度小于 Al_2O_3 和 FeO，该新相的生成有利于提高材料的耐蚀性能，但同时也给阳极成分的准确控制带来困难。在烧结时应动态观测烧结气氛氧分压的变化。

6.2.2　Al_2O_3 基金属陶瓷的导电和抗热震性能

由于 Fe – Ni（ – Co） – Al_2O_3 金属陶瓷惰性阳极具有较高的金属相，金属相呈连通状态，根据阈值渗透理论[15]可知，当导电相形成连通结构时，金属陶瓷复合材料的电导率会产生几个数量级的提高，因此具有金属相连通结构的 Fe – Ni（ – Co） – Al_2O_3 金属陶瓷的电阻率较低。阳极与导杆的连接也较容易，主要通过在阳极上开一螺孔与电源导杆进行连接，或者采用因康不锈钢夹具直接与阳极进行连接，导杆一般采用在冰晶石熔盐气氛中具有较强抗蚀性能的因康不锈钢。

高金属含量的 Fe – Ni（ – Co） – Al_2O_3 金属陶瓷的抗热震性能较好。由于金属含量较高，金属相与陶瓷相足以形成交织聚集形貌，Rapp 等人[16]认为该显微结构有利于阻止复合材料的裂纹扩展，提高阳极的抗热震性能。对于金属陶瓷，其抗热震性能主要采用抗热震循环次数试验来考察。石忠宁[12]将不同组成的 Fe – Ni（ – Co） – Al_2O_3 金属陶瓷投放到 850℃ 熔化的电解质中，静置 15 min 后捞起，冷却到室温后，再投入到电解质中，如此反复进行了 8 次，仍未发现有裂纹产生，由此可知该材料的抗热震性能较好。

6.2.3　Al_2O_3 基金属陶瓷的电解腐蚀

由于 Fe – Ni（ – Co） – Al_2O_3 金属陶瓷阳极具有较高含量的金属相以及陶瓷基体在熔盐电解质中具有一定的溶解度，为延长阳极的使用寿命，降低电解铝中杂质的含量，电解温度比目前工业铝电解温度低，一般为 800 ~ 900℃ 之间，且在电解之前,需将阳极在高温下悬挂静置一段时间,使表面形成一层耐蚀氧化薄膜后再通过升降机构将其放入电解质中进行电解。在电解过程中还需要控制好电极极距、氧化铝浓度和 $n(NaF):n(AlF_3)$。

在电解过程中要控制好极距。如果极距过小(如 3.6 cm),会发生氧扩散到阴极附近,与阴极产生的铝发生氧化反应,导致铝燃烧,在电解液表面上出现闪闪火星,这样会降低电流效率。如果在电极上下平行的电解槽中进行铝电解,随着电解时间的延长,电解铝产量增大,极距会降低,因此要及时调整极距。

电解过程中熔盐要保证较高的氧化铝浓度。由于在复杂的冰晶石熔盐体系中,各种氧化物都存在动态的生成和分解平衡,如:

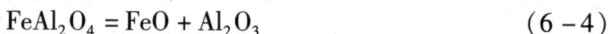

$$NiAl_2O_4 = NiO + Al_2O_3 \qquad (6-1)$$

$$NiCo_2O_4 = NiO + Co_2O_3 \qquad (6-2)$$

$$NiFe_2O_4 = NiO + Fe_2O_3 \qquad (6-3)$$

$$FeAl_2O_4 = FeO + Al_2O_3 \qquad (6-4)$$

其中 FeO 与 Al_2O_3 在熔盐中存在以下平衡反应:

$$4FeO + O_2 + 4AlF_3 = 2Al_2O_3 + 4FeF_3 \qquad (6-5)$$

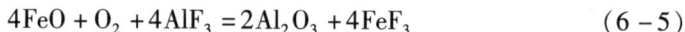

该反应的平衡常数可表示为:

$$K = \frac{[FeF_3]^4 \cdot [Al_2O_3]^2}{[FeO]^4 \cdot [AlF_3]^4 \cdot [p_{O_2}/p^0]} \qquad (6-6)$$

平衡常数只与温度有关,而不受其他因素影响。温度升高时,K 增大,上述反应的平衡向右移,导致 FeO 浓度降低,从而使式(6-4)中 $FeAl_2O_4$ 的分解反应平衡右移,更多的尖晶石参与反应而分解,陶瓷组元中的 Fe 在熔盐中的溶解度将增大。当熔体中 Al_2O_3 浓度增大时,分解反应会向使 Al_2O_3 浓度降低、FeO 浓度减小的方向移动,直到建立新的平衡。所以,当电解质中的 Al_2O_3 浓度增加时,尖晶石的溶解度会下降。对于由铝酸盐尖晶石构成的阳极,氧化铝浓度对它的溶解度影响很大。因此,为使电解过程中能在阳极表面形成 $CuAl_2O_4$、$NiAl_2O_4$、$FeAl_2O_4$ 氧化物保护膜,应该在较低的 $n(NaF):n(AlF_3)$、高氧化铝浓度的熔盐中进行电解。

Fe_2O_3(FeO 氧化形成)是一种酸性氧化物,酸性氧化物的溶解度随着电解质酸性的增强而减小,随碱性的增大而增大。当熔盐中的摩尔分数增大时,熔体的碱性增强,Fe_2O_3 的溶解度增大,加剧尖晶石化合物的分解,增大其在熔盐中的溶解度,因此尖晶石在熔体中的溶解度随熔盐分子比的增大而增大。特别是对式(6-3)中的铁酸盐尖晶石,增大熔盐中的 $n(NaF):n(AlF_3)$,会增加 Fe_2O_3 的溶解,最终导致 $NiFe_2O_4$ 或 $CoFe_2O_4$ 的分解,加速阳极的腐蚀。因此采用低分子比进行电解,利于在阳极表面形成耐蚀的尖晶石和氧化物保护膜,因此,为了提高尖晶石化合物阳极在铝电解槽中的使用寿命,应尽可能在低的电解温度下进行电解，同时应使用低分子比和高氧化铝浓度的熔盐。在电解过程中要定时补充氧化铝和电解质，以保证电解过程中一直处于高氧化铝浓度和稳定的熔盐黏度。

在一定电解条件下，Fe-Ni(-Co)-Al$_2$O$_3$ 金属陶瓷在电解时阳极表面能够自动生成较为致密而且具有一定导电性的氧化物保护膜，厚度为 150～200 μm，它能有效阻止阳极的进一步氧化，由于 NiFe$_2$O$_4$ 和 FeAl$_2$O$_4$ 在冰晶石熔盐中溶解度低，该层氧化膜对阳极起着良好的保护作用。以 Fe-Ni 合金为金属相的金属陶瓷阳极在电解过程中，表面形成复合氧化物保护膜的外层主要由 Fe$_2$O$_3$、NiFe$_2$O$_4$ 组成，内层结构较复杂，分别由 Fe$_2$O$_3$、Al$_2$O$_3$、NiFe$_2$O$_4$、FeAl$_2$O$_4$ 构成，Fe、Ni 弥散分布于其中，此氧化膜不但能够起到抗氧化、耐腐蚀作用，而且分布其中的 Fe、Ni 合金相能增强导电功能。材料的耐蚀性能的提高主要是依靠该氧化层的动态溶解与生成，因此研究氧化层的形成机制及结构对提高材料的耐蚀性能具有重要意义。

在电解过程中，Al—O—F 配合离子和氟离子在电场的作用下向阳极迁移，其中氧离子受到阳极的吸引而从配合阴离子中挣脱出来，在阳极表面上放电，释放出氧气，如式(6-7)所示。阳极表面产生的新生态氧原子一部分向阳极内部扩散、渗透，一部分氧原子化合成氧分子，以气泡的形式释放。向阳极基体内部扩散的氧将与向阳极外表面因浓差效应而发生扩散的金属相 Fe、Ni 和 Co 发生反应，生成金属氧化物，如式(6-8)所示。

$$O^* + 2e = O_2 \tag{6-7}$$

$$x\text{Me} + y\text{O}^* = \text{Me}_x\text{O}_y \tag{6-8}$$

当阳极表面产生足够厚度的 Me$_x$O$_y$ 时，氧原子的扩散受到限制，形成的保护膜阻止阳极内部合金的进一步氧化，避免金属相过多氧化降低材料的导电性能。另外，在电解温度和氧化气氛下，金属氧化物溶解于冰晶石-氧化铝熔盐中，当熔体中溶解的金属氧化物浓度达到饱和时，生成的氧化物与氧化铝能相互反应形成更复杂的具有尖晶石结构的复合氧化物，从而在与电解质接触的阳极表面除了构成阳极的原始成分 Al$_2$O$_3$、Ni$_3$Al、FeAl$_2$O$_4$ 之外，还出现了在电解过程中产生的 NiFe$_2$O$_4$ 新相。对于 Fe-Ni-Co-Al$_2$O$_3$ 金属陶瓷，由于 NiCo$_2$O$_4$ 易分解，分解产物为氧化物，其被溶解于冰晶石熔盐中的铝还原，Co 以蒸气的形式挥发，另外一种可能是构成阳极的金属相中的 Co 直接挥发，因此在表面一般没有 CoAl$_2$O$_4$ 尖晶石存在，而是以 Co 和 Co$_2$O$_3$ 的形式存在于阳极上部。在相同金属含量和电解工艺下，Co 对提高阳极的耐蚀性能作用不明显。

石忠宁[12]采用不同组成的 Fe-Ni(-Co)-Al$_2$O$_3$ 金属陶瓷阳极在 n(NaF)：n(AlF$_3$)为 1.8，含有 8% NaCl，5% CaF$_2$ 的电解质中进行电解，电解温度为 850℃，电流密度为 0.75～1.0 A/cm^2，极间距为 3.6～4 cm。在电解过程中，槽电压变化情况如图 6-3 所示。在电解初期，由于表面存在氧化膜而导致槽电压较高，待表面氧化膜逐渐被腐蚀溶解后，槽电压快速下降并稳定。当电解时间较长时，AlF₃挥发损失较大，导致电解质的摩尔分数变大，初晶温度升高，熔体的黏度变大，电导率下降，电流效率降低[17]。为了获得稳定的槽电压，在电解一定时间后要向熔盐中添加电解质以维持熔盐各组成的平衡，通常采用少量多次的下料方式进行补加电解质。另外，阳极金属相越多，导电性就越好，在相同极距和电解质的条件下，槽电压越低。

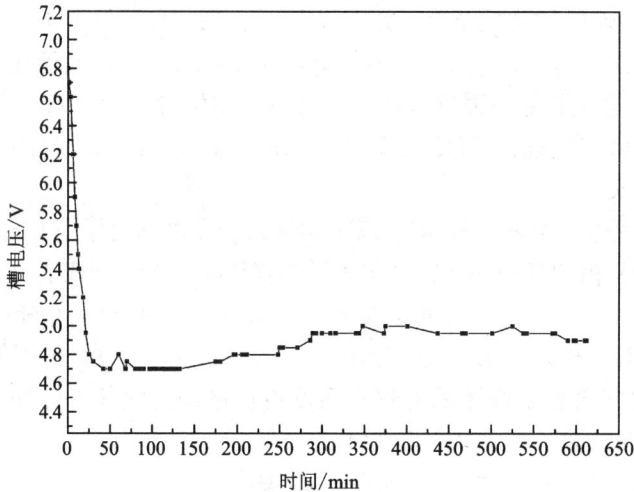

图 6-3　Fe-Ni-Co-Al₂O₃ 金属陶瓷惰性阳极电解时槽电压随时间的变化[12]

电解后阳极没有发生开裂和肿胀现象，电解前后阳极的宏观形貌如图 6-4 所示。阴极电解铝纯度达 98% ~ 99%，尽管仍低于 99.7%，但已经比较接近该值。阳极的腐蚀速率为 18.15 ~ 24.02 mm/a，材料的腐蚀速率仍较大。

石忠宁[12]还对 30Fe-35Ni-35Al₂O₃ 金属陶瓷阳极进行了 960℃ 的 100 A 和 300 A 的电解实验，电解后阳极完整，没有受到明显的腐蚀。100 A 电解阳极的平均腐蚀速率为 19 mm/a，电流效率为 70%。300 A 电解铝的纯度达到 98.7%，但由于采用的是电极上下平行的小型电解槽，在电解过程中，阳极电解气体和磁场对电解质的搅动，许多阳极气体扩散到阴极附近，阴极铝氧化损失过多，导致电流效率较低，仅 20% 左右。

虽然 Fe-Ni-Al₂O₃ 阳极具有优良的电导率和抗热震性，但仍存在一些问题，如阳极腐蚀速率较高，导致电解铝中金属杂质含量比现行炭素阳极电解时要高；阳极成分和电解工艺还有待进一步优化，电解槽需进行相应改进，进一步提高电流效率，降低电解铝的杂质含量。

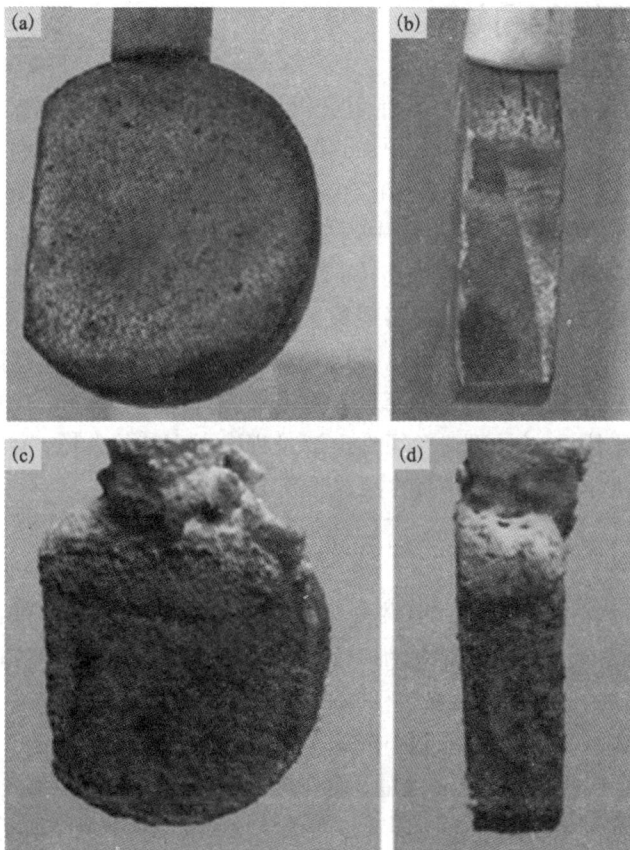

图 6 - 4　电解前后阳极的宏观形貌[10]

(a)电解前阳极正面；(b)电解前阳极侧面；(c)电解后阳极正面；(d)电解后阳极侧面

　　另外，Cao 等人还研究了 Al - Ti - O - Fe 系金属陶瓷阳极，它主要以 Al_2O_3，TiO_2 和金属 Fe 为原料，采用冷压成形，1600℃真空烧结制备，烧结后该材料会生成 Fe_2TiO_5 新相，该物相能抑制 Al_2O_3 晶粒的烧结长大。加入 Fe，一方面可以提高材料的导电性，另一方面可以促进材料的烧结致密化。该类阳极较难烧结致密化，即使 Fe 含量达 30%，烧结后样品仍有较多孔洞。该阳极在 920℃，1 A/cm² 的电流密度下电解 3 h，其中电解质组成为 5%(质量分数)CaF_2、5%(质量分数) Al_2O_3、3%(质量分数)LiF 和钠冰晶石，在电解过程中阳极具有较好的耐蚀性，槽电压较稳定，大约 3.1 V。电解时，外层 Fe 氧化成 Fe_2O_3，形成氧化致密层，对材料的耐蚀性能起到一定作用[18]。

6.3 Cu_2O 基金属陶瓷

电解铝生产过程中，由于 Cu 在阴极析出可以不被视作杂质元素，而且在精铝生产过程中，Cu 作为增重剂必须加到原铝中去，其比例高达 30% ~40%，远远大于在阴极析出的 Cu，同时 Al – Cu 合金本身即是成熟的产品。Tarcy 等人[19]采用纯 Cu 作阳极时发现在电解过程中阳极表面形成了 $CuAlO_2$ 和 Cu_2O，但该氧化物与 Cu 结合较差，易剥落，而当将 $CuAlO_2$ 和 Cu_2O 直接压制烧结，其在电解过程中所得氧化物材料并不发生剥落现象，是较好的铝电解用惰性阳极。Cu_2O 在冰晶石中溶解度较低[20]，因此可以采用 Cu_2O 基金属陶瓷部分惰性阳极来替代电解过程中产生 CO_2 和氟化物气体的炭素阳极来进行铝合金生产，而该类金属陶瓷的金属相通常采用 Cu，从而避免了在电解过程中引入其他杂质，目前，国内主要有哈尔滨工业大学在进行这方面的探索研究工作[21 – 26]。

6.3.1 Cu_2O 基金属陶瓷的制备

Cu_2O 基金属陶瓷阳极主要有两种组成，一种是 Cu_2O 和 Cu 的混合物，另一种是 Cu_2O、$CuAlO_2$ 和 Cu 的混合物。Cu_2O 基金属陶瓷阳极的制备主要有高温固相烧结和热压法，但这两种制备方法均较难准确地控制金属相的含量，如采用高温固相烧结来制备时，在脱脂过程中 Cu_2O 易被黏结剂分解产物（CO、C_xH_y、H_2）还原，提高了金属相内部的 Cu 含量，而在烧结过程中，如果烧结气氛控制不当，又可引起 Cu 部分氧化成 Cu_2O。邵文柱等人[22]在 1050℃下烧结制备了 Cu – Cu_2O 金属陶瓷，初始 Cu 含量分别为 0.5%、10%、15%、20%、25%、30%，但在脱脂过程中由于黏结剂分解对部分 Cu_2O 进行还原，实际 Cu 含量变为 19%、23.4%、27.7%、31.8%、36.0%、40.4%、44.0%。在热压过程中，Cu_2O 易被石墨模具还原，从而改变材料的金属相含量。采用高温固相烧结时样品的致密度受压制压力，烧结温度和保温时间的影响，要想获得孔隙率小于 10% 的 Cu_2O – Cu 系金属陶瓷，压制压力应大于 300 MPa，保温时间 10 ~20 h[22]。而采用热压法容易获得高致密度阳极，如 Feng 等人[23]采用热压法制备了 $Cu_2O/xCu(x = 0 ~25\%)$ 金属陶瓷，所获得样品的致密度均高于 97%。对于 Cu_2O – 10$CuAlO_2$ – xCu 金属陶瓷，通过热压法也能获得较高的致密度，如表 6 – 3 所示。

表6-3 热压法制备 $Cu_2O-10CuAlO_2-xCu$ 金属陶瓷的密度及孔隙率[24]

$w(Cu)/\%$	理论密度/$(g\cdot cm^{-3})$	表观密度/$(g\cdot cm^{-3})$	孔隙率/%
0	5.897	5.800	1.64
5	6.036	5.928	1.79
10	6.135	5.941	2.56
15	6.237	6.183	0.99
20	6.342	6.234	1.70
25	6.452	6.392	0.93

6.3.2 Cu_2O 基金属陶瓷的力学与导电性能

作为铝电解用金属陶瓷惰性阳极需具有一定的力学和导电性能,其中力学性能包括材料的抗弯强度、抗压强度以及韧性,而韧性又与材料的热导率,热膨胀性相关。这些性能与其能否运用到工业电解槽上紧密相关,因此在选择阳极候选材料时需对这些性能进行系统的研究。

Cu_2O 基金属陶瓷的热导率、热膨胀性、抗弯强度、抗压强度以及直流电导率均随 Cu 含量增大而提高,分别如图6-5、图6-6、图6-7、图6-8、图6-9所示。对于金属陶瓷,其热导率与金属相的含量和分布有关,热导率可用 Maxwell 模型[27]表示:

$$\lambda_{mix} = \lambda_{cont} \frac{1 + 2x - 2f(x-1)}{1 + 2x + f(x-1)} \tag{6-9}$$

式中:x 为连续相与弥散分布相热导率的比值;f 是弥散分布相的体积分数。由于 Cu 的热导率大于 Cu_2O,因此 $x < 1$,从式(6-9)可知,随 f 的增大而增大,与图6-5相一致。

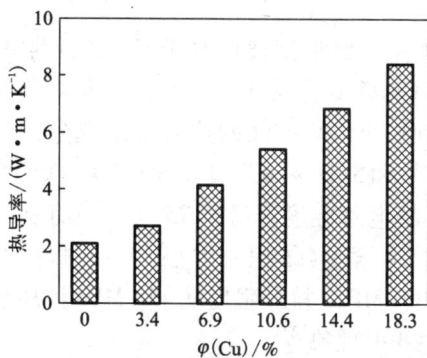

图6-5 Cu_2O/Cu 金属陶瓷热导率
与 Cu 含量的关系[23]

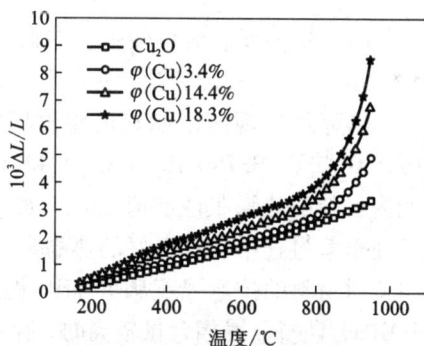

图6-6 Cu_2O/Cu 金属陶瓷
热膨胀系数与 Cu 含量的关系[23]

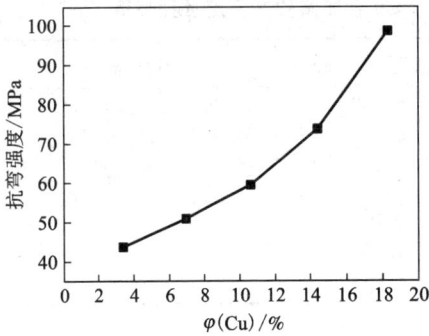

图6-7 Cu₂O/Cu 金属陶瓷
抗弯强度与 Cu 含量的关系[23]

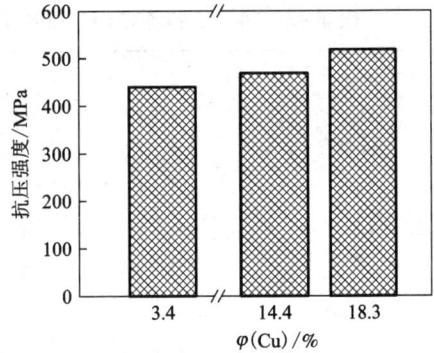

图6-8 Cu₂O/Cu 金属陶瓷
抗压强度与 Cu 含量的关系[23]

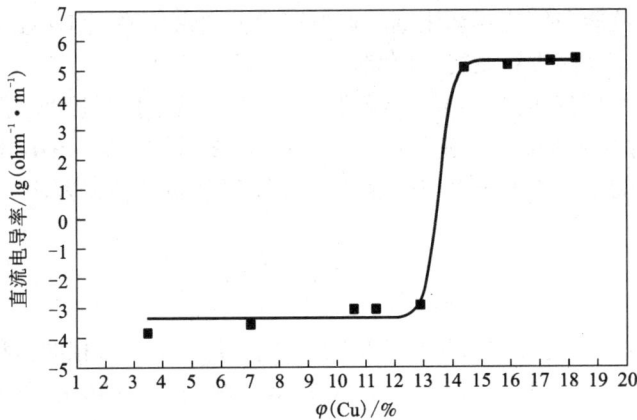

图6-9 Cu₂O/Cu 金属陶瓷电导率与 Cu 含量的关系[23]

Cu₂O 的热膨胀系数较低,在低温下具有负膨胀特性。对于 Cu 含量为 0、3.4%、14.4% 和 18.3%(体积分数)的 Cu - Cu₂O 复合材料,在 150 ~ 950℃ 范围内,其热膨胀出现两个明显的温度区间,150 ~ 750℃ 区间的热膨胀系数分别为 $3.15 \times 10^{-6}/℃$、$3.78 \times 10^{-6}/℃$、$4.42 \times 10^{-6}/℃$ 和 $5.31 \times 10^{-6}/℃$,而在 700 ~ 950℃ 区间内材料的热膨胀性迅速加大。如果能够将电解温度降低至 750℃,更有利于阳极在电解过程中具有良好的热稳定性。当 Cu 含量(体积分数)从 3.4% 提高至 18.3% 时材料的抗弯强度从 50 MPa 提高至 100 MPa,抗压强度从 438 MPa 提高至 517 MPa,且当金属相含量较高时,存在弹性变形现象[23]。

对于金属陶瓷惰性阳极,它的导电性直接关系到电流效率,电导率越高其电流效率越高。在考虑导电性的同时还需兼顾其耐蚀性能,一般只要其导电性达到目前所使用的炭素阳极的水平即可,目前炭素阳极在 960℃ 时的电导率约为

$100 \sim 200$ S/cm。因此在研究某一惰性阳极时，基本上都要考虑其电导率。大多数金属陶瓷都遵循阈值渗透理论[15]，即存在某一临界金属含量 X_C，当金属含量大于该值时，金属陶瓷的电导率会发生跳跃式增大。这类复合材料在 $X_C < X < 0.5$ 导通门槛值以上范围内的有效电导率方程如式(6-10)所示：

$$\frac{\sigma}{\sigma_0} = \alpha(X - X_C)^K \qquad (6-10)$$

式中：σ 为金属的电导率；α 和 K 为常数。理论上给定的 X_C 和 K 值为：$X_C = 0.15 \pm 0.03$ 和 $K = 1.8 \pm 0.2$。由不同材料体系的实验结果所得到的更可信数值为 $X_C = 0.16 \pm 0.01$，$K = 1.6$，$\alpha = 1 \sim 1.6$。在显微形貌上，即为使金属相从孤立颗粒变为连通结构时的金属含量值；从导电机制上则为使金属陶瓷从半导体导电机制转变为金属导电机制所需的金属含量。

Xie 等人[24]采用热压法制备了 $Cu_2O - CuAlO_2 - Cu$ 基金属陶瓷，其中 Cu 含量分别为 0、5%、10%、15%、20%、25%，$CuAlO_2$ 含量为 10%，并系统地研究了该材料的导电性及导电规律。通过改变热压温度和热压压力，获得致密度较高，孔隙率均低于 3% 且差别细微的金属陶瓷。对样品进行了电导率测试，发现当 Cu 含量大于 15% 时，该材料发生阈渗导通，使得材料的电导率发生 $7 \sim 8$ 个数量级的跃迁，由半导体导电机制转变为金属导电机制。

材料的电导率不仅与金属相含量有关，还与孔隙率和金属相颗粒尺寸等因素有关。材料的电导率随 Cu 颗粒尺寸的减小而增加，因为在体积百分比相同时，尺寸越细小，其接触几率越大，接触面积就越大。材料电导率与孔隙率，颗粒尺寸的关系可用式(6-11)和式(6-12)表示：

$$P(a) = a/S \qquad (6-11)$$

$$\lg\delta = k(1-\theta)^n \times \ln P(a) \qquad (6-12)$$

式中：$P(a)$ 为金属相连接概率；S 为金属相颗粒尺寸；δ 为材料电导率；θ 为材料孔隙率；n，k，a 为常数，根据已测数值，n 值为 $3 \sim 4$；k 为 $2.7 \sim 3.0$。

6.3.3 Cu_2O 基金属陶瓷的电解腐蚀

材料能否作为惰性阳极，最终的评判依据为其耐蚀性能及电解铝的纯度。Feng 等人[23]对 $Cu - Cu_2O$ 金属陶瓷进行了短时间($2 \sim 5$ h)和长时间(100 h)的电解实验。在短时间电解实验中，该阳极具有低的残余电流密度和低的极化电阻，样品表面没有明显的变化，材料的电阻不随电解时间变化。在长时间电解实验中，该材料体系在电解时也比较稳定。在电解初期，由于阳极直接与电解质接触，其腐蚀较快，随电解时间的延长，在样品表面形成了 $CuAlO_2$ 保护层，形成机理如式(6-13)和式(6-14)所示。由于 $CuAlO_2$ 在冰晶石中溶解度较低，材料具有较强的耐蚀性能，该材料的腐蚀速率为 $1.8 \sim 1.9$ cm/a。

$$Cu_2O + Al_2O_3 = 2CuAlO_2 \qquad (6-13)$$
$$4Cu + O_2 + 2Al_2O_3 = 4CuAlO_2 \qquad (6-14)$$

尽管 Cu_2O-Cu 基金属陶瓷只适合用于生产 Al-Cu 合金,但其对减轻日益严重的环境和能源问题还是具有十分重要的意义。目前,金属含量的准确控制、阳极电流效率的提高和阳极在扩大化实验中的耐蚀性能等几个方面还需进一步研究。

近几年,国内外研究者在探索新的惰性阳极候选材料上已取得一定成绩。作为除 $NiFe_2O_4$ 金属陶瓷外的惰性阳极材料,铝酸盐和氧化亚铜基金属陶瓷惰性阳极材料均具有其各自的优势,其中铝酸盐惰性阳极材料可有效缓解铝液的 Fe 掺杂,而氧化亚铜基惰性阳极材料可用于制备 Al-Cu 合金,两者都充分利用阳极材料自身的优点,具有良好的研究和应用前景,但目前对上述材料的研究均局限于实验室规模,而真正检验材料应用可行性的大规模铝电解实验未见报道。因此,对上述材料的研究需要有更大规模铝电解实验进行验证,并从中发现和解决铝酸盐和氧化亚铜基金属陶瓷及其他类型惰性阳极材料铝电解应用所存在的共性工程技术问题。

参 考 文 献

[1] Olsen E, Thonstad J. Nickel ferrite as inert anodes in aluminium electrolysis: part I – material fabrication and preliminary testing[J]. Journal of Applied Electrochemistry, 1999, 29(3): 293 –299.

[2] Zhang Y, Wu X, Rapp R A. Modeling of the solubility of $NiO/NiAl_2O_4$ and $FeO/FeAl_2O_4$ in cryolite melts[C] // Crepeau P N. Light Metals 2003. Warrendale, Pa: TMS, 2003: 415 –421.

[3] 张松斌,赵群. 镍铝尖晶石基铝用惰性阳极导电性的初步研究[J]. 现代技术陶瓷, 2003, 24(2): 7 –9.

[4] 田忠良,赖延清,李劼,等. $NiFe_2O_4$ 基金属陶瓷的电导率[J]. 粉末冶金材料科学与工程, 2005, 10(2): 110 –115.

[5] 王兆文,罗涛,高炳亮,等. $NiAl_2O_4$ 基惰性阳极的制备及电解腐蚀研究[J]. 矿冶工程, 2004, 24(5): 61 –63, 66.

[6] Wang Z W, Hu X W, Luo T, et al. Study on spinel – based inert anode for aluminium electrolysis[J]. Journal of Guangdong Non – Ferrous Metals, 2005, 15(2 –3): 93 –101.

[7] Wang Z W, Luo T, Gao B L, et al. Fabrication of Al – Ni – Cu – O cermet inert anodes and electrolysis testing [C] // Kvande H. Light Metals 2005. Warrendale, Pa: TMS, 2005: 535 –538.

[8] Jentoftsen T E, Lorentsen O A, Dewing E W, et al. Solubility of iron and nickel oxides in cryolite – alumina melts [C] // Anjier J L, Schneider W. Light Metals 2001. Warrendale, Pa: TMS, 2001: 455 –462.

[9] Lorentsen O. Behaviour of nickel, iron and copper by application of inert anodes in aluminium production [D]. Norway: Norwegian University of Science and Technology, Department of

Materials Technology and Electrochemistry, 2000.

[10] 张丽鹏, 于先进, 董云会, 等. MnO$_2$ 掺杂金属陶瓷惰性阳极的制备及性能研究[J]. 高等学校化学学报, 2008, 29(1): 154 – 158.

[11] 张丽鹏, 于先进, 董云会, 等. Sm$_2$O$_3$ 掺杂金属陶瓷惰性阳极的制备及性能研究[J]. 中国稀土学报, 2007, 25(2): 190 – 194.

[12] 石忠宁. 铝电解惰性金属阳极和金属 – 氧化铝阳极的研制与测试[D]. 沈阳: 东北大学材料与冶金学院, 2004.

[13] Shi Z N, Xu J L, Qiu Z X, et al. 300 A bench – scale aluminum electrolysis cell with Fe – Ni – Al$_2$O$_3$ composite anode[C] // Kvande H. Light Metals 2005. Warrendale, Pa: TMS, 2005: 1219 – 1223.

[14] Cao X Z, Wang Z W, Shi Z N, et al. Study on the conductivity of Fe – Ni – Al$_2$O$_3$ cermet inert anode [C]// Sørli M. Light Metals 2007. Warrendale, Pa: TMS, 2007: 937 – 939.

[15] McLachlan D S, Blaszkiewicz M, Newnham R E. Electrical resistivity of composites[J]. Journal of the American Ceramic Society, 1990, 73(8): 2187 – 2203.

[16] Rapp R, Ezis A, Yurek G. Displacement reactions in the solid state[J]. Metallurgical and Materials Transactions B, 1973, 4(5): 1283 – 1292.

[17] 刘业翔, 李劼. 现代铝电解[M]. 北京: 冶金工业出版社, 2008.

[18] Cao X Z, Wang Z W, Shi Z N, et al. Al – Ti – O – X cermet as inert anode for aluminium electrolysis[C] // Sørli M. Light Metals 2007. Warrendale, Pa: TMS, 2007: 927 – 929.

[19] Tarcy G P, Gavasto T M, Ray S P. Electrolytic production of metals using a resistant anode[P]. U SA, 4620905, 1986.

[20] Lorentsen O A, Jentoftsen T E, Dewing E W, et al. The solubility of some transition metal oxides in cryolite – alumina melts: part III. solubility of CuO and Cu$_2$O[J]. Metallurgical and Materials Transactions B, 2007, 38(5): 833 – 839.

[21] 谢宁, 邵文柱, 甄良, 等. Cu$_2$O – CuAlO$_2$ – Cu 基金属陶瓷导电性能研究[J]. 陶瓷科学与艺术, 2004, 38(2): 9 – 14.

[22] 邵文柱, 宋磊, 崔玉胜, 等. Cu$_2$O – Cu 系金属陶瓷制备工艺研究[J]. 材料科学与工艺, 1999, 7(1): 38 – 42, 47.

[23] Feng L C, Shao W Z, Zhen L, et al. Cu$_2$O/Cu cermet as a candidate inert anode for Al production[J]. International Journal of Applied Ceramic Technology, 2007, 4(5): 453 – 462.

[24] Xie N, Shao W Z, Zhen L, et al. Electrical conductivity of inhomogeneous Cu$_2$O – 10CuAlO$_{2-x}$ Cu cermets[J]. Journal of the American Ceramic Society, 2005, 88(9): 2589 – 2593.

[25] Shao W Z, Xie N, Li Y C, et al. Electric conductivity and percolation threshold research of Cu – Cu$_2$O cermet [J]. Transactions of Nonferrous Metals Society of China, 2005, 15(special 2): 297 – 301.

[26] 邵文柱, 沙德生, 伊万诺夫 V V, 等. 氧化亚铜基金属陶瓷导电性的试验研究[J]. 材料科学与工艺, 1999, 7(2): 109 – 112.

[27] Maxwell J C. A treatise on electricity and magnetism[M]. Clarendon: Oxford, 1904.

第7章 基于金属陶瓷惰性阳极的 铝电解槽与电解工艺

惰性阳极铝电解需要在高氧化铝浓度、相对较低的电解温度以及合适的电流密度等工艺条件下进行，才能保障惰性阳极低腐蚀速率和原铝纯度达标。此外，由于惰性阳极的电解电位高出炭素阳极约 1 V，导致整体工作电压偏高。铝电解生产过程中要达到理想的工作电压需要从电解槽设计、外围各部分压降、电解质体系等多个方面进行分解研究。为了实现上述目标，研究者在惰性电极铝电解槽的结构设计、低初晶温度的电解质体系和电解工艺的研究开发等方面开展了多项卓有成效的工作。本章在介绍国内外金属陶瓷惰性阳极铝电解试验槽的结构设计特征、电解试验研究情况的基础上，重点对中国铝业股份有限公司和中南大学联合开展两次工程化级别的深杯状金属陶瓷惰性阳极铝电解试验的研究成果进行介绍，涉及电解槽设计、惰性阳极组装、电解试验工艺及实施效果等几个方面，并对惰性阳极在铝电解试验过程中暴露出的问题进行剖析，指出下一步电解试验研究的方向。

7.1 金属陶瓷惰性阳极的新型结构铝电解槽

采用惰性阳极进行铝电解，最简单最经济的做法是不改变现行 Hall – Héroult 铝电解槽的基本结构，只将炭素阳极换成惰性阳极。但是该做法需要解决以下 3 个关键问题。

(1)电解槽热平衡控制困难。采用炭素阳极进行铝电解时，氧化铝的分解电压为 1.18 V，而采用惰性阳极时，氧化铝的分解电压为 2.2 V。为维持相当的槽电压，只有减少实际极距空间或降低电流密度。但该做法将导致电解槽发热量的降低，必须对电解槽进行额外保温处理才能维持电解槽的热平衡，而保温处理需要与电解槽的电压、炉帮、磁场等相互耦合，否则将破坏规则的炉膛内形，进而影响电解槽平稳运行。

(2)低极距的实现，需要降低流速、减少铝液波幅，否则无法维持电解槽的正常运行。可润湿性阴极成为必然选择，电解过程中阴极表面维持一层较薄的铝层，从而大幅降低铝液波幅，电解产生的大部分铝液通过引流处理进入阴极沟槽内，这种新型结构槽称之为导流槽(drained cell)[1]。然而阴极铝液高度和阴极结构的变化势必改变电解槽热场和流场的分布，这种结构的惰性电极电解槽仍缺乏大容量、长时间的铝电解试验的考证。

（3）难以维持高氧化铝浓度。现行炭素阳极工业槽的电解质中氧化铝浓度只能维持在 2% 左右，仅为其饱和浓度的 20% ~ 30% ；而惰性阳极需要更高的氧化铝浓度才能使阳极保持低腐蚀速率和保障原铝纯度，这将导致炉底沉淀与结壳现象的出现并最终影响电解过程的正常进行。

为了给惰性阳极提供适宜的铝电解工艺条件，研究者一方面对传统水平结构的 Hall - Héroult 槽进行一些改造使之满足惰性阳极的某些工艺要求，另一方面开发竖式电解槽、浆料电解槽等新的槽型结构用于惰性阳极的铝电解试验研究，均取得了一定成效。

7.1.1　基于 Hall - Héroult 结构的金属陶瓷惰性阳极铝电解槽

传统的 Hall - Héroult 槽改造为水平结构的惰性阳极铝电解槽，主要集中在惰性阳极和阴极的形状与排布方面。20 世纪 80 年代初，瑞士铝业公司（Swiss Aluminium）的 Alder 和 Schalch 等人[2]设计出一种缩小阴极有效面积的惰性阳极铝电解槽，其结构示意图如图 7 - 1 所示。在该设计中，采用添加绝缘材料隔断的方法缩小阴极的工作面积，将阴极的有效面积控制在有效阳极面积的 10% ~ 90%。据该专利称，这种设计可降低电解过程阳极的腐蚀。电解试验显示，对于 $2CuO - 2Sb_2O_3 - 96SnO_2$ 材质的惰性阳极，当将有效阴极面积降低为有效阳极面积的 10% 时，阳极的耐腐蚀能力提高 3 倍。

为了适应高密度的电解质体系与低温电解的工艺特点，电化学技术公司（Electrochemical Technology Corp. ）的 Beck 和 Brooks[3]发明一种惰性阳极置于槽底、可润湿性阴极置于上部、电解产生的铝液被收集在阴极顶部的新型结构惰性阳极铝电解槽，如图 7 - 2 所示。为防止铝液与新生氧的接触、避免铝液二次氧化反应的发生，铝液被分隔限制在可润湿性阴极顶部，并设置了氧气溢出通道。选择合适的电解质是实现电解槽正常工作的前提，他们推荐两种熔点约 700℃的含 $BaCl_2$ 低温体系，$60BaCl_2 - 20AlF_3 - 15NaF - 5NaCl$ 和 $30\ AlF_3 - 20CaF_2 - 45BaCl_2 - 5BaF_2 + MgF_2$ （质量分数，下同）。这类电解质的密度高于铝液密度 2.3 g/cm^3 但又低于氧化铝的密度 4.0 g/cm^3，因此电解过程中阴极反应产生的铝能沿可润湿性阴极表面上浮至阴极顶部，氧化铝又能够在下沉过程中溶解。

如果注重惰性阳极材料的开发研究和充分利用现有的炭素阳极电解槽，惰性阳极铝电解试验槽则更多地只改变阳极外形结构、排布及其与阳极导杆的连接方式，对电解槽的其他部分不进行大的改造。例如，Alcorn 等人[4]所开展的 6 kA 级金属陶瓷惰性阳极铝电解试验就直接采用 Hall - Héroult 结构槽。试验阳极成分为 $42.9NiO - 40.1Fe_2O_3 - 17Cu$，外形尺寸为 $\phi150 \times 75$ mm，采用 Ni、304 不锈钢、Inconel 601 等金属材料作为阳极导杆，以螺纹方式与惰性阳极进行连接。尽管试

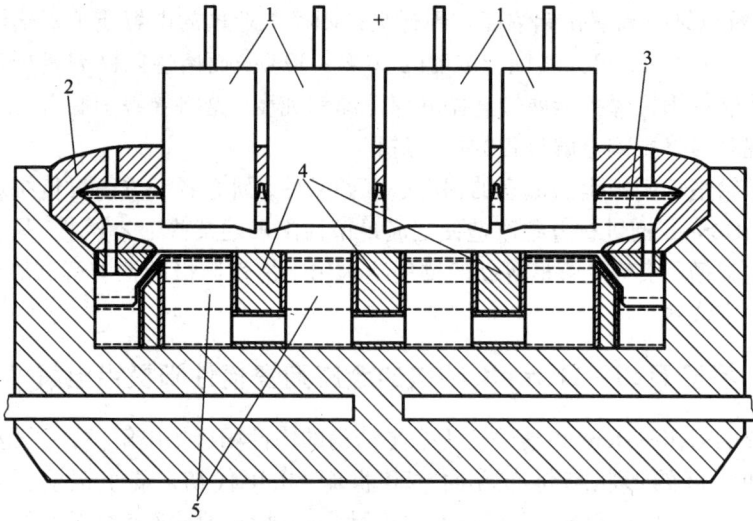

图7−1 惰性阳极铝电解槽结构示意图[2]

1—惰性阳极；2—结壳；3—电解质；4—绝缘材料；5—铝液

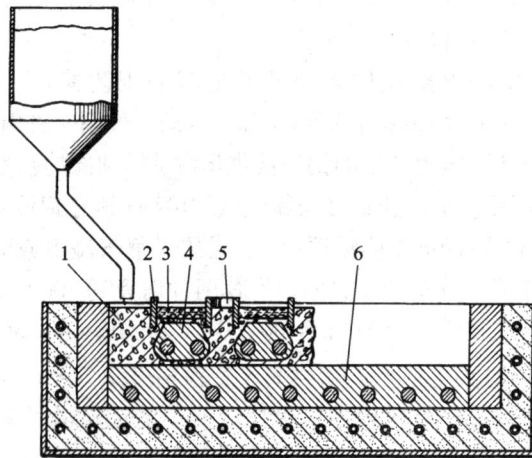

图7−2 Beck 和 Brooks 开发的惰性阳极铝电解槽[4]

1—电解质；2—绝缘材料；3—铝液；4—可润湿阴极；5—氧气溢出口；6—惰性阳极

验过程中出现了部分阳极开裂及连接部位脱落等现象，但是只要电解槽管理和工艺操作得当，电解试验槽仍然能够平稳运行。这一研究成果为随后的惰性阳极铝电解试验槽的设计和电解实验研究的开展提供了有益借鉴。

　　由于金属陶瓷惰性阳极难以像合金惰性阳极那样容易加工成复杂形状，又难以加工成炭素阳极那么大的尺寸规格，如何将单个惰性阳极组装成大尺寸的阳极组尤为重要。D'Astolfo 等人[5]采用组装形式的惰性阳极，在 Hall – Héroult 结构槽上逐步以惰性阳极组替代原有的炭素阳极，开展了系列惰性阳极的铝电解试验，其所采用的槽结构如图 7 – 3 所示，惰性阳极组装方式如图 7 – 4 所示。阳极组由10 根单体金属陶瓷惰性阳极交错配置而成，阳极组的底掌面积等同于所替换的碳素阳极的工作面面积。由于在阳极更换过程中，惰性阳极和炭素阳极同时进行铝电解，他们认为，为了避免惰性阳极较长时间地暴露在还原性气氛下，必须要缩短阳极更换时间，以 4 ~ 8 h 为宜。试验发现，为了维持电解试验槽的热平衡，采用惰性阳极进行铝电解时，需要将槽电压由 4.5 V 提高到约 5.25 V。

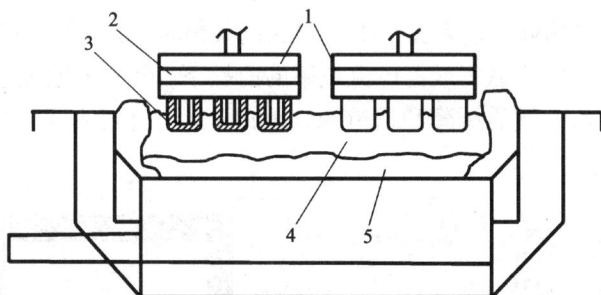

图 7 – 3　D'Astolfo 开发的传统结构惰性阳极铝电解槽[5]

1—阳极组；2—隔热材料；3—惰性阳极；4—电解质；5—铝液

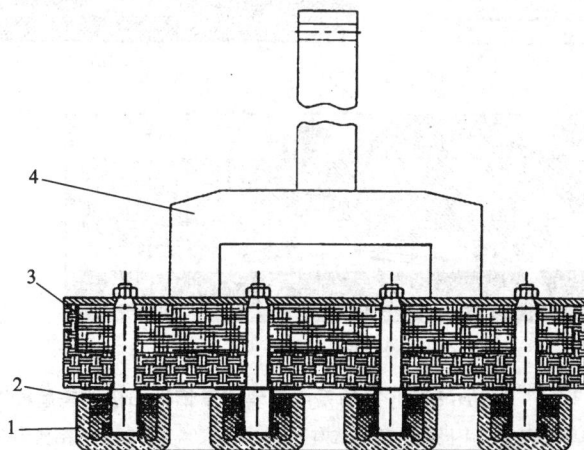

图 7 – 4　D'Astolfo 开发的传统结构惰性阳极铝电解槽中的惰性阳极组排布方式[5]

1—金属陶瓷惰性阳极；2—阳极导电连杆；3—绝缘材料；4—阳极组构件

为了方便电解过程中阳极新生氧气的溢出，Julsrud 等人[6]设计了几种底掌呈偏斜形状的惰性阳极，其电解槽结构和阳极形状见图 7–5。惰性阳极的底掌既可以采用单方向偏斜，也可采用如图 7–5(c)所示的双向偏斜结构。采用底掌偏斜的惰性阳极，有利于阳极气体快速溢出，缩短了新生氧在电解质内的停留时间，有效降低铝液二次氧化。而且，人为设计的新生氧快速溢出通道可以加强气泡对电解质的搅动作用，有利于氧化铝的溶解和高氧化铝浓度的维持，抑制氧化铝沉淀的发生。

随着采用 TiB_2 及其复合材料作为可润湿性阴极的铝电解技术在现行铝电解行业中的推广和应用，导流槽这一概念获得了业界广泛的接受和认可，这为低槽电压的惰性电极电解槽设计提供技术支撑，也使得惰性电极铝电解实现节能成为可能。导流槽的阴极炭块采用 TiB_2 材料或采用 TiB_2 作为表面涂层，对铝液起到良好的润湿作用，当阴极炭块表面呈 2° 或更大的倾角时，铝液能够沿该斜坡流入底部凹槽(聚铝沟)内，在获得较高电流效率的前提下，极距可缩短到 1.2～2.5 cm 的范围，大幅降低电解质压降和槽电压，从而降低电解直流能耗。Zhang 和 Nora

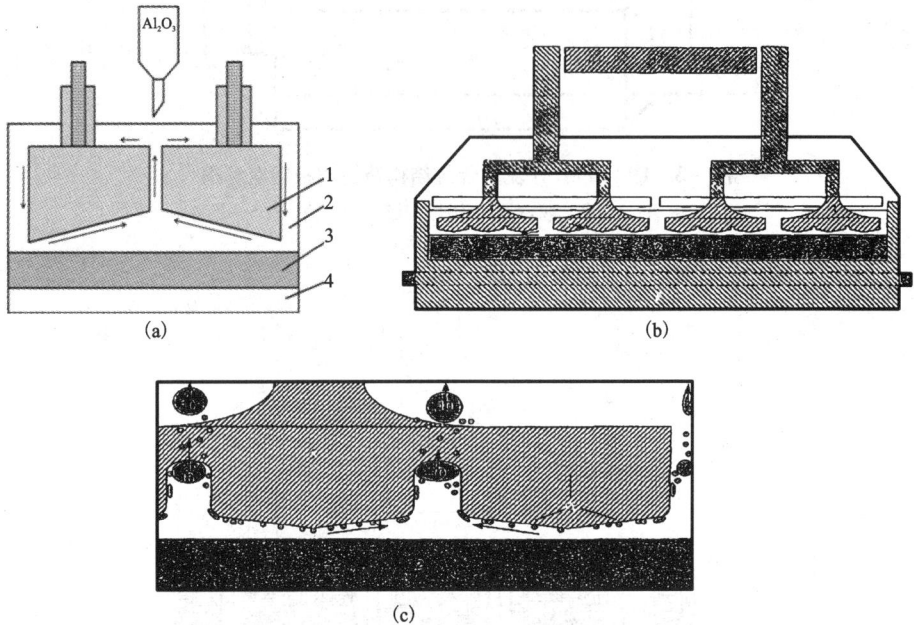

图 7–5 Julsrud 等开发的采用倾斜底掌惰性阳极的电解槽[6]

(a)采用底掌单方向倾斜阳极的电解槽结构；(b)采用底掌具有起伏状结构阳极的电解槽；

(c)采用底掌具有起伏状结构阳极时，阳极表面气体的溢出状态

1—惰性阳极；2—电解质；3—铝液；4—阴极

等人[7]总结和对比了导流式结构铝电解槽的电压分配和电能效率特性(见表 7 - 1)，认为同时采用惰性阳极和可润湿性阴极的导流槽，不但可有效降低极距和槽电压，而且电解槽的电流效率和节能效果也将获得改善。实际上，图 7 - 1 和图 7 - 2 所示电解槽均涵盖导流槽思想，图 7 - 6 所示电解槽，在槽结构设计上惰性阳极及可润湿性阴极的布置有进一步的突破。该电解槽的阳极采用梯形结构设计，而与之相对应的阴极则在侧面和底部与梯形阳极的侧面和底部相配合，这种改变有效提高了电极间的有效放电面积，使电解槽变得紧凑，有利于降低电解槽的散热和热平衡的维持。图 7 - 6 所示结构的电解槽也借鉴了竖式电解槽的设计思想。

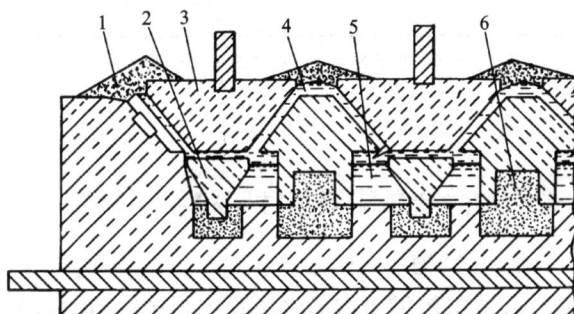

图 7 - 6　Richards 等开发的导流结构惰性阳极电解槽[8]
1—结壳；2—可润湿性阴极；3—惰性阳极；4—电解质；5—铝液；6—耐火材料

表 7 - 1　采用惰性阳极和可润湿性阴极电解槽的特征参数[8]

特征参数	炭素阳极			惰性阳极	
	传统结构槽	传统结构槽 + 可润湿性阴极	导流槽 + 可润湿性阴极	传统结构槽 + 可润湿性阴极	导流槽 + 可润湿性阴极
电解电位/V	1.20	1.20	1.20	2.20	2.20
阳极过电压/V	0.50	0.50	0.50	0.10	0.10
阳极压降/V	0.35	0.35	0.35	0.20	0.20
阴极压降/V	0.30	0.25	0.25	0.25	0.25
电解质压降/V	1.45	1.30	0.90	1.00	0.65
阳极导杆压降/V	0.10	0.10	0.10	0.10	0.10
气泡效应电压/V	0.30	0.30	0.30	0.00	0.00
外部压降/V	0.20	0.20	0.20	0.20	0.20
总电压/V	4.40	4.20	3.80	4.05	3.70

特征参数	炭素阳极			惰性阳极	
	传统结构槽	传统结构槽+可润湿性阴极	导流槽+可润湿性阴极	传统结构槽+可润湿性阴极	导流槽+可润湿性阴极
电压效率/%	27.3	28.6	31.6	54.3	59.5
电流效率/%	92	94	95	95	95
能源效率/%	25.1	26.9	30.0	51.6	56.1
与采用炭素阳极对比的节能效果/%	0	5	14	8	16

注：电压效率＝电解电位/总电压；能源效率＝电压效率×电流效率；电解质压降的降低是因为极距的压缩。

7.1.2 基于竖式结构的金属陶瓷惰性阳极铝电解槽

与传统 Hall - Héroult 结构槽的阴阳极水平布置结构不同，竖式电解槽采用阴阳极竖直并排结构。竖式电解槽更容易将极距控制在较小的范围内，而且电极工作面在竖直方面容易扩展，电解槽因而可设计得更加紧凑，热平衡也容易控制。在设计竖式电解槽时，研究者还比较注重氧气的溢出和氧化铝的溶解等因素。

LaCamera 等人[9-11]采用组成为 51.7NiO - 48.3Fe_2O_3 +17Cu 的金属陶瓷惰性阳极和竖式结构槽进行了铝电解实验，电解温度 750℃，电流密度 1A/cm^2，设计的槽结构如图 7-7 所示。在该电解槽中，电极极距固定不能随意调动，部分阴极直接插入到铝液中加强电流导通。尽管不同于传统电解槽的温度调控方式，但该电解槽在调节槽温时依然采用升降阳极的操控方法，即通过改变阳极浸入电解质的有效面积、可在保持阳极电流密度不变的条件下调节电解槽总电流的方法来控制电解槽的发热量。该温度调控方法实施简便，有效地解决了竖式电解槽的温控问题。与 LaCamera 等人设计的竖式电解槽不同，Brown 等人[12]所开发的惰性电极竖式电解槽设计了管式集铝装置(见图 7-8)，随时将附着在可润湿性阴极上的铝液吸走。他们认为，这种设计能有效缓解铝液二次氧化反应的发生。但该结构较为复杂，增加了铝电解过程的操作和控制的难度，尚需进一步电解试验的考察。

Dawless 和 LaCamera 等人[13]设计了一种含有管状电极装置的竖式结构槽[见图 7-9(a)]。除设置了阳极气泡溢出导引机构外，该设计的最大特点是使用了管状的惰性阳极和可润湿性阴极组合结构[见图 7-9(b)]。每个电极组包含两支插入槽底并部分浸在铝液中的可润湿性阴极和 3 支悬挂并固定在槽顶的惰性阳

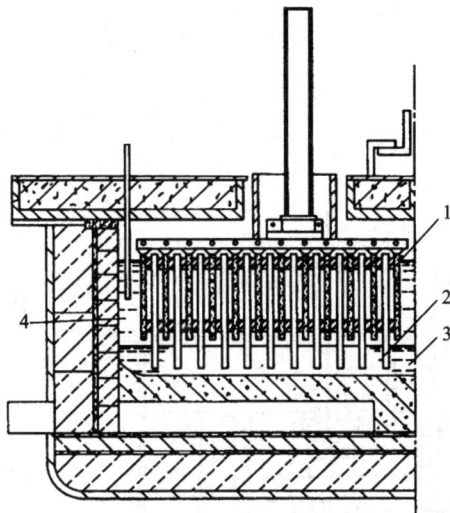

图 7 - 7 LaCamera 等人开发的竖式结构电解槽[10]

1—阳极；2—阴极；3—铝液；4—电解质

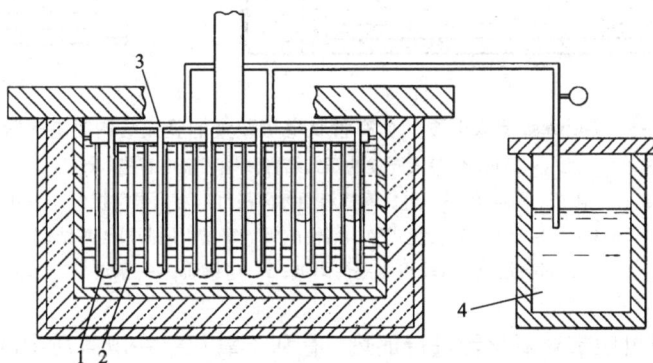

图 7 - 8 Brown 等人开发惰性电极竖式结构槽[9]

1—阴极；2—阳极；3—聚铝管；4—铝液

极。阳极中上部设置一片绝缘材料，一方面阻挡电解质蒸汽向管上部的渗透及其对阳极导杆和电连接处的腐蚀，另一方面引导氧气向管外流出，起到搅动电解质，促进氧化铝溶解的功效。该设计的竖式结构槽进行了金属相为 Cu - Ag 的 $NiFe_2O_4$ 基金属陶瓷惰性阳极的铝电解试验，电解温度低于 920 ℃，电解质为 $45.9NaF - 48.85AlF_3 - 6.0CaF_2 - 0.25MgF_2$。

作为惰性电极电解槽的副产品，氧气也是一种特殊的资源，有设计人员在设计惰性电极电解槽时，考虑了氧气的收集。电解槽被设计为一个密闭的空间（见图 7 - 10），并将氧化铝加料管和电解气体抽取管集成在同一个管道中，电解气体

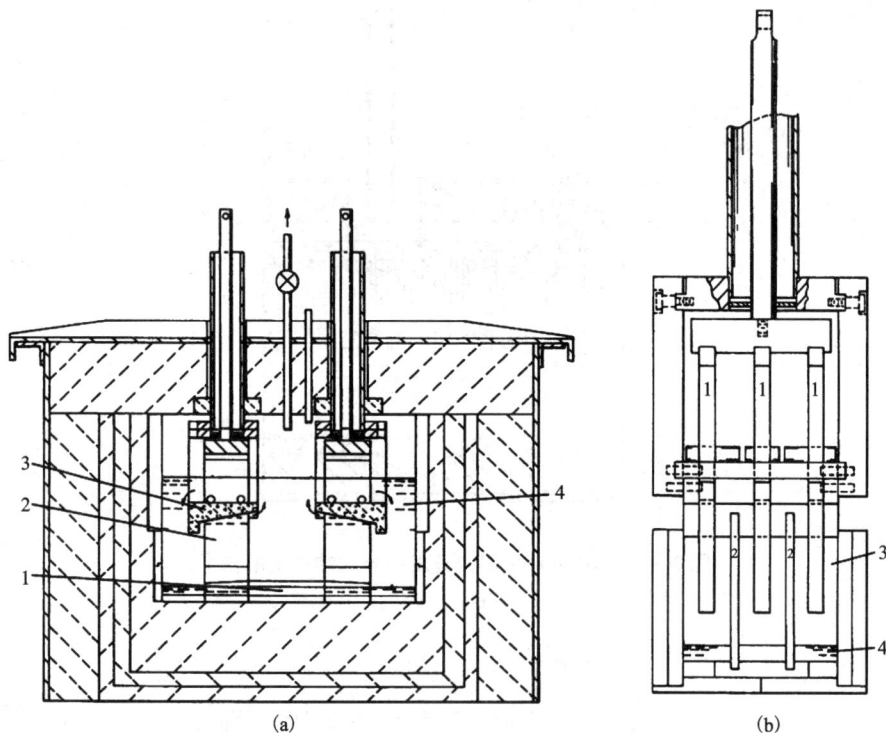

图 7 – 9 Dawless 等人开发的含有管状电极装置的竖式结构铝电解槽[13]

（a）Dawless 等人开发的竖式结构惰性阳极电解槽

1—铝液；2—阳极、阴极组；3—电极间待斜面的阳极气泡溢出导引机构；4—电解质

（b）Dawless 等人开发的竖式结构惰性电极电解槽中阴阳极组织结构

1—惰性阳极；2—可润湿性阴极；3—电解质；4—铝液

被抽出的同时可顺带对氧化铝进行加热，有利于氧化铝在电解质中的溶解，同时阳极新生氧气的迅速排除也有利于提高阳极的使用寿命[14]。

氧化铝的快速溶解和高浓度的维持一直是低温铝电解的难题。为此，Beck 和 Brooks[15-17] 及 Brown 等人[18, 19] 设计了惰性电极"料浆电解槽"（slurry cell）（见图 7 – 11）。在料浆电解槽中，电解质内加入过量的氧化铝，使部分氧化铝处于悬浮、待溶状态。为了使氧化铝能更好的悬浮在电解质内，Beck 和 Brooks 将电解槽内衬也用惰性阳极材料制成并通电进行电解反应，通过槽底阳极反应产生氧气的溢出有效地搅动电解质以防止氧化铝的沉淀，这种处理可显著提高了电解质中氧化铝溶解度。电解过程中阴极反应生成的铝液沉积在带有小倾角的槽底并聚集在电解槽一侧，并不断被吸出槽外。由于槽底没有大量铝液聚集且铝液中无电流通过，因此可避免电磁效应的产生。但这种电解槽很难保证新生铝液在向槽底沉降过程中不被重新氧化。

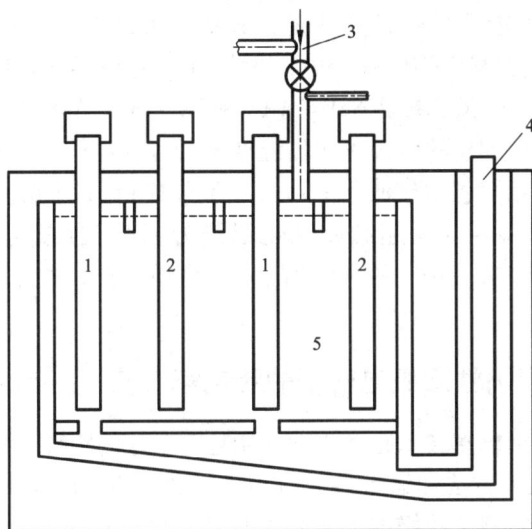

图 7 - 10　Siljan 等人开发的含有氧气收集装置的竖式结构铝电解槽[14]

1—可润湿性阴极；2—惰性阳极；3—氧气溢出和氧化铝加料管道；4—出铝管；5—电解质

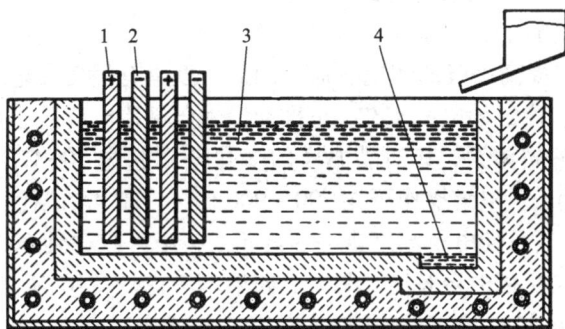

(a)

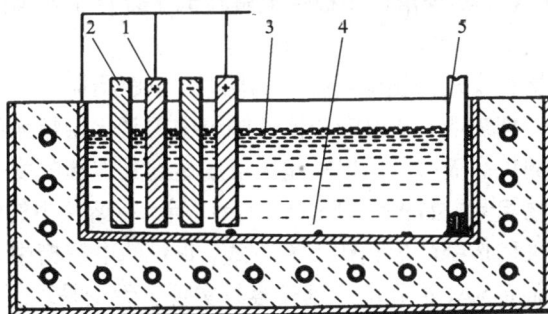

(b)

图 7 - 11　Beck 和 Brooks 等人开发的"浆料"铝电解槽[15-17]

(a)槽型 1；(b)槽型 2

1—惰性阳极；2—可润湿性阴极；3—电解质；4—铝液；5—吸铝管

料浆电解槽也进行电解试验研究。试验采用以 Cu – Ni – Fe 为金属相的
$NiFe_2O_4$ 基金属陶瓷材料作为惰性阳极，以含 TiB_2 的炭素材料作为阴极，极距小
于 2 cm，电解温度 750 ℃，共晶 NaF – AlF_3 和 KF – AlF_3 的混合物为电解质，并添
加 3% ~4% LiF。该配比的电解质初晶温度虽低也存在问题，尤其是 NaF – AlF_3
共晶电解质的氧化铝溶解度较低，仅 1%（质量分数）。为了解决氧化铝溶解度低
的问题，Beck 和 Brooks 采用超细晶氧化铝作为原料，使氧化铝溶解度提高到
3%，之后添加过量 5% ~10% 的氧化铝形成电解质浆料。通过上述改进，电解槽
能够平稳运行。

7.1.3　金属陶瓷惰性阳极电解槽的铝电解工艺

尽管惰性阳极铝电解技术距离工业应用还有一定的距离，但可以预见的是惰
性阳极电解槽的操控方法和运行参数将与传统的 Hall – Héroult 电解槽存在诸多
不同之处。虽然确定规范的操控工艺尚需时日，但如 Thonstad 和 Olsen[20] 所描述
的那样，惰性阳极电解槽运行的基本工艺特征已经初具雏形。下文简单介绍惰性
阳极电解槽需具备的一些工艺特征。

在惰性阳极适宜的铝电解服役环境方面，较低的电解温度有利于减缓阳极的
氧化与腐蚀速率，提高阳极的使用寿命。因此开发具有优良导电及氧化铝溶解性
能的低温电解质和稳定的电解工艺，是推动惰性阳极铝电解技术应用的关键。对
于 NaF – AlF_3 电解质体系，其初晶温度的变化范围超过 300℃。对于富 AlF_3 的
NaF – AlF_3 体系而言，电解操作可在 700~900℃ 这一较宽的温度范围内进行，通
过添加 KF 和 LiF 还可使电解温度进一步降低，甚至可以达到 660℃，而且 KF 的
添加有利于提高氧化铝的溶解度。另外，如果不考虑炉帮结构，惰性阳极电解槽
的电解温度可以更接近电解质的初晶温度，电解质过热度低[21]。可见，采用
NaF – AlF_3 电解质体系，实现惰性阳极铝电解在低于现行工业槽的电解温度下进
行是可以实现的。

惰性阳极电解槽在实现低温电解操作的同时，电解槽需要维持较高的氧化铝
浓度。已有充分的证据表明，金属陶瓷惰性阳极中的氧化物组元的溶解速率随电
解质中氧化铝浓度的提高而降低，当氧化铝浓度达到其饱和浓度的 50% 时，惰性
阳极中的多种氧化物组元，如 NiO、Fe_2O_3、Fe_3O_4 等，在熔盐中的溶解速率将达到
一个较低的水平。采用传统的氧化铝喂料方式，很难使电解槽中的氧化铝浓度接
近其饱和浓度，而维持 50% 饱和浓度则较容易实现。无论是现行电解槽，还是未
来的惰性电极电解槽，必须维持合适的高氧化铝浓度。因为对现行炭素阳极电解工
艺而言，阳极效应常发生于低氧化铝浓度的条件下；对于惰性阳极而言，低的氧化
铝浓度将导致阳极发生灾难性的腐蚀。为了确保惰性阳极铝电解工艺的稳定运行，
必须设法提高电解质中的氧化铝浓度。一方面，要求设计开发出高氧化铝溶解度和

氧化铝溶解速度的低温传统电解质体系；另一方面，可尝试采用非 NaF – AlF₃ 体系的新型电解质或新组成、新状态，如前文提及的"料浆电解质"[20]。

在能效方面，采用低电流密度和低极距可有效降低惰性阳极电解槽的槽电压及产铝能耗。但如果采用现行的 Hall – Héroult 槽结构，受到槽底铝液层、阳极气泡释放空间等因素的限制，极距很难进一步降低，而且过低的电流密度增加热平衡维持的难度，容易出现冷槽现象，影响电解槽的稳定运行。多种新型结构槽的设计与开发，如导流槽、竖式电极槽等，可以使惰性阳极电解槽在低极距和低电流密度下进行铝电解成为可能，进而实现惰性电极电解槽节能减排的目标。

Keniry 和 Ray 等人[22, 23]对惰性阳极电解槽生产原铝的经济效益进行了估算。对于 NiFe₂O₄ – Cu – Ag 型金属陶瓷惰性阳极而言，以腐蚀速率 10 mm/a、使用寿命 3 年计算，在惰性阳极电解槽的槽电压和电流效率等技术参数与现行炭素阳极电解槽相当的条件下，阳极的制造成本折算为 128 美元/t 铝，相比于炭阳极 140 美元/t 铝的成本要低 14%。尽管目前实验室规模的阳极制造水平远无法达到上述指标，但相对应 1.6 亿美元的炭素阳极建厂投资成本而言，同等效能的惰性阳极建厂投资成本为 0.1～0.15 亿美元。如果采用竖式电解槽的话，电解厂的投资成本也将大幅降低，具体参见图 7 – 12。上述数据分析尽管建立在简单的核算基础上，数据的准确性和可信度仍有待于考证，但该结果仍然初步勾画出了惰性阳

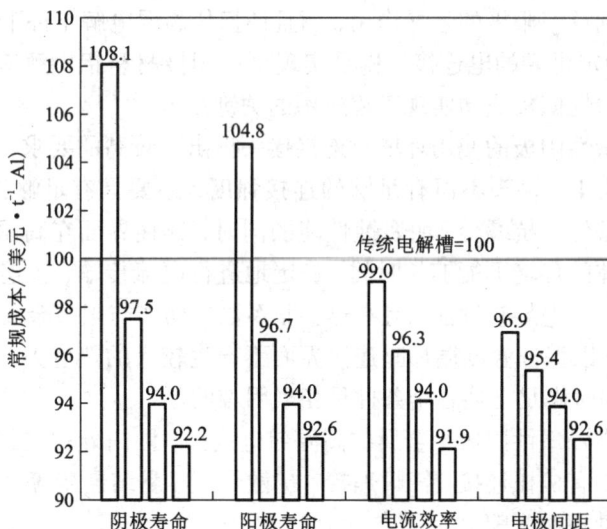

图 7 – 12　竖式电极电解槽成本敏感度[22]

成本核算参数：阴极寿命为 2 年、4 年、6 年和 8 年；阳极寿命为
1 年、2 年、3 年和 4 年；电流效率为 80%、85%、90% 和 95%；
极距为 30 mm、25 mm、20 mm 和 15 mm

极铝电解应用的成本与能效前景。在当前世界能源紧张的大环境下，惰性电极铝冶金技术无疑是最具前景的、可实现铝冶金行业节能增效和环保目标的新技术之一。

随着对金属陶瓷型惰性阳极铝电解技术研究的不断深入，基于金属陶瓷惰性阳极、可润湿性阴极的新型结构槽的开发取得了不少进展，分别使用或联合使用惰性阳极和可润湿性阴极的新型结构电解槽都相继推出了原型试验槽。然而，尽管前文所介绍的新型惰性阳极电解槽为惰性阳极铝电解技术开发与应用提供了多种选择和原理上的可行性，但仍存在许多与电解槽稳定运行相关的问题有待解决，如电极及辅助材料和电解操作工艺等。举例而言，上述电解槽的出铝问题看似简单，但实际上就是一个非常棘手的问题：阳极提升、更换电解槽上部结构件的动作也可能会影响电解槽顶部结壳的稳定性，也容易对阳极造成损伤。新型结构槽虽具有节能、环保等方面的潜在优势，但也存在这样或那样的缺点，惰性电极电解槽结构及操作工艺仍有较大优化空间和改善的地方，电极材料和电解工艺等方面的工程应用问题的解决仍需开发系列操作性强的方案。

7.2 金属陶瓷惰性阳极与阳极导杆的连接

作为金属陶瓷惰性阳极铝电解应用的前提，金属导杆与金属陶瓷惰性阳极间的连接不但起到承载阳极的悬挂作用，而且还担任高温电解条件下的大电流导通任务，因此，稳定可靠的电连接结构是实现惰性阳极材料铝电解应用的基础，是确保金属陶瓷惰性阳极成功实现工程应用的关键技术[24, 25]。

金属陶瓷惰性阳极的使用环境对连接接头提出了较高的要求：①在接近电解温度的高温状态下，接头不但有足够的连接强度，还要具有足够长的使用寿命；②连接接头具备优良抗蠕变、耐腐蚀性能的同时，连接界面在高温及氧气、氟化物等腐蚀性气体的环境下能够长时间、稳定地进行电流传输；③连接接头和连接界面具有良好的导电导热性能，且在热膨胀系数方面能与阳极金属导杆和金属陶瓷材料相匹配，以保证温度循环时连接界面不产生较大的热应力、不损害惰性阳极。事实上，同时满足上述各个条件是相当困难的。

针对金属陶瓷惰性阳极与金属的高温导电连接，国内外相关报道较少，尝试的连接方式主要有机械连接、钎料焊接、扩散焊接、黏结连接等。其中扩散焊接工程化应用前景相对明朗。

机械连接是一种较为常用的连接方法，主要包括螺栓连接和钎焊－弹簧压紧机构连接两种类型。图 7－13 给出了采用螺栓连接及钎焊－弹簧压紧装配示意图[26-28]。螺栓连接方法简单，接头具有可拆性，但是螺纹连接接头的松紧程度不易掌握，连接稳定性低，而且金属陶瓷材料难以加工出完整的丝纹，阳极机加工成品率低、费用高。实验室规模研究的小尺寸惰性阳极还可以采用更简单的机械连接方式，如在阳极外侧先预制几道沟槽，用铂丝紧缠在电极的沟槽内，并用导电的铂水泥涂覆，铂丝的另一端压接在阳极钢棒上，也能实现惰性阳极的稳定电连接[29]。钎焊 – 弹簧压紧机构对阳极和导电连杆进行连接，见图 7 – 13 (b)，该方法先对导杆与阳极基体进行钎焊连接，再采用弹簧机构对连接部分进行加固，以获得相对较为稳定的连接[27]。美铝公司(Alcoa)进行惰性阳极 2.5 kA 电解槽电解试验后，发现钎焊 – 机械连接的复合连接效果要好于普遍的螺纹连接。

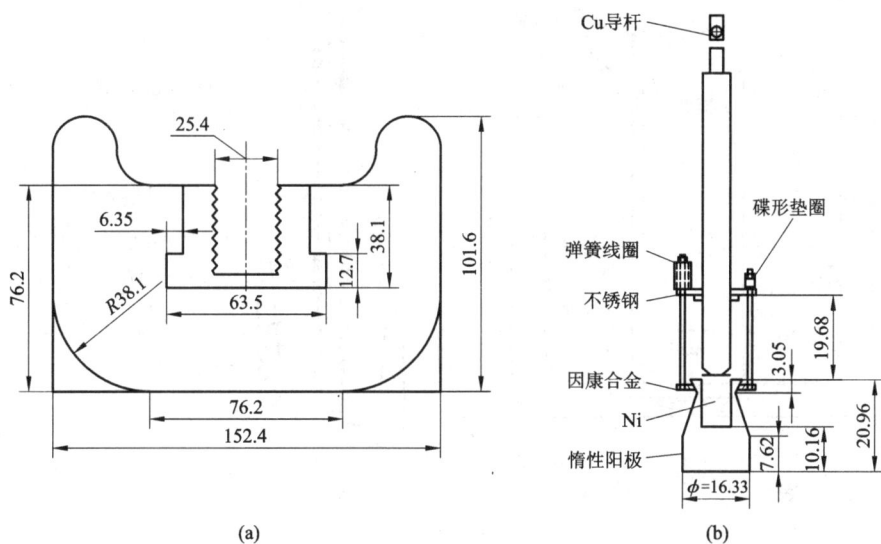

图 7 – 13　惰性阳极机械连接示意图(单位：cm)[26 – 28]

(a)采用螺纹连接的惰性阳极设计图；
(b)采用钎焊 + 弹簧压紧机构进行连接的惰性阳极连接结构示意图

　　金属陶瓷惰性阳极与导电钢棒扩散焊接的可靠性和稳定性高于机械连接。Weyand 和 Peterson 等[28, 30]采用固相扩散焊接对金属陶瓷惰性阳极和导电杆的连接结构见图 7 – 14。图 7 – 14(a)是 Weyand 设计的扩散焊接连接的惰性阳极模型，采用 Ni201 合金作为连接金属陶瓷和阳极钢棒的中间过渡材料。在扩散焊接前对阳极连接部位进行表面金属化处理，如采用还原剂在材料表面制备一个金属层，进而构造了一个金属陶瓷、过渡金属层、Ni201 的梯度结构。但该方案易受到加工工艺及材料本身特性等因素的影响，例如金属陶瓷表面金属化的过程中，容易在过渡金属层中产生孔洞并夹杂氧化物，高温长时间工作时连接部位强度的下降，甚至出现开裂。图 7 – 14(b)是 Peterson 等开发的采用 Cu – Ni 合金连接阳极与阳极钢棒的扩散焊接结构示意图。先在连接处预先烧结一块 Cu – Ni 合金，然后再采用扩散焊结的方式实现阳极钢棒与 Cu – Ni 合金及杯状阳极的连接。该连接方式具有连接稳定、连接强度高等特点，但是工艺过于复杂，操作困难，同时也增加了连接工艺的成本。Alcoa[24]曾在 60 A 小型电解槽进行短时间电解试验，考察了金属陶瓷阳极与 Ni 棒的扩散焊连接结构的可靠性，扩散焊接是成功的，但 2.5 kA 电解试验时，扩散连接接头在使用过程中存在强度下降、甚至出现阳极脱落的问题。

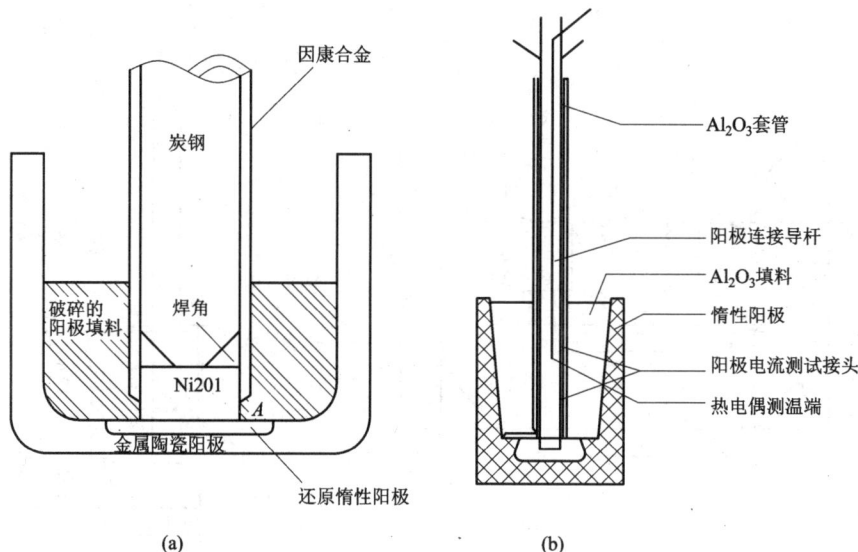

图 7 – 14　采用扩散焊接技术连接惰性阳极与金属导电杆[28, 30]

(a)采用 Ni201 扩散焊连接的惰性阳极连接结构示意图[28]；

(b)扩散焊连接的惰性阳极连接结构示意图[30]

中南大学研究团队[31]在阳极导杆与 $NiFe_2O_4$ – 10NiO/17Ni 型金属陶瓷惰性阳极导电连接的研究中，设计了一种梯度结构的压力扩散焊接接头。采用 $NiFe_2O_4$ 与 Cu – Ni 混合物作为过渡层，过渡层的金属含量比惰性阳极高，质量分数约 50%。在温度 980 ~ 1150℃、压力 10 ~ 50 MPa 的工艺条件下完成压力扩散焊接后，$NiFe_2O_4$ – 10NiO/17Ni 金属陶瓷惰性阳极与 Cr12MoV 金属导杆连接层的室温平面拉伸强度可达 15 MPa，连接后的电极实物照片见图 7 – 15。将该种连接结构的惰性阳极在现行 150 kA 炭素阳极电解槽中进行了几天的电解试验，阳极与连接层界面结合依然完好(见图 7 – 16)。该连接结构的金属陶瓷惰性阳极还进行了 28 天的 4 kA 级的铝电解试验。

基于金属陶瓷惰性阳极扩散焊接的经验，中南大学开发了一种能自动形成梯度结构的无压扩散烧结连接工艺。采用添加少量陶瓷粉末、烧结后能加工出完整螺纹的金属与陶瓷的复合材料作为过渡导杆，过渡导杆和 $NiFe_2O_4 - 10NiO/Ni - Cu$ 金属陶瓷惰性阳极坯体先进行预烧结，然后用高金属含量的金属陶瓷粉末作为过渡导杆和惰性阳极的连接填充层，将棒状过渡导杆与杯状阳极进行组装。组装后一起在原来的惰性阳极烧结工艺下进行烧结，在金属陶瓷烧结致密化的同时，完成过渡导杆与惰性阳极的连接。烧结过程中，金属相熔体的流动迁移既可在界面区形成结构梯度，又能填补界面区可能出现的缝隙。与压力扩散焊接相比，该工艺具有工艺流程短、成品率高、接头强度高、高温稳定性好的优点，惰性阳极实物及连接界面状态见图 7 - 17。

图 7 - 15　压力扩散焊接所得深杯状
金属陶瓷惰性阳极实物[33]

图 7 - 16　压力扩散焊接所得金属陶瓷
惰性阳极连接界面的显微形貌[31]

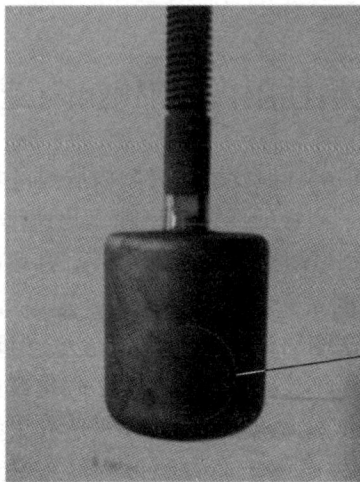

金属导杆

烧结连接填充料

金属陶瓷惰性阳极基体

金属陶瓷惰性阳极烧结连接剖面

烧结连接界面

金属陶瓷惰性阳极与金属导杆烧结连接实物

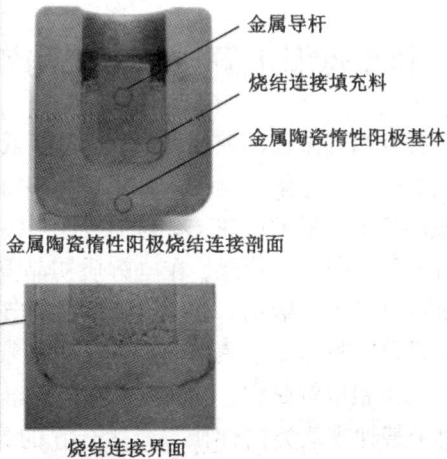

图 7 - 17　烧结连接金属陶瓷惰性阳极实物及连接界面形貌

中南大学[32]还尝试金属陶瓷惰性阳极与金属导杆黏接连接的可能性。研究中采用磷酸铝铬作为高温胶黏剂，CuO 为固化剂，$NiFe_2O_4$ – 10NiO 陶瓷粉和 Cu – Ag 合金粉为填充料，对 $NiFe_2O_4$/Cu 金属陶瓷与 45# 钢棒进行了黏接连接试验。黏接层中 $NiFe_2O_4$ – 10NiO 陶瓷粉末的添加调节连接层线膨胀系数，使其与

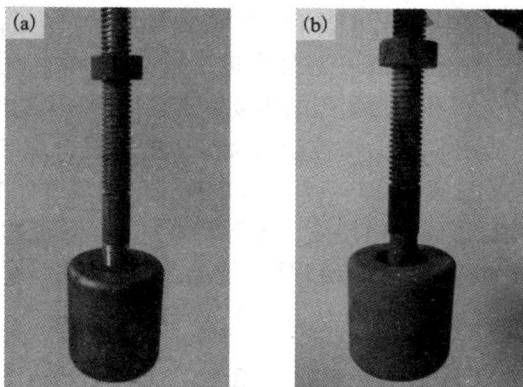

图 7 – 18   深杯状金属陶瓷惰性阳极与金属黏接连接实物
(a)黏接固化态；(b)960℃悬挂 160 h 后

金属陶瓷阳极更加接近，Cu – Ag 合金粉末的加入是为了使连接层具有较高的导电率。黏接连接试样经 120℃固化处理后的室温强度达到 54 MPa，1000℃热暴露处理后，室温强度仍保留 25 MPa，800℃下测试的高温强度达 6 MPa，连接层 960 ℃时电导率达 359 S/cm，导电性能是惰性阳极本体的 4～5 倍。黏接连接后的惰性阳极在 960℃下进行 160 h 的悬挂实验，未出现连接松动和阳极脱落的现象(见图 7 – 18)。该种电连接工艺经历上百次实验室规模的 880～960℃温度下的铝电解实验，实验后的黏接连接界面依然完整，而且黏接层中的金属相 Cu – Ag 合金分别向金属陶瓷和金属导杆区域发生一定的扩散迁移，在金属陶瓷的一侧出现了明显的梯度结构。

7.3   新型低温电解质及金属陶瓷惰性阳极的铝电解工艺

为提高惰性阳极的使用寿命，通过降低铝电解温度来改善阳极服役环境是一种有效的办法。电解温度的降低不但可以降低阳极的腐蚀速率和氧化速率，也可以有效降低电解槽的散热，有利于惰性阳极铝电解槽热平衡的调节。目前低温电解质开发取得了一定成果，在电解质初晶温度、氧化铝浓度、电导率、熔体密度等方面积累了不少数据，也初步掌握了调节这些物理化学参数的方法，但仍然有大量的基础数据需要积累。研究人员也进行了不少实验室规模和工程化规模的惰性阳极低温铝电解研究，但该项工作仍需继续下去，不确定的因素还很多。比如，对于某种或某类惰性阳极，适合它的具体电解工艺参数仍然没有定论。另外，考虑铝电解的能效，惰性电极电解槽的设计需要联合使用惰性阳极、可润湿性阴极和低温电解质，这也为低温电解质和电解工艺的研究增添难度。

7.3.1　低温电解质

低温电解质的研究主要集中在冰晶石熔盐体系和氯氟化物熔盐体系。对于 $NaF - AlF_3$ 电解质体系，通过降低电解质分子比可以降低电解温度，目前工业炭素阳极电解槽的电解温度能够降低到 920 ℃ 左右，但低摩尔分数电解质的氧化铝溶解度和溶解速度较低，对惰性阳极电解槽而言不是最佳选择。在该体系中添加 LiF、KF 可显著降低电解质的初晶温度[33,34]。Sterten 等[35]对可在 800℃ 进行电解的电解质特性进行了研究，综合考量了电流效率、氧化铝溶解度及铝液中 Li 含量，推荐一种组成为 53.7% Na_3AlF_6 + 33.8% Li_3AlF_6 + 5% CaF_2 + 7.5% Al_2O_3 的电解质体系，但如此高的氧化铝含量，要保证其充分和快速溶解可能不易。另外，添加 LiF、KF 降低初晶温度的同时也有各自的优缺点，例如添加 LiF 可提高电解质电导率但显著降低氧化铝的溶解性能；添加 KF 有助于氧化铝溶解但又降低电解质电导率，而且使炭素阴极的钠钾膨胀率加大，不过使用硼化钛可润湿性阴极则不需考虑阴极钠钾膨胀率的问题。综合考虑降低电解质初晶温度后的利与弊，冰晶石熔盐体系低温电解质的研究和开发重点集中在同时添加 LiF、KF 进行电解质性能的平衡和选择含钾冰晶石电解质体系两个方面。本小节简单介绍钾冰晶石熔盐体系和氯氟化物熔盐体系的一些物理化学性质，其他低温电解质体系及电解工艺在随后进行介绍。

（1）钾冰晶石低温电解质

钾冰晶石体系的液相温度明显低于钠冰晶石体系，例如分子比 CR 同为 1.20 时，前者的液相温度较后者低 140℃。采用富 AlF_3（$CR < 1.50$）的钾冰晶石体系，电解温度可以降低 800℃ 以下（见图 7 - 19）。加入氧化铝后，在分子比 $CR = 1.2 \sim 3.0$ 区间内，$KF - AlF_3$ 体系的熔点随氧化铝浓度的增加而呈现轻微降低的趋势，见图 7 - 20[36]。

钾冰晶石体系不仅具有低熔点而且还有更好的氧化铝溶解能力，纯钾冰晶石熔盐的氧化铝溶解度较同等条件下钠冰晶石熔盐高 30%。在钾冰晶石体系中，氧化铝溶解度也随着分子比和温度的降低而降低，尽管如此，对于 750℃、$CR > 1.3$ 的钾冰晶石熔盐而言，其氧化铝溶解度仍可达到 5%（质量分数），见图 7 - 21。

钾冰晶石熔体的电导率较钠冰晶石体系低。例如，分子比 1.3 的 $KF - AlF_3$ 熔体在 754℃ 时的电导率为 1.11 S/cm，而分子比 1.22 的 $NaF - AlF_3$ 熔体在 750℃ 时的电导率为 1.27 S/cm。Cassayre 等人[37]整理了多项 $KF - AlF_3$ 熔体电导率研究结果发现，$KF - AlF_3$ 熔体的电导率随温度的上升而增加，随氧化铝添加量的增加而降低，见图 7 - 22。与钠冰晶石相同，改善电解质导电性能的方法基本是通过添加具有良好导电性能的 LiF 来完成。尽管钾冰晶石体系的电导率随 LiF 的添加量的增加而增加，但熔体的氧化铝溶解度也随 LiF 的添加而下降[39,40]。

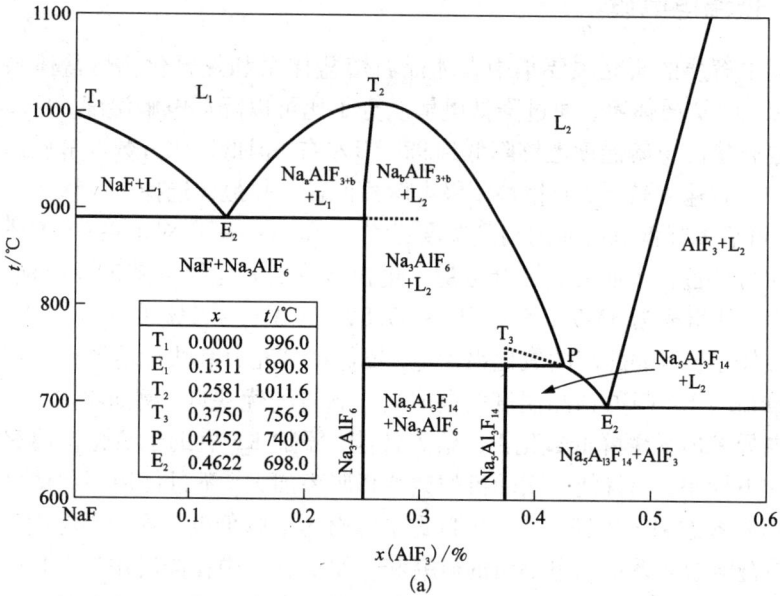

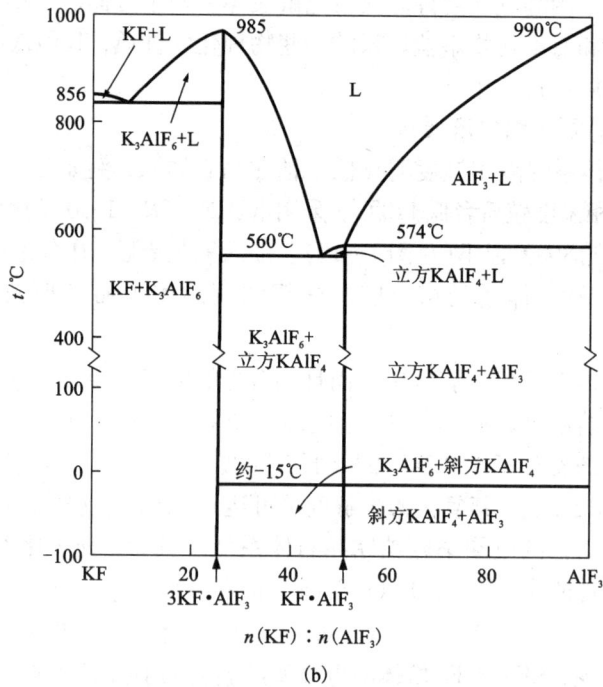

图 7-19　NaF-AlF₃ 和 KF-AlF₃ 相图

(a) NaF-AlF₃ 相图[38]；(b) KF-AlF₃ 相图[36]

因此，钾冰晶石体系低温电解质的设计同样需要平衡初晶温度、氧化铝溶解性能、电导率等多个因素。

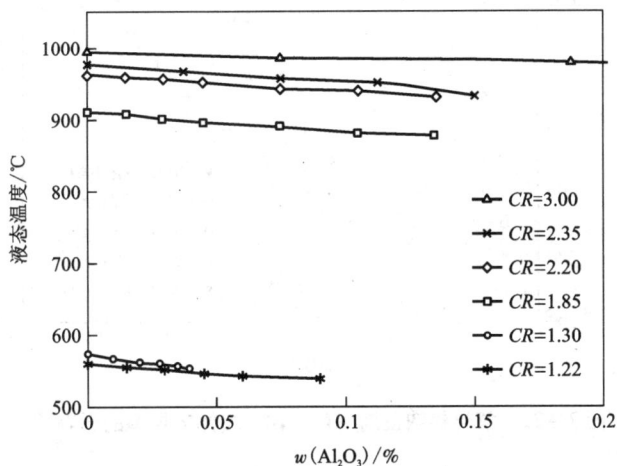

图 7-20　KF-AlF$_3$-Al$_2$O$_3$ 液相点温度随分子比和氧化铝浓度的变化情况[36]

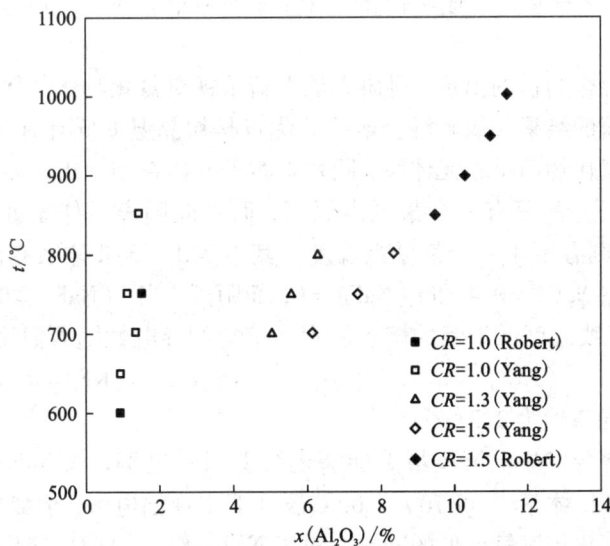

图 7-21　温度和分子比对 KF-AlF$_3$ 熔体中氧化铝浓度的影响[36]

（2）氯氟化物熔盐体系

早在 20 世纪 70 年代，Alcoa 就成功地采用了氯盐熔体 NaCl-KCl-AlCl$_3$ 进行铝电解尝试，电解过程消耗 AlCl$_3$，阳极反应释放氯气，阴极反应析出金属态

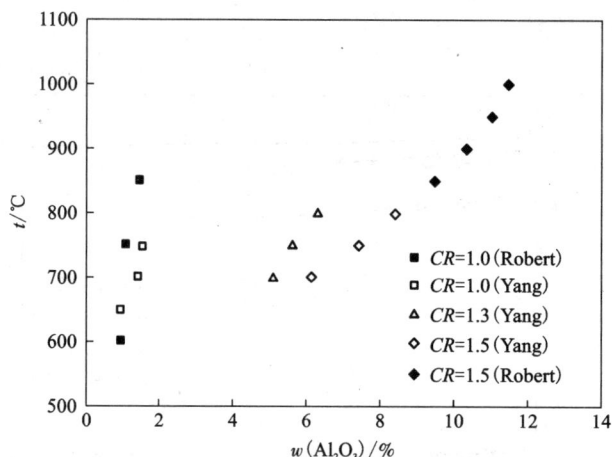

图 7-22　氧化铝浓度对 KF-AlF$_3$ 熔体电导率的影响[36]

铝。该熔盐体系的优点在于铝电解过程中几乎没有炭阳极消耗，而且 AlCl$_3$ 的溶解度高并可实现连续供料。主要的不足是 AlCl$_3$ 易挥发、吸潮，且该熔盐体系的电导率较低，加之存在建厂成本较高、氯气处理困难等问题，上述技术没有进行产业化应用。

随着氯氟混合熔盐的出现，科研人员重新重视对氯化物熔盐体系的研究，获得了一些有价值的结果。氯氟混合熔盐的优点是初晶温度低且有较高的电导率。对于氯化物-氟化物简单二元体系，同种阳离子的体系如 NaF-NaCl、KF-KCl，它们的液相曲线上都只有一个最低点温度；而不同阳离子体系如 KF-NaCl 和 NaF-KCl 体系则有不止一个最低点温度。其中 NaF-KCl 体系有两个最低点温度，分别位于 n(NaF)=0.4 和 n(NaF)=0.75 附近，当 n(NaF)=0.2~0.8 之间时，体系的液相线温度低于铝的熔点温度。熔盐的导电性随着温度升高而升高，720℃时 n(NaF)∶n(KCl)=1∶1 的电导为 2.2 S/cm，n(KF)∶n(KCl)=1∶1 的 KF-KCl 的电导率约为 2.3 S/cm。

采用氯氟混合熔盐电解质虽然能够进行低温铝电解，如 NaF-KF-AlF$_3$-NaCl-KCl-AlCl$_3$ 体系[41]可 700-800℃温度下实现铝电解，但氯氟混合熔盐体系也普遍存在氧化铝溶解度低的问题。对于 NaF-KCl-Al$_2$O$_3$ 熔盐体系，氧化铝在 NaF-KCl 体系中的溶解度随着氟化物的增加而增加，但是在温度区间 760~640℃ 之间，所有组分的氧化铝溶解度均低于 1.2%（质量分数）[42]。而且氧化铝的分解电压高，700℃左右的 NaF-KCl 体系中氧化铝的分解电压约为 2.0V，高于冰晶石熔体电解时的 1.2V。氧化铝分解电压高的主要原因是，NaF-KCl 体系的电解温度维持在 700℃左右，远低于现行冰晶石熔体电解温度 960℃。研究者也尝试了一些多元复合体系，如 Na_3AlF_6 – AlF_3 – $BaCl_2$ – $NaCl$ 熔盐[43]，虽然初晶温度、电导率等性能指标可以调控到合理范围，但氧化铝溶解能力低的问题始终需要克服。

　　总之，在铝电解低温电解质方面，传统钠冰晶石体系的电解研究与应用已经非常成熟，电解温度和氧化铝溶解等性能的调控空间较小，难以开发成适合惰性阳极铝电解技术的低温电解质体系。氯氟混合熔盐体系的氧化铝溶解能力低的问题也一时难以解决。而钾冰晶石由于较好的氧化铝溶解能力和较低的电解温度已经成为低温铝电解工艺的研究重点，纯钾冰晶石熔盐及其与锂冰晶石、钠冰晶石复合熔盐体系极有希望同惰性阳极、可润湿性阴极一起在新型铝电解技术上得以应用。

7.3.2　惰性阳极的低温铝电解工艺

　　钠冰晶石熔盐体系低温电解的主要障碍是氧化铝溶解度和溶解速度低，氧化铝来不及溶解便沉入槽底。在一定的温度下，提高电解质熔体的密度，即采用重电解质体系可以一定程度地缓解氧化铝沉淀的问题。但如果仍采用传统水平结构的 Hall – Héroult 电解槽，阴极反应生成的铝熔体不能稳定地聚集在槽底阴极的表面，反而悬浮在电解质熔体中或浮在电解质表面。因此，采用含悬浮氧化铝的重电解质体系进行低温铝电解，需要改变槽型的结构设计，如浆料电解槽。为了提高钠冰晶石电解质体系的熔体密度，通常加入高密度的 CaF_2、BaF_2 等物质。采用钾冰晶石体系、或添加钾盐来提高电解质的氧化铝溶解能力，也是低温铝电解工艺研究的重点。

　　Rolseth 等[44, 45]采用质量分数为 $18NaF$ – $48AlF_3$ – $16CaF_2$ – $18BaF_2$ 的重电解质，惰性阳极（Pt、Cu 或 SnO_2）安置在底部、TiB_2 阴极位于上部的水平结构电解槽，进行了 750℃的低温铝电解实验。电解过程中氧化铝能够被阳极反应产生的气体悬浮在电解质中，阴极反应产生的铝也容易在上部析出。采用 Pt 作为阳极时，电流效率达到 80% ~ 90%，阳极气体对阴极铝的二次氧化并不严重。以 Cu 为阳极电解时，阳极区氧气的析出和槽电压与 Pt 阳极的电解情况基本相似，但是 Cu 阳极有明显的腐蚀，收集的原铝中 Cu 含量超过 1%（质量分数）。SnO_2 阳极能较长时间的稳定工作，但是也有一定的腐蚀，铝液含有 0.17%（质量分数）的锡，超过了商业铝 10×10^{-6} 锡的指标。

　　Xu 等[46]采用双室结构的电解槽进行了 Fe – Ni – Al_2O_3 金属陶瓷惰性阳极的低温铝电解实验。电解质质量组成为 $20.6NaF$ – $43.2AlF_3$ – $22BaF_2$ – $14.2CaF_2$，阳极电流密度为 $0.3 \sim 0.75$ A/cm²，阴极电流密度 $0.5 \sim 1.0$ A/cm²。电流密度的提高，阳极腐蚀降低，铝纯度达到 99.4%，推算的阳极腐蚀率平均为 22 mm/a，但电流效率有所降低。

采用重电解质体系很难仅靠阳极气体来保持氧化铝在电解质中呈悬浮状态，且这种阳极在上、阳极在下的槽型结构可能增加铝的二次反应几率。因此，仍然采用轻电解质，尝试采用添加钾盐等方式提高氧化铝溶解度也受到重视。Blinov 等[47]采用质量组成 $12BaF_2 - 20NaF - 9KF - 59AlF_3$ 的低温电解质进行 $NiO - Fe_2O_3 - Cu$ 惰性阳极的铝电解实验研究。该种组成电解质的熔点 720 ℃，饱和氧化铝浓度 2.3%（质量分数），密度约 2.1 g/cm^3。实验过程中，低过热度电解时惰性阳极的腐蚀率随着电流密度的提高而提高，高过热度电解时则与之相反。然而 800℃下长时间的放大实验，阳极腐蚀却变得相当严重。由此可见，仅降低电解温度还不够，电解槽的设计也十分重要，也应该考虑放大实验时阳极电流分布的均匀性。

合金惰性阳极和金属陶瓷惰性阳极对电解工艺的要求基本一致，更容易加工成复杂形状，用来进行低温铝电解工艺研究更方便，而且二者都可以针对重电解质和轻电解质体系。Brown 等[48]设计一个 300 A 料浆槽，在 760℃的电解温度下进行 5 h 的电解试验。电解槽内衬用实验的合金阳极材料（铜、镍、铁等）制成，电解过程中可以像阳极那样加上一定电流。矩形状的两块可润湿性阴极悬挂在同尺寸的一块合金阳极两边，电解质成分位于 NaF 和 AlF_3 的共晶点附近（47% AlF_3，分子比为 1.13），阳极电流密度 0.5 A/cm^2。实验测得铝电解的电流效率最高可达到 90 %。

杨建红等[40]采用铜合金惰性阳极进行了系列 $KF - AlF_3$ 体系的 700℃电解实验研究。其中 10 A 电解实验采用圆柱型合金阳极、石墨材料作阴极，刚玉坩埚装盛了初始质量组成为 $54.2AlF_3 - 40.8KF - 5Al_2O_3$ 的电解质。电解初始，槽电压起先升到 7 V，然后降到 3.8 V 左右并趋于稳定；100 h 电解试验后，合金阳极直径平均下降了 0.16 mm，折算的阳极腐蚀速率约为 14 mm/a，电流效率仅为 76.2%。100 h 试验后刚玉坩埚的厚度从 5.33 mm 降到 1.6 mm，表明电解质中初始氧化铝含量有进一步提高的空间、阳极腐蚀率有下降的可能。其 20 A 电解实验采用电极竖式平行排列，两片 $TiB_2 - C$ 阴极夹一片铜合金阳极，极距 1.9 cm，电解质组成改为 $50AlF_3 - 45KF - 5Al_2O_3$，这些改进使得电流效率提高 86.4 %。100 A 电解实验采用的阴阳极、电解质和电解槽均与 20 A 基本一样，电解过程槽电压相当稳定（3.97 ± 0.04 V），电解 50 h 测得的电流效率为 76 %，铝纯度达到商业铝产品标准。他们认为 100 A 电解电流效率比 20 A 低的原因是前者的电解质循环没有充分，电解质中 Al_2O_3 的溶解度降低，前者的测量值只有 4.5%（质量分数）。对比两种电解质 $54.2AlF_3 - 40.8KF - 5Al_2O_3$ 与 $50AlF_3 - 45KF - 5Al_2O_3$，前者的槽电压比后者的高。

低温电解工艺不仅影响阳极腐蚀速率、原铝纯度、电流效率等指标，对可润湿性阴极表面铝的电化学析出、电解质沉积、阴极氧化等也有影响。Brown 等[49]

在 TiB_2 阴极悬挂在上方、阳极位于槽底的浆料槽的 750℃ 低温电解实验研究中发现，阴极电流密度不同，电解质在阴极的沉积程度、阴极反应产生铝的二次氧化程度也不同。

尽管惰性阳极的低温铝电解实验取得了一定的进展，但该项技术的应用仍有一些基本认识和技术难题需要进一步深入的工作[50]。例如，①需确定避免发生阴极结壳的有效措施。尽管添加 LiF、降低电流密度和改善电解质的循环将会在一定程度上避免阴极结壳发生，但最有效的措施仍是提高电解质的过热度，然而高过热度电解下的电解质蒸发、阳极反应新生氧的溢出、电流效率等因素的研究仍不充分。②需要进一步提高低温电解质中氧化铝的实际溶解度，对于大容量、接近工业规模的电解槽该问题尤其突出。较低的氧化铝浓度既阻碍了高电流密度的采用，又加快惰性阳极的腐蚀速率。虽然采用高表面积、高溶解活性的氧化铝可以部分提高氧化铝的溶解速率，但是开发和使用钾冰晶石体系低温电解质才是有望解决该问题的有效方法。然而，大容量、长时间的钾冰晶石体系低温铝电解试验的开展不够充分，相关工艺参数积累与优化尚不够丰富，尤其针对金属陶瓷惰性阳极。③低温电解质的电导率需要进一步提高。无论是钾冰晶石体系还是钠冰晶石体系，电解质的电导率随着温度和分子比的降低而降低，这提高相同极距和相同电流密度下的电解质压降，不利于降低槽电压。如果加入 LiF，虽提高电解质的电导率，但却又降低电解质的氧化铝溶解能力，如何在电导率和氧化铝溶解能力方面取得一个较好的平衡，仍需开展大量深入细致的工作。④阳极表面及其附近区域氧气泡的成长与溢出特性，在电解槽结构和电极形状设计、电解工艺方面如何快速有效排除氧气泡，阳极新生氧、电解质中氧化铝及氟元素等与惰性阳极的交互作用，如何在电解工艺和阳极材料设计上协同建立惰性阳极表面耐腐蚀钝化膜的动态平衡，等等方面，研究工作仍待深入开展。

7.4　基于深杯状金属陶瓷惰性阳极的铝电解试验

中南大学开展铝电解用金属陶瓷惰性阳极及其相关技术的研发工作已有 20 年的经历，在金属陶瓷惰性阳极材料的粉末冶金制备工艺、金属陶瓷惰性阳极与金属导杆的导电连接技术、耐冰晶石熔盐气氛热腐蚀阳极导电连杆材料以及金属陶瓷惰性阳极制备的工艺装备开发等方面取得了一定的突破。通过与中国铝业股份有限公司合作，中南大学研究团队开发的深杯状金属陶瓷惰性阳极材料成功应用于国内首次 4 kA 级和 20 kA 级惰性阳极的铝电解试验，达到了预期的效果。本节主要介绍中南大学在深杯状铁酸镍基金属陶瓷惰性阳极的该两次铝电解试验情况，归纳总结金属陶瓷惰性阳极电解试验研究的成功经验与存在的不足，为今后的惰性阳极工程电解试验和应用研究提供参考。

7.4.1 深杯状金属陶瓷惰性阳极 4 kA 级铝电解试验

作为十五"863"课题"新一代铝电解金属陶瓷复合材料电极的制备技术"的承担单位,中南大学与中国铝业股份有限公司合作,在设计并开发了直径 100 mm、高度 120 mm 深杯状铁酸镍基金属陶瓷惰性阳极的基础上,于 2005 年联合开展了 4 kA 惰性阳极铝电解试验研究。

以中南大学所开发的杯状金属陶瓷惰性阳极为原型,联合研究团队设计了多种基于传统 Hall – Héroult 槽结构的新型惰性电极电解槽,通过对电解槽物理场(包括电场、热场、应力场、磁场和流场)进行仿真优化研究[51-53],为电解槽的施工建造及操作运行提供了参考。在初步设计的两种槽型中,槽型 1 采用 48 根阳极,如图 7 – 23(a)所示,其中每 6 个阳极组成一个矩形阳极组,共 8 组阳极。槽型 2 也采用 48 根阳极,如图 7 – 23(b)所示,其中每 8 个阳极组成一个矩形阳极组,共 6 组阳极。

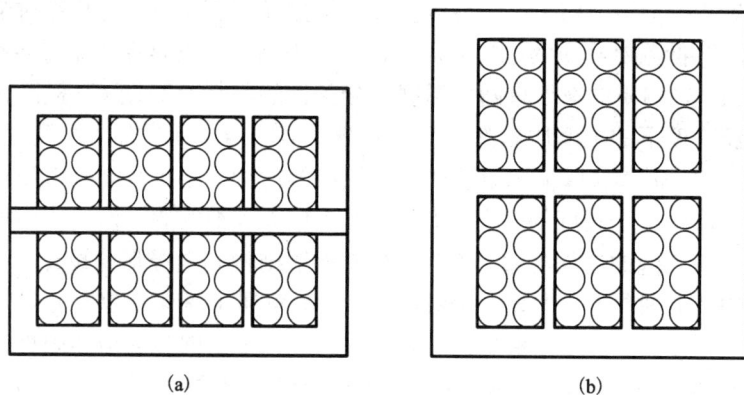

(a)   (b)

图 7 – 23　4 kA 级惰性阳极布置示意图

(a)槽型 1;(b)槽型 2

1. 4 kA 惰性阳极铝电解试验的基本情况

1)金属陶瓷惰性阳极铝电解试验电解槽

考虑了惰性阳极铝电解槽的仿真设计结果,科研人员确定了如图 7 – 24 所示的试验用电解槽外形结构,该电解槽的结构与传统预焙 Hall – Héroult 铝电解槽相类似。

2)深杯状金属陶瓷惰性阳极的组装

试验所用 NiFe$_2$O$_4$ 基金属陶瓷惰性阳极共计 48 支,外形尺寸为 ϕ100 mm × 120 mm、内孔尺寸 ϕ47 mm ×80 mm,与惰性阳极进行压力扩散连接的金属导杆的尺寸为 ϕ30 mm ×200 mm,顶端加工长度 120 mm 的梯形螺纹。惰性阳极按 6 个一组进行组装,组成外形尺寸 210 mm ×320 mm 的方形惰性阳极组。阳极组的每

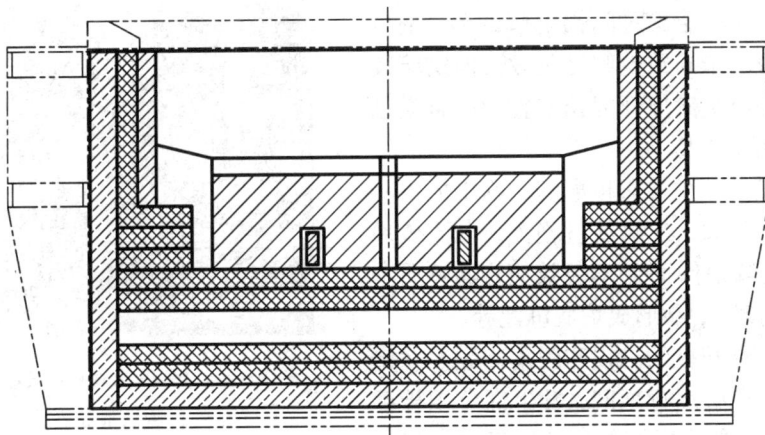

图 7-24　4 kA 惰性阳极电解试验槽结构示意图[51]

支阳极导杆上各套上 1 个刚玉套管
（ϕ48 mm ×260 mm）。为对阳极及连
接处温度进行实时监测，在刚玉套管
和导杆间插入一根钢管或刚玉管（内
径ϕ5 mm ×270 mm）以备热电偶的插
入，其他间隙用氧化铝粉填充。在导
杆上方焊有两个间距 100 mm 的螺栓，
以备阳极电流检测。组装好的阳极组
如图 7-25 所示。

图 7-25　4 kA 铝电解试验用惰性阳极组

　　3）电解槽的焙烧、启动与惰性阳
极更换

　　试验采用石墨质炭阳极对电解槽进行焦粒焙烧与启动，炭阳极的外形尺寸与
惰性阳极组基本一致。电解槽运行稳定并达到预先的电解试验条件后（分子比
2.6 ~ 2.8，电解温度 970℃，Al_2O_3 浓度大于 2%，铝水平 30 ~ 50 mm，电解质水平
160 ~ 180 mm），分别将 8 组惰性阳极组预热，再与炭阳极进行更换，进行金属陶
瓷惰性阳极的电解操作。

　　(2)4 kA 惰性阳极铝电解试验中存在的主要问题

　　1）中南大学研制的 $NiFe_2O_4$ 基金属陶瓷惰性阳极具有良好的高温力学性能、导
电性能和抗热震性能，成功进行了为期 28 天的惰性阳极电解试验（见图 7-26），略
高于早期国外报道的采用同类材料已进行的长达 25 天的电解时间，但电解条件
下的阳极材料耐冰晶石熔体的腐蚀性能有待进一步提高。

2）大部分金属陶瓷与金属导杆间的连接稳固，可经受长时间铝电解试验，部分阳极的脱落未导致电解槽失效。但实验发现所用钢质金属导杆因长期置于电解质结壳中，腐蚀严重。

3）发现了惰性阳极电解过程中的一些新现象。例如，二次反应剧烈，电流效率较低，电解条件下无阳极效应，电解质中Al_2O_3浓度高，易形成炉底沉淀等。

4）惰性阳极的破损和脱落问题。在惰性阳极铝电解运行期间，发生部分阳极破损、脱落现象。损坏的惰性阳极在损坏前

图 7 - 26 经 28 天 4 kA 铝电解试验后的惰性阳极组[54]

均存在电流由小变大，再由大变小，直至断路的过程。脱落的惰性阳极均从导杆根部断裂，取脱落处导杆样进行物相组成分析，主要为 $Na_5Al_3F_{14}$、Fe_3O_4 相，而单质 Fe、Na_3AlF_6 比较少。据此判断，阳极脱落原因为导杆受电解质环境气氛（氟盐的挥发与氧气的产生）的腐蚀，并发生严重氧化反应，导致连接结构过热和膨胀，促使阳极发生破裂、脱落。

5）阳极效应的发生

惰性阳极置换初期即炭阳极与惰性阳极共同电解时，在炭阳极上曾发生阳极效应，发生阳极效应时 90% 以上的电流从惰性阳极上通过，而在全部惰性阳极电解期间则未发生过阳极效应。根据电解质中氧化铝浓度变化情况分析，阳极置换初期由于电解质中氧化铝的浓度较低，发生阳极效应时在炭阳极上存在较大的气膜电压，而惰性阳极在发生阳极效应时则未有相似的过程，致使发生阳极效应时会有大部分电流从惰性阳极上通过。

综合 4 kA 惰性阳极铝电解试验结果，金属陶瓷惰性阳极成分有待进一步优化，大尺寸金属陶瓷惰性阳极致密度相对较低，阳极个体差异较大，性能不够稳定，在现有电解工艺条件下，材质的耐高温熔盐的腐蚀性能、导电性能及抗热震性能均有待进一步提高。金属陶瓷与金属导杆间的连接结构需改善，连接电阻有待降低，长时间载流稳定性有待提高，同时所用阳极导杆材料需要改进以保证惰性阳极长期稳定电解服役的需要。需要开发新的电解质体系及电解工艺，获得能够满足金属陶瓷惰性阳极的"低电解温度、高 Al_2O_3 溶解性能"的电解质组成及电解工艺调控技术，改善惰性阳极的服役环境，达到降低阳极腐蚀速率的目的。

7.4.2　深杯状金属陶瓷惰性阳极的 20 kA 级铝电解试验

"十一五"期间，对 4 kA 级铝电解试验所暴露出的问题进行详细分析总结，

在"863"项目"基于惰性电极的铝电解新工艺"和中国铝业股份有限公司的支持下，中南大学惰性阳极研究团队系统地开展了高韧耐蚀金属陶瓷惰性阳极的研制工作，对阳极材质、合金导杆材料、阳极与导杆的连接技术、惰性阳极的小批量制备等方面进行了系统研究，取得了如下进展。

(1) 金属陶瓷惰性阳极材料

1) 确定了铁酸镍基金属陶瓷惰性阳极材料优良耐蚀性能所需的微结构。

虽然针对铁酸镍基金属陶瓷电解腐蚀机制尚有许多不确定、有争议的认知问题，但通过广泛细致的实验室规模电解实验，明确了阳极各组元的电解腐蚀行为及其与电解质熔体和新生态氧的交互作用机制，包括基体陶瓷相铁酸镍的铁镍元素的腐蚀特性、第二陶瓷相氧化亚镍的腐蚀与转变行为、金属相的电化学溶解或氧化再溶解机制的出现条件、电解质熔体中的氧化铝和新生态氧与惰性阳极的反应机制等，进而确定具有理想耐蚀性能的材料组成与微结构：主要成分中初始陶瓷相成分配比为（$NiFe_2O_4 - 10NiO$），金属相配比（$Cu - 20Ni$）；烧结体中孔隙分散孤立、晶界和相界平直、氧化亚镍相的体积分数控制在 20% 附近、金属相颗粒不形成连通结构。

具有上述组成和微结构的金属陶瓷惰性阳极在实验室电解条件下，表面能形成一定厚度（$50 \sim 100 \ \mu m$）、不含金属相的致密陶瓷层，并在电解过程中呈现出厚度相对稳定的动态平衡特征。该致密陶瓷层的形成可使内层金属相不再发生直接电化学溶解，反而能与渗透穿过陶瓷层的阳极反应生成的氧发生氧化反应，转变为陶瓷相，并填充烧结残留的孔洞，使含金属相的内层变得更致密。耐蚀微结构的确定为材料成形和脱脂烧结制度的制订、材料微结构的控制与优化明确了方向。

2) 开发并综合了多项强化烧结技术和性能补偿方法，制备出具有目标微结构组成以及高韧耐蚀和优良导电性能的 $NiFe_2O_4$ 基金属陶瓷材料，缓和了材料耐蚀与抗热震和导电之间的矛盾。

在金属陶瓷惰性阳极材料优良电极性能所需的共性微结构控制方面，通过研究制备工艺和添加剂对材料烧结结构、腐蚀、导电和抗热冲击性能的影响规律，确定有助于形成最佳微结构的添加剂种类与含量以及材料成形与烧结工艺。在压坯的粉料组成和烧结工艺上融合了（气氛和助剂）活化烧结和晶界强化烧结技术，获得优良综合性能所需的高密度烧结体（最高相对密度可达 99%）。通过金属相成分和加入方式、温度和气氛制度等工艺的控制与优化，从动力学上抑制烧结过程中金属相氧化和陶瓷相失氧离解的问题，获得目标物相组成：基体 $NiFe_2O_4$ 相、第二陶瓷相 (Ni, Fe)O 和 Cu – Ni 合金相，并保证了各相含量和形貌的相对稳定。

在提高材料的抗热震和导电性能方面，适当提高金属相含量，通过优化温度和气氛制度来协调基体陶瓷烧结进程、改善金属相与陶瓷相润湿性、控制金属相流动迁移等措施来优化金属相形貌(形成局部网络结构);同时采用掺杂技术和提升二价铁离子含量的方法提高陶瓷基体导电性。

在补偿金属相及其含量提高对耐蚀性能的负作用方面,一方面通过稀土氧化物掺杂来进行基体的晶界强化,以便抑制晶界区的腐蚀溶解及其引起的电解质熔体的渗透;另一方面通过温度和气氛制度来控制二价铁离子在陶瓷相中的分布、$NiFe_2O_4$ 相颗粒在 NiO 相中析出的含量与形貌,以便有效利用阳极组元与电解质熔体中氧化铝和新生态氧的交互作用,来促进 NiO 相向 $NiFe_2O_4$ 相的转化(转化过程出现体积膨胀)与氧化铝的反应及产物的沉积,填充金属相颗粒优先溶解产生的孔洞,使阳极表面形成致密耐蚀陶瓷层,以保障材料的耐蚀性能。

3)开发了金属导杆表面复合陶瓷涂层技术、复合了金属导杆与金属陶瓷惰性阳极的烧结连接和黏接连接技术,实现了金属陶瓷惰性阳极与金属导杆间的稳定电连接和金属导杆热腐蚀的有效防护,解决了惰性阳极电解过程中电连接界面开裂、失效的问题。例如,采用耐冰晶石熔体腐蚀性能优异的 $NiO/NiFe_2O_4$ 复合陶瓷涂层作为金属导杆表面的目标涂层组成,采用易操作、基体形状尺寸不受限制的(复合)电沉积和电泳沉积制备出前躯体镀层,再经过热反应转变为所需的防护涂层。通过研究基体和氧化物涂层与气氛热反应的特征、热腐蚀产物的组成与形貌,明确了复合氧化物涂层的防护机制,并确定最佳防护效果的 $NiO/NiFe_2O_4$ 复合陶瓷涂层的制备工艺。

预先进行了热应力缓和设计确定电连接结构的结构参数,集成了烧结连接和黏接连接两种工艺,分别在电连接结构的下部实现烧结连接、上部进行黏接连接,而且整个电连接结构具有一定的自修复功能。在烧结连接结构中,通过选择合适配比、合适填充高度和厚度的烧结过渡层,实现惰性阳极、过渡层和金属导杆三者间梯度化冶金结合的同时,缓和了烧结和使用过程中金属陶瓷阳极与金属导杆间热应力,有效避免惰性阳极和电连接结构在制备和使用过程中因热应力过大而发生阳极开裂和电连接结构失效等现象的发生。填充的过渡层含有相对较高的金属相含量 50%(质量分数)、金属相颗粒相对较低的熔化温度(低于金属陶瓷阳极中金属相的熔点约 20℃),一方面可在升温阶段降低甚至消除阳极和导杆间因烧结收缩率和热膨胀系数的差异引起的热应力,另一方面烧结阶段过渡层中金属相的流动迁移可在阳极和导杆间形成金属相含量呈梯度分布的过渡层。此外,烧结连接可在惰性阳极烧结过程中同时完成,惰性阳极不需再经受一次热循环。

室温实施的黏接连接不仅可以对烧结连接结构的强度和导电能力进行补充,在惰性阳极使役过程其半致密结构特点对连接结构也不产生过大的热应力,而且黏接剂填充料中的高电导性的 Cu-Ag 合金在电解温度下处于半熔融状态(由 Cu-Ag 熔体和固态 Cu 相组成),局部过热时其流动迁移可以填充和修复下部烧结结构中可能出现的孔洞和裂纹等缺陷,保障烧结连接区域的结构完整与导电能力。

4)开发集成了金属陶瓷惰性阳极批量制备技术,建成国内首条小批量试制线,形成月产 100 件、尺寸 $\phi120$ mm $\times160$ mm、深杯状 $NiFe_2O_4$ 基金属陶瓷惰性阳极试样的能力,为 20 kA 级惰性电极铝电解试验提供金属陶瓷惰性阳极近 400 支。

当前,采用改进技术制备的铝电解用金属陶瓷惰性阳极材料各项性能指标与 4 kA 惰性阳极铝电解实验用阳极材料的性能对比情况见下表 7 – 2,20 kA 铝电解试验用金属陶瓷阳极实物见图 7 – 27。

表 7 – 2　铁酸镍基金属陶瓷惰性阳极性能比较

材料性能	4 kA 级惰性阳极指标	20 kA 级惰性阳极指标
相对密度/%	93 ~ 95	96 ~ 97
室温抗弯强度/MPa	约 120	≥150
300℃温差残余抗弯强度/MPa	≥70	95 ~ 120
900℃电导率/(S·cm^{-1})	约 40	约 60
年腐蚀速率/(cm·a^{-1})	≥2.0(960℃)	1.43 ~ 2.0(960℃);≤1.0(900℃)
连接抗拉强度/MPa	约 15	≥25
密度分布差异/%	>3	≤2

图 7 – 27　20kA 级试验用惰性阳极试样

（2）20 kA 级惰性电极电解槽结构设计与电解工艺参数

根据深杯状金属陶瓷惰性阳极的结构特点，20 kA 级惰性电极铝电解试验槽仍采用类似传统炭素阳极槽的水平结构。设计人员提出了两种结构设计的优化方案，并进行了系统的电热平衡计算仿真计算。两种模型的温度场分布均比较合理，侧部等温线分布比较陡峭，底部分布平缓，800℃等温线分布理想。根据阳极电流密度承载能力并结合 4 kA 级电解槽设计经验，初步确定了惰性阳极铝电解槽保温型和散热型两种阳极配置方案，如图 7−28 所示。槽型 1 为保温型，含 16 组阳极，每组 14 块，共 224 块阳极。槽型 2 为散热型，22 组阳极每组 10 块共 220 块阳极。相邻阳极间距离 10 mm，同侧阳极组的间距 40 mm，阳极中缝宽 100 mm。

综合考虑惰性阳极运行过程的更换、钾盐体系对槽寿命的不利影响，参照槽型 2 进行了 20 kA 级惰性电极电解槽优化设计，对槽型 2 做如下改进。①考虑工程化试验过程尽量减少惰性阳极发生非电解损耗，确保电解槽运行平稳，将惰性阳极组由 10 个一组改为 2 个为一小组、8 个一大组，共计 216 支阳极，槽膛尺寸

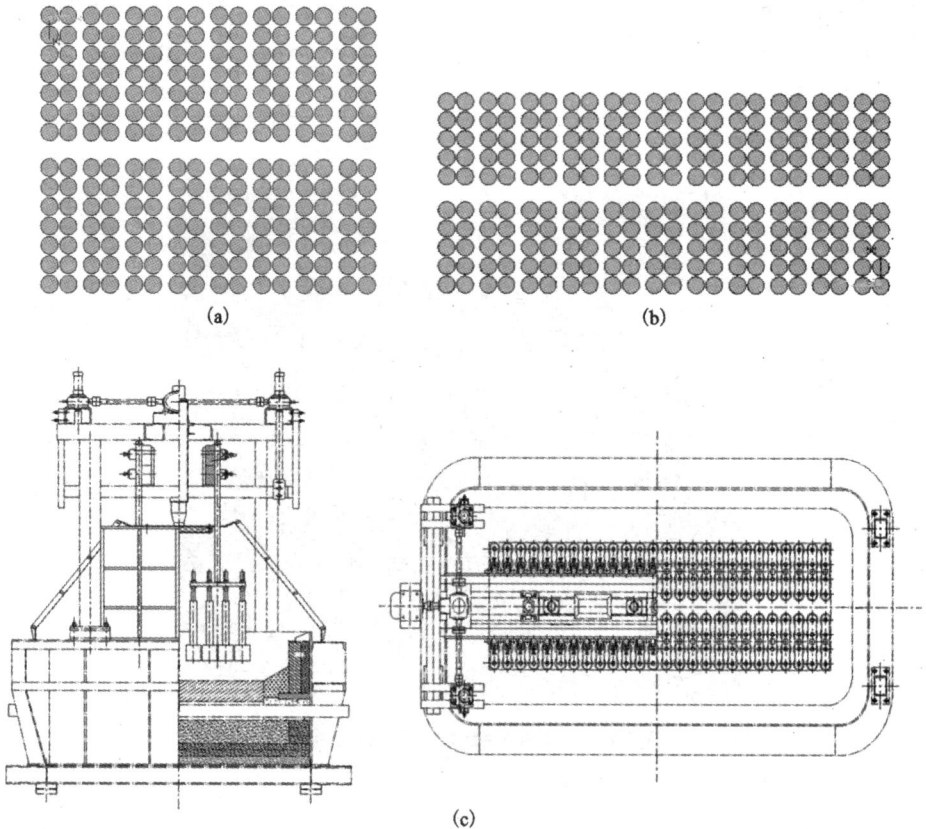

(a)

(b)

(c)

(d)

图 7 - 28 20kA 级惰性阳极铝电解阳极配置与电解槽结构

(a)20kA 级惰性阳极铝电解槽槽型 1；(b)20kA 级惰性阳极铝电解槽槽型 2；

(c)20kA 级惰性阳极铝电解槽工程示意图；(d)20kA 级惰性阳极铝电解工程试验槽

由 3534 mm × 1904 mm 改为 4260 mm × 1910 mm。②为使侧部形成较好炉帮，抵挡钾盐对侧部炭块的腐蚀，延长槽寿命，侧部普通炭块改用碳化硅侧块。③为减少阴极间缝以减少阴极物理缺陷及提高阴极炭块抗钾盐腐蚀能力，复合可润湿性阴极规格由 1320 mm × 380 mm × 300 mm 改为 1200 mm × 515 mm × 430 mm，数量由 7 组改为 6 组，单阴极钢棒改用双阴极钢棒。优化设计确定的惰性阳极排布和电解槽结构见图 7 - 28(c)和图 7 - 28(d)。

为改善惰性阳极的服役环境，电解试验拟在相对较低的电解温度下进行，同时希望能够维持较高的氧化铝浓度，以提高电极的使用寿命。因此试验采用了 $Na_3AlF_6 - K_3AlF_6 - AlF_3 - LiF$ 系电解质，电解温度控制在 880 ~ 920 ℃，要求电解质电导率大于 1.5 S/cm，氧化铝饱和浓度大于 5%。但由于实际工况条件下，氧化铝浓度较难实现精细控制，要求试验过程中氧化铝浓度能够维持在 2.5% 以上，并尽量确保氧化铝在整槽中的均匀分布。20 kA 级惰性电极铝电解试验基本工艺参数见表 7 - 3。

表 7 - 3　20kA 级惰性电极铝电解试验基本工艺参数

名　　　称	工艺参数
槽电流/kA	20
阳极电流密度/(A·cm^{-2})	0.975
阴极电流密度/(A·cm^{-2})	0.443
槽电压控制范围/V	5 ~ 8
电解质水平/mm	150 ~ 170
铝水平/mm	150 ~ 170
惰性阳极浸入深度/mm	100
极距/mm	5 ~ 7
氧化铝浓度/%	4 ~ 10
电解质初晶温度/℃	850
电解质过热度/℃	15 ~ 30

(3)20 kA 级铝电解过程中惰性阳极的组装与预热更换

1)惰性阳极组的组装

惰性阳极组由杯状金属陶瓷电极本体、过渡导杆、不锈钢导杆、保护套管、电极组普通钢质导杆等部分组成。杯状金属陶瓷惰性阳极直径 105 ~ 110 mm,高度 155 ~ 160 mm。本体内中间位置埋有特制螺杆的过渡导杆,在阳极制备过程中已与其烧结形成一体,过渡导杆高出电极上表面 2 cm 左右。过渡导杆与不锈钢导杆的直径为 25 ~ 28 mm;过渡导杆与不锈钢导杆的保护套管材质为氧化铝,长500 mm,外径 50 mm,壁厚 4 mm;电极组普通钢质导杆有两部分组成,下部为长方形钢板,钢板两端为马蹄口形状,钢板厚 30 mm,钢板长 150 mm,上部为方形钢质导杆,规格有两种分别为 40 mm × 40 mm × 1350 mm 和 40 mm × 40 mm × 1150 mm。组装时,螺纹连接部位用银浆涂抹均匀并对接拧紧,阳极的底掌保持在同一水平面,必要时连接部分进行焊接加固处理。20 kA 级铝电解试验的金属陶瓷惰性阳极组装实物见图 7 - 29。

2)惰性阳极包覆、预处理

惰性阳极组装完毕,需要对每组阳极进行包覆及预烧结处理。将阳极组放入预铺有石墨片的耐热不锈钢盒内,在缝隙中加入预混合的粉末包覆料,并捣实,导杆与外部刚玉保护套管之间的空隙用粉状氧化铝填实。阳极组与不锈钢盒一起放入预热炉中进行加热烧结,烧结温度控制在 820℃,保温后随炉冷却至 200℃ 以下。将阳极组从加热炉中吊出,冷却到室温后并用塑料袋封闭以防潮。必要时再在阳极组表面包裹一层氧化铝纤维棉,包覆好的阳极组实物见图 7 - 29(b)。

3)惰性阳极的预热更换及电解运行

图 7 - 29　20kA 级铝电解试验中金属陶瓷惰性阳极的组装

(a)加装不锈钢导杆和保护套管后的阳极；(b)组装的惰性阳极组

　　电解槽先通过炭素阳极进行焙烧启动，运行稳定后再进行阳极的更换。经过包覆的惰性阳极在上槽前进行预热，使惰性阳极上槽时与电解槽运行的温度差不超过120℃，避免惰性阳极在更换过程中因急冷急热而出现失效。阳极组从预热炉吊出至进入电解槽的时间间隔约 3 min，电极浸入电解质高度约 10 cm，初始极距控制为 7 cm 左右。阳极上槽后包覆料 2 min 左右熔化脱落，惰性阳极随之开始通电工作，阳极四周有较大气泡持续溢出，通过测量阳极组导杆的等距压降，确定其工作电流。金属陶瓷惰性阳极运行情况见图 7 - 30。

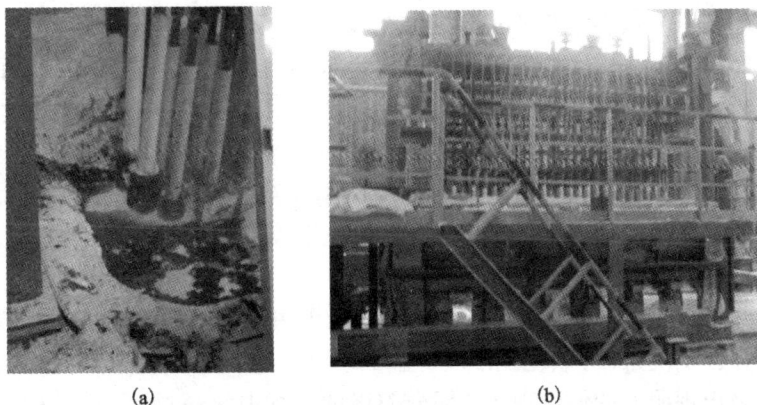

图 7 - 30　金属陶瓷惰性阳极的 20kA 级铝电解运行

(a)惰性阳极四周气泡持续溢出；(b)金属陶瓷惰性阳极的 20kA 电解运行

　　20 kA 级铝电解试验槽总共运行了 155 天，其中试运行 46 天，惰性阳极上槽后连续运行 109 天。惰性电极电解槽长时间的运行温度在 870 ~ 910℃ 区间，最低运行温度 860℃，最高运行温度达 960℃。20KA 级惰性电极铝电解试验积累较丰富的实验数据，也发现一些有待解决的问题：

①在电解工艺条件控制合适的条件下，惰性阳极抗腐蚀性能是可以接受的。与电解试验前相比，从槽内取出运行 10 天后的惰性阳极的宏观尺寸与形貌没有变化，惰性阳极表层形成了约 0.3mm 厚的不含金属相的陶瓷层，内部组织形貌与电解前一致。

②惰性阳极稳定运行期间，根据统计的氧化铝下料量、电解质中氧化铝浓度变化及铝水平变化判断，电流效率最高达 93.5%，平均值达到 85% 以上。这在以前有关惰性阳极试验的公开报道资料中从未提及过，而且远高于此前 4 kA 级惰性电极电解槽的电流效率。

③电解过程中出现部分惰性阳极脱落的现象，断裂部位集中在阳极导杆的螺纹连接部位。铝液中 Fe、Ni、Cu 等杂质含量尚未能够达到工业纯铝的要求，其中惰性阳极的脱落致使这些元素在铝液中含量快速上升。

（4）20 kA 级惰性阳极铝电解试验中发现的问题及后续研究思路

惰性阳极铝电解作为一项尚未实现工业应用的新技术，本次电解试验是一次具有里程碑意义的探索实验。20 kA 级惰性电极铝电解试验不但系统地考察了金属陶瓷惰性阳极规模铝电解应用的可行性，而且在惰性电极铝电解槽的设计与制造、惰性阳极铝电解槽的电解启动、惰性阳极在规模铝电解应用中的基本行为特性及惰性电极铝电解槽的操控技术（包括槽温的维持与调控、极距控制、氧化铝浓度控制、槽电压控制、阳极电流密度监控与调整、电解出铝）等方面获得了大量详实可靠的技术参数和丰富的实际操作经验。

通过对 20 kA 级惰性电极铝电解试验过程中发现的新问题和新现象的归纳、总结和分析，金属陶瓷惰性阳极及其铝电解应用需要进行新的技术改进之处包括：

1）与实验室条件相比，金属陶瓷型惰性阳极对电解工艺条件，如电解温度、氧化铝浓度等参数的敏感性较高，阳极腐蚀速率较实验室条件有所增加，需要增强惰性阳极材料对电解条件的适应性。

2）由于金属陶瓷惰性阳极材料的一致性、阳极在整个电解槽上的位置不同，各阳极间存在工况条件（氧化铝浓度、温度等）和承载电流的差异问题。电解过程中惰性阳极出现明显的偏流现象，部分阳极的承载电流超过平均值的 1 倍以上，大电流承载明显加剧了阳极的腐蚀。电解槽不同区域的氧化铝浓度值存在 2% 以上的差异，温度差异超过 20℃。需要在电解槽设计和电解工艺调控方面提高惰性阳极服役环境的一致性。

3）单支阳极及阳极组的电流管理与控制难度大，现行的阳极结构和组装方式尚不能实现单个阳极和阳极组的电流控制；阳极导杆间的连接点多（3 个）、连接部位过低，试验过程出现了阳极因连接点松动、接点腐蚀断裂、熔化断裂的问题而产生脱落的现象。

　　4）尽管 20 kA 级惰性电极铝电解试验所用的金属陶瓷惰性阳极的尺寸已经达到 φ110 mm×160 mm，但试验过程发现因其尺寸不够大，在规模铝电解应用过程中仍处在诸多缺点。首先，由于阳极高度较低，去除浸入电解质内的尺寸，实际电解质液面以上的阳极尺寸只有 60 mm 左右，导致阳极导杆及连接结点暴露电解槽空腔和电解质蒸汽环境下，增加了导杆和连接点发生腐蚀失效的风险；其次，因阳极尺寸较小就必须采用组装的方式进行电解应用，组装过程不但增加了工艺难度，也不同程度的增加了工艺调控的难度，特别是极距调控困难等问题。此外，因为阳极高度问题，电解质体积相对较少，同时小型电解槽有"走冷"特点，导致能量平衡及工艺控制难度增大。因此，需要进一步提高惰性阳极的尺寸、阳极与导杆连接的结合强度、稳定性和耐蚀性。

　　尽管金属陶瓷惰性阳极材料在耐受电解质腐蚀能力上取得了显著的进展，但其在对大型工程化铝电解试验的适应性方面，特别是在阳极外形尺寸设计与批量制备、电连接结构设计及其与电解槽的结构匹配以及电解过程中的极距调控及电解工艺控制等方面均需要进一步提高。

　　上述问题的出现为金属陶瓷惰性阳极及其铝电解应用技术的研发提出了明确的方向和技术思路，研究工作包括：

　　①需要开展惰性阳极大型化、异型化设计与制备研究。增加金属陶瓷惰性阳极的尺寸，改进阳极的组合方式、减少连接接点，可以减少阳极发生非电解失效的几率，可以改善单个阳极及阳极组的电流管理与控制，有助于极距操控。而且惰性阳极外形结构的优化，有助于提高电解质容量和促进氧化铝高效溶解，使惰性阳极的服役环境更稳定。

　　②需要从电解槽设计、电解工艺、电解槽管理等方面为惰性阳极构建更稳定、更温和的电解服役环境，其中氧化铝浓度控制和阳极电流管理是最为关键。在氧化铝浓度控制方面，需要进一步开发具有电解温度低、氧化铝溶解度高且溶解速率快的电解质体系，保障电解质熔体中真实的氧化铝溶解度能够维持在较高水平；同时，由于大规格电解槽在水平方向具有一定的面积，侧部炉帮的形成、沉淀的产生，使得槽底结构变得复杂，简单地增加下料点和下料频率很难实现整槽氧化铝浓度的均匀分布，需要针对惰性电极电解槽开发适当的电解槽操控技术，以改善整槽氧化铝分布的均匀性。在阳极电流管理方面，阳极的偏流过载一方面增加阳极的腐蚀，同时也会导致电解槽局部氧化铝消耗速度增加，进一步加剧氧化铝浓度分布均匀性差的问题，需要在结合阳极大型化设计的基础上，改进电解槽母线设计、增加单组阳极电流限流和调控设计，进而有望减缓或解决阳极偏流现象。

③需要进一步加强惰性电极铝电解工艺及其操控技术的研究。作为一项具有变革意义的新型技术，惰性电极铝电解新工艺受到了各大铝业公司的广泛关注，也投入相当可观的人力和物力进行该技术的开发，但距离惰性电极的规模铝电解应用尚有一定差距。目前国内开发金属陶瓷惰性阳极材料在耐受电解腐蚀方面的能力尽管还有继续提高的空间，但其已经能够基本满足铝电解应用的要求，而与之配套应用的铝电解操控技术尚待进一步突破。因此，需要大力开展惰性电极铝电解工艺技术的研究，长期开展中等规模(5~20 kA级)惰性电极铝电解试验，从中系统地探索相关技术和积累电解槽操控与维护经验，进而加快惰性电极规模铝电解应用的进程。

总之，金属陶瓷惰性阳极及其铝电解工艺的研究已经取得长足的进步，但工业应用尚有一段距离，需要国家和企业的继续投入、科技工作者的不懈努力。一方面，金属陶瓷惰性阳极的研究重点，需要从阳极材质和制备工艺研究过渡到阳极大型化制备、工程化甚至工业化应用技术研究。另一方面，惰性阳极配套的铝电解工艺仍然需要开展大量工作。比如，阳极/电解界面结构的揭示是惰性阳极铝电解应用的基础，该方面的理论基础尚较薄弱；低温高氧化铝浓度的电解质开发和电解应用、惰性电极适宜的铝电解工艺、工业规模惰性电极铝电解操控技术等，均存在较大的探索空间。

参 考 文 献

[1] Thonstad J, Fellner P, Haarberg G M, et al. Aluminum electrolysis: fundamentals of the Hall – Héroult process [M]. 3rd ed. Düsseldorf: Aluminium – Verlag, 2001.

[2] Alder H, Schalch E. Electrode arrangements in cells for manufacture of aluminium from molten salts[P]. UK, 2076021A, 1981.

[3] Alcorn T R, Tabereaux A T, Richards N E, et al. Operational results of pilot cell test with cermet "inert" anodes [C]// Das S K. Light Metals 1993. Warrendale, Pa: TMS, 1993: 433 – 443.

[4] Beck T R, Brooks R J. Method and apparatus for electrolytic reduction of alumina[P]. US, 4592812, 1986.

[5] D'Astolfo L E. Retrofit L G. Aluminum smelting cells using inert anodes[P]. US, 0035344 A1, 2001.

[6] Julsrud S, Lorentsen O A, Slijan O J. Utilisation of oxygen evolving anode for Hall – Héroult cells and design thereof. International Patent, WO – 2004018736[P]. 2004.

[7] Zhang H, de Nora V, Sekhar J A. Materials used in the Hall – Héroult cell for aluminium production [C]// Mannweiler U. Light Metals 1994. Warrendale, Pa, TMS, 1994: 108.

[8] Richards N E, Tabereaux A T. Alumina reduction cell[P]. US, 5286359, 1994.

[9] LaCamera A F, Van Linden L, Pierce V, et al. Electrolytic cell and process for metal reduction [P]. US, 5015343, 1991.

[10] LaCamera A F, Tomasswick K M, Ray S P, et al. Process and apparatus for low temperature electrolysis of oxides[P]. US, 5279715, 1994.

[11] LaCamera A F, Tomasswick K M, Ray S P, et al. Process and apparatus for low temperature electrolysis of oxides[P]. US, 5415742, 1995.

[12] Brown C W, Frizzle P B. Low temperature aluminum reduction cell using hollow cathode[P]. US, 6436272, B1, 2002.

[13] Dawless R K, LaCamera A F, Troup R L, et al. Molten salt bath circulation design for an electrolytic cell[P]. US, 5938914, 1999.

[14] Siljan O J, Julsrud S. Method and an electrowinning cell for production of metal[P]. US, 0112757 A1, 2004.

[15] Beck T R, Brooks R J. Electrolytic reduction of alumina[P]. US, 4865701, 1989.

[16] Beck T R, Brooks R J. Electrolytic reduction of alumina[P]. US, 5006209, 1991.

[17] Beck T R, Brooks R J, Non – consumable anode and lining for aluminum electrolytic reduction cell[P]. US, 5284562, 1994.

[18] Brown C W. Laboratory experiments with low – temperature slurry – electrolyte alumina reduction cells [C]// Peterson R D. Light Metals 2000. Warrendale, Pa: TMS, 2000: 391 – 395.

[19] Brown C W. Next generation vertical electrode cells[J]. JOM, 2001, 53 (5): 39 – 42.

[20] Thonstad J, Olsen E. Cell operation and metal purity challenges for the use of inert anodes [J]. JOM, 2001, 53(5): 36 – 38.

[21] Kvande H, Haupin W. Inert anodes for aluminium smelting: energy balances and environ – mental impact [J]. JOM, 2001, 53 (5): 13 – 15.

[22] Keniry J. The economics of inert anodes and wettable cathodes for alumiunium reduction cells [J]. JOM, 2001, 53 (5): 43 – 45.

[23] Ray S P, Woods R W, Dawless R K, et al. Electrolysis with a inert electrode containing a ferrite, copper and silver[P]. US, 5865980, 1999.

[24] Gregg J S, Frederick M S, Vaccaro A J. Pilot cell demonstration of cerium oxide coated anodes [C]// Das S K. Light Metals 1993. Warrendale, Pa: TMS, 1993: 465 – 473.

[25] Olsen E, Thonstad J. Nickel ferrite as inert anodes in aluminum electrolysis: part II material performance and long – term testing [J]. Journal of Applied Electrochemistry, 1999, 29(3): 301 – 311.

[26] Strachan D M, Koski O H, Morgan L G, et al. Results from a 100 – hour electrolysis test of a cermet anode: materials aspects [C]// Christian M B. Light Metals 1990. Warrendale, Pa: TMS, 1990: 395 – 401.

[27] Windisch. C F, Strachan D M, Henager. C H. Materials characterization of cermet anodes tested in a pilot cell [C]// Das S K. Light Metals 1993. Warrendal, Pa: TMS, 1993.

445 – 454.

[28] Weyand J D, DeYoung D H, Ray S P, et al. Inert anodes for aluminium smelting (final report) [R]. Washington D C: Aluminum Company of America, 1986.

[29] Locatelli M R, Dalgleish B J, Nakashima K, et al. New approaches to joining ceramics for high – temperature applications [J]. Ceramics International, 1997, 23(4): 313 – 322.

[30] Peterson R D, Richards N E, Tabereaux A T. Results of 100 – hour electrolysis test of a cermet anode: operational results and industry perspective [C]// Bickert C M. Light Metals 1990. Warrendale, PA: TMS, 1990: 385 – 393.

[31] 张雷. 铝电解用 NiFe₂O₄/M 型金属陶瓷惰性阳极材料制备与性能研究[M]. 长沙: 中南大学. 2006.

[32] 张雷, 陈孜, 李志友, 等. NiFe₂O₄/Cu 金属陶瓷与金属的磷酸盐黏接特性[J]. 中南大学学报: 自然科学版, 2010, 41(6): 2149 – 2155.

[33] Thonstad J, Liu Y X. The effect of an alumina layer at the electrolyte/aluminium interface [C]// Bell G M. Light Metals 1981. Warrendale, Pa: TMS, 1981: 303 – 312.

[34] Belyaev A I. Electrolyte of aluminum elelectrolysis cell[M]. Moscow: Metallurzdat, 1961.

[35] Sterten A, Rolseth S, Skybakmoen E, et al. Some aspects of low melting baths in aluminium electrolysis [C]// Boxall L G. Light Metals 1988. Warrendale, Pa: TMS, 1988: 663 – 670.

[36] Hryn J N, Davis B R, Yang J, et al. Process for electrolytic production of aluminium[P]. US, 0092619 A1, 2005.

[37] Cassayre L, Palau P, Chamelot P, et al. Properties of low – temperature melting electrolytes for the aluminium electrolysis process: a review [J]. Journal of Chemical & Engineering Data, 2010, 55: 4549 – 4560.

[38] Thonstad J, Rolseth S. Alternative electrolyte compositions for aluminium electrolysis [J]. Transactions of the Institution of Mining and Metallurgy Section C, 2005, 114: 188 – 191.

[39] Kryukovsky V A, Frolov A V, Tkacheva O Y, et al. Electrical conductivity of low melting cryolite melts [C] // Galloway T J. Light Metals 2006. Warrendale, Pa: TMS, 2006: 409 – 413.

[40] Yang J, Graczyk D, Wunsch C, et al. Alumina solubility in KF – AlF3 based low temperature electrolyte system [C]// Sørli M. Light Metals 2007. Warrendale, Pa: TMS, 2007: 537 – 541.

[41] Heyrman M, Chartrand P. A thermodynamic model for the NaF – KF – AlF3 – NaCl – KCl – AlCl3 system [C]// Sørli M. Light Metals 2007. Warrendale, Pa: TMS, 2007: 519 – 524.

[42] Balaraju J N, Ananth V, Sen U. Studies on low temperature Al electrolysis using composite anodes in NaF – KCl bath electrolyte[J]. Journal of the Electrochemical Society, 1995, 142: 439 – 444.

[43] Lu H M, Fang K M. Low temperature aluminum floating electrolysis in heavy electrolyte Na₃AlF₆ – AlF₃ – BaCl₂ – NaCl bath system [J]. Acta Metallurgical. Sinica, 2000, 13, 949 – 954.

[44] Rolseth S, Gudbrandsen H, Thonstad J. Low temperature aluminum electrolysis in a high density electrolytes, part I[J]. Aluminum, 2005, 81(5): 448 – 450.

[45] Rolseth S, Gudbrandsen H, Thonstad J. Low temperature aluminum electrolysis in a high density electrolytes, part II [J]. Aluminum, 2005, 81(6): 565 – 568.

[46] Xu J L, Shi Z N, Gao B L, et al. Aluminum electrolysis in a low temperature heavy electrolyte system with Fe – Ni – Al_2O_3 composite anodes [C]// Sorlie M. Light Metals 2007. Warrendale, Pa: TMS, 2007: 507 – 511.

[47] Brown C W. Laboratory experiments with low – temperature slurry – electrolyte alumina reduction cells [C]// Peterson R D. Light Metals 2000. Warrendale, Pa: TMS, 2000: 391 – 395.

[48] Blinov V, Polyakov P, Krasnoyarsk, et al. Behavior of inert anodes for aluminium electrolysis in a low temperature electrolyte, party I[J]. Aulminium, 1997, 73(12): 906 – 910.

[49] Brown C W. The wettability of TiB2 – based cathodes in low – temperature slurry – electrolyte reduction cells [J]. JOM, 1998, 50(5): 38 – 40.

[50] 王家伟, 赖延清, 李劼, 等. 惰性阳极工业化实现的途径之一——低温铝电解[J]. 有色矿冶, 2005, 21(4): 28 – 31.

[51] 王志刚. 惰性阳极铝电解槽物理场仿真研究[M]. 长沙: 中南大学. 2009.

[52] 李劼, 王志刚, 张红亮, 等. 5 kA 级惰性阳极铝电解槽热平衡仿真研究[J]. 中国有色金属学报, 2009, 19(2): 339 – 345.

[53] 张红亮, 王志刚, 李劼, 等. 铝电解金属陶瓷惰性阳极气体及电解质流场仿真[J]. 中南大学学报: 自然科学版, 2010, 41(04): 1256 – 1262.

[54] Tian Z L, Lai Y Q, Li Z Y, et al. Cup – shaped functionally gradient $NiFe_2O_4$ – based cermet inert anodes for aluminium reduction [J]. JOM, 2009, 61(5): 34 – 38.

结 束 语

惰性电极铝电解技术是铝电解工业发展的必经之路。近年来惰性阳极尤其金属陶瓷惰性阳极技术已取得系列突破，虽然距离工业应用尚有一段距离，但经过材料、冶金、化学、工程等多学科科研人员的通力合作和不懈努力，惰性阳极铝电解技术工业化前景日益明朗。采用惰性阳极取代现行炭阳极后，电解铝企业将无需生产炭阳极的工厂；惰性电极铝电解技术的应用可从根本上消除现行 Hall-Héroult 熔盐电解法炼铝的高能耗、高炭耗、高污染的弊端，降低成本、提高生产效率，实现铝电解槽的根本性变革和铝工业的持续稳定发展。

惰性阳极、惰性可润湿性阴极和新型低温铝电解质体系作为铝电解惰性电极系统的主要组成部分，各自发挥着重要作用并相互影响。其中，惰性阳极材料技术是最大的难点，也是解决铝电解工业环境污染问题的关键；而惰性可润湿性阴极材料和新型低温铝电解质体系是铝电解工业节能降耗的主要途径，也是惰性阳极材料应用的重要前提。只有通过统筹规划、学科交叉融合和产学研结合，才能实现惰性电极系统的整体突破，开发出基于惰性电极的铝电解新技术。

金属陶瓷是铝电解惰性阳极材料的重点研究对象。一方面，在进一步提高这类材料的耐熔盐腐蚀、导电性和热冲击性能的同时，获得大尺寸、高品质的金属陶瓷惰性阳极的工程化制备技术，进行长时间大容量的工程化铝电解试验的考查也必不可少。另一方面，开发出新型电解质，获得低初晶温度、高氧化铝溶解性能的电解质体系，降低电解温度，减轻惰性阳极服役环境的苛刻程度，也有助于降低惰性阳极腐蚀速率，提高原铝品质。合金阳极的研发也应重视，虽然同等服役环境下的耐腐蚀性能不及金属陶瓷阳极，但在导电、抗热震和大型化方面优势明显。随着合金阳极材质研究的逐渐突破，适宜的更低温的电解质体系和电解槽技术的开发，合金阳极也将具有明朗的工业化应用前景。

在惰性阳极实现工业化应用之前，也应进一步挖潜炭素阳极电解技术的节能降耗。在进一步提升炭素阳极品质的同时，提升高润湿、耐渗透惰性可润湿性阴极的性能并降低制造成本，开发应用低温电解质来降低炭素阳极电解槽的电解温度，发展与推广应用可降低直流电耗、提高电解槽运行稳定性的智能控制技术等。这些技术的发展也是节能型惰性电极铝电解槽开发的基础，并有助于惰性阳极的工业化应用。

惰性电极铝电解技术的开发应用目前仍需要进行大量的基础性、工程化和工业化试验的研究，需要科研和工程技术人员的开拓精神和创新意识，需要政府和企业在人力和物力方面的大力支持。

图书在版编目(CIP)数据

铝电解金属陶瓷惰性阳极材料/周科朝,李志友,张雷著.
—长沙:中南大学出版社,2012.9
ISBN 978－7－5487－0166－8

Ⅰ.铝… Ⅱ.①周…②李…③张… Ⅲ.氧化铝电解－金属
陶瓷－阳极－惰性材料－研究 Ⅳ.TG148

中国版本图书馆 CIP 数据核字(2010)第 261892 号

铝电解金属陶瓷惰性阳极材料

周科朝　李志友　张　雷　著

□责任编辑　刘颖维
□责任印制　文桂武
□出版发行　中南大学出版社
　　　　　　社址:长沙市麓山南路　　　邮编:410083
　　　　　　发行科电话:0731-88876770　传真:0731-88710482
□印　　装　长沙利君漾印刷厂

□开　　本　720×1000　B5　□印张 16　□字数 308 千字
□版　　次　2012 年 9 月第 1 版　　□2012 年 9 月第 1 次印刷
□书　　号　ISBN 978－7－5487－0166－8
□定　　价　75.00 元